IT공학기초실험

저자소개

최수일

1999 한국과학기술원 전기및전자공학과 (박사)
1999 ~ 2004 한국전자통신연구원 선임연구원
2004 ~ 현재 전남대학교 전자공학과 교수

김대진

1991 한국과학기술원 전기및전자공학과 (박사)
1991 ~ 1996 LG전자 멀티미디어 연구소 책임연구원
1997 ~ 현재 전남대학교 전자공학과 교수

김진술

2008 한국과학기술원 디지털미디어공학과 (박사)
2005 ~ 2009 한국전자통신연구원 연구원
2009 ~ 2012 나사렛대학교 멀티미디어학과 교수
2012 ~ 현재 전남대학교 컴퓨터정보통신공학과 교수

IT 공학기초실험

인 쇄 2020년 2월 10일
발 행 2020년 2월 20일

저 자 최수일·김대진·김진술
발행인 정병석
발행처 전남대학교출판문화원
등 록 1981년 5월 21일 제53호
주 소 61186 광주광역시 북구 용봉로 77
전 화 062-530-0571~2
마케팅 062-530-0573
팩 스 062-530-0579
홈페이지 http://www.cnup.co.kr

가 격 20,000 원

ISBN 978-89-6849-696-7 (93560)

이 도서의 국립중앙도서관 출판예정도서목록(CIP)은 e-CIP홈페이지(http://www.nl.go.kr/ecip)와 국가자료공동목록시스템(http://www.nl.go.kr/kolisnet)에서 이용하실 수 있습니다.
(CIP제어번호: CIP2020006557)

IT 공학기초실험

IT Engineering Fundamental Experiment

최수일 · 김대진 · 김진술 저

전남대학교출판문화원

■ 머리말

세계 모든 산업 분야는 IT융합 산업으로 변모하고 있다. 특히, IT융합은 자동차, 토목, 건설, 의료, 국방, 농업 분야 등에 광범위하게 적용되고 있다. 기존에는 전기, 전자, 컴퓨터 학문 분야에서만 교육받던 IT 관련 지식이 다른 분야에도 필수적으로 필요하게 되었다. 본 교재는 전기회로, 전자회로 및 컴퓨터를 활용한 통합 제어에 대한 개념 이해와 지식 습득을 목적으로 실습 중심으로 구성되어 있다. 그러므로, IT 계열 전공자는 물론, 공학 분야 모든 전공 학생들이 반드시 알아야 할 전기, 전자 및 컴퓨터 관련 기초 기술을 제공하고자 한다.

본 교재는 크게 두 부분으로 구성되어 있다. 첫 번째 부분은 1장~7장으로써 전기 및 전자 관련 내용을 다룬다. 1장, 4장 및 5장에서는 4가지 실험장비인 직류전원 공급기, 디지털 멀티미터, 함수발생기 및 오실로스코프의 활용방법을 소개한다. 2장과 3장은 회로 소자 및 회로 법칙을 소개한다. 6장과 7장은 센서를 통해 측정한 신호의 증폭, 아날로그-디지털 신호 변환 및 디지털-아날로그 신호 변환 방법을 소개한다.

두 번째 부분은 8장~15장으로써 IoT 및 컴퓨터 관련 내용을 다룬다. 8장과 9장에서는 오픈소스 하드웨어인 아두이노에 대한 소개와 스케치 작성 방법을 소개한다. 10장과 11장은 디지털 LED 제어 및 아날로그 LED 제어 방법을 소개한다. 12장~15장은 다양한 센서와 DC모터와 같은 출력장치를 제어하는 방법을 소개한다. 특히, 15장은 블루투스와 WiFi 통신 방법을 소개한다.

본 교재를 통해 전자부품을 활용한 회로 구성, 계측기를 활용한 신호 측정, 센서와 모터를 연결하여 다양한 아두이노 프로젝트를 수행해보길 바란다.

2020. 2.

저자를 대표 최수일

■ 목 차

1. 실험의 기초 지식

1.1. 실험도구 — 11
1.2. 직류전원 공급기 — 15
1.3. 디지털 멀티미터 — 20
실험 1.1. 독립전원 측정 — 25

2. 저항, 콘덴서, 전압 및 전류의 측정

2.1. 저항 — 27
2.2. 콘덴서 — 31
2.3. 저항, 콘덴서, 전압 및 전류 측정법 — 33
실험 2.1. 저항, 콘덴서 — 38
실험 2.2. 전압, 전류 — 41

3. 직렬회로와 병렬회로

3.1. 오옴의 법칙 — 44
3.2. 직렬회로와 키르히호프의 전압법칙 — 45
3.3. 병렬회로와 키르히호프의 전류법칙 — 46
3.4. 직류 전력 — 48
실험 3.1. 직렬회로 — 49
실험 3.2. 병렬회로 — 52

4. 교류신호와 함수발생기

4.1. 교류신호 — 55
4.2. 교류전력 — 57
4.3. 함수발생기 — 58
실험 4.1. 함수발생기 — 62

5. 오실로스코프

5.1. 오실로스코프 — 65
5.2. 오실로스코프의 단자별 기능 — 67
5.3. 직류전압과 교류전압 측정 — 70
5.4. 정현파의 주기와 주파수 측정 — 72
실험 5.1. 직류전압 — 74
실험 5.2. 교류전압 — 76

6. 연산증폭기

6.1. 연산 증폭기의 특성 — 79
6.2. 반전 증폭기 — 80
6.3. 비반전 증폭기 — 82
실험 6.1. 양전원과 음전원 공급하기 — 84
실험 6.2. 반전 증폭기 — 87
실험 6.3. 비반전 증폭기 — 90

7. 아날로그 디지털 신호변환

7.1. 아날로그 디지털 변환 — 93
7.2. 8비트 AD변환기(ADC0804) — 98
7.3. 디지털 아날로그 변환 — 99
7.4. 8비트 DA변환기(DAC0808) — 100

실험 7.1. AD변환기 — 103
실험 7.2. DA변환기 — 106

8. 아두이노 실행하기

8.1. 아두이노 소개 — 109
8.2. 아두이노 특징 — 110
8.3. 아두이노 종류 — 111
8.4. 아두이노 관련 모듈 — 116
8.5. 아두이노 통합개발환경(Arduino IDE) 설치 — 117
8.6. 아두이노 환경 설정 및 드라이버 설치 — 120
8.7. 예제 프로그램 작성 및 컴파일 — 123
실험 8.1. 아두이노 IDE 실행 — 131

9. 아두이노 기본 문법

9.1. 아두이노 스케치 — 135
9.2. 아두이노 제어 구문 — 138
9.3. 변수 및 추가 문법 — 145
9.4. 상수 — 155
9.5. 아두이노 지원 함수 — 161

10. 디지털 LED 제어

10.1. 디지털 핀의 구성 — 174
10.2. 디지털 입출력 함수 — 176
10.3. LED 제어 — 177
10.4. 스위치를 이용한 LED 제어 — 179
실험 10.1. LED 제어 (UNO) — 182
실험 10.2. LED 제어 (Mega 2560) — 187
실험 10.3. 스위치를 이용한 LED 제어 — 192

11. 아날로그 LED 제어

11.1. 아날로그 핀의 구성 — 197
11.2. 아날로그 입출력 함수 — 198
11.3. 가변저항(Joystick) — 200
11.4. 조도 센서(CdS Sensor) — 203
11.5. 조명 제어 — 205
실험 11.1. 가변저항을 이용한 LED 제어 — 208
실험 11.2. 조도센서를 이용한 LED 제어 — 213
실험 11.3. 조명 제어 — 219

12. 거리 측정

12.1. 적외선 거리 센서 — 225
12.2. 주차공간 확인 시스템 — 228
12.3. 초음파 거리 센서 — 231
실험 12.1. 적외선 거리 센서 — 235
실험 12.2. 주차공간 확인 시스템 — 241
실험 12.3. 초음파 거리 센서 — 247

13. 온습도 측정 및 DC 모터 제어

13.1. 온습도 센서 — 253
13.2. DC 모터 — 256
13.3. 무인 온도 조절 시스템 — 261
13.4. 주차장 출입 차단기 — 265
실험 13.1. 온습도 제어 — 270
실험 13.2. 모터 제어 — 276
실험 13.3. 무인 온도 조절 시스템 — 282
실험 13.4. 주차장 출입 차단기 — 288

14. LCD Key 및 키패드 제어

14.1. LCD Key 294
14.2. 4×4 키패드 302
실험 14.1. LCD Key 제어 306
실험 14.2. 4x4 키패드 제어 312

15. 블루투스 및 WiFi 통신

15.1. 블루투스 통신 317
15.2. WiFi 통신 319
실험 15.1. 블루투스 통신 322
실험 15.2. WiFi 통신 328

제1장 실험의 기초지식

목적

- 실험공구, PCB기판, 브레드보드의 사용법을 익힌다.
- 직류전원 공급기, 디지털 멀티미터의 사용법을 익힌다.

1.1. 실험도구

전기, 전자회로 실험에 자주 사용되는 공구 중 PCB기판 위에서 사용되는 회로 제작용 공구들의 이름과 용도에 대해 간략히 설명하면 표 1.1과 같다.

표 1.1. 실험공구소개

니퍼		부품의 리드선과 전선의 절단 코드선, 비닐 전선의 피복을 벗김
롱노우즈	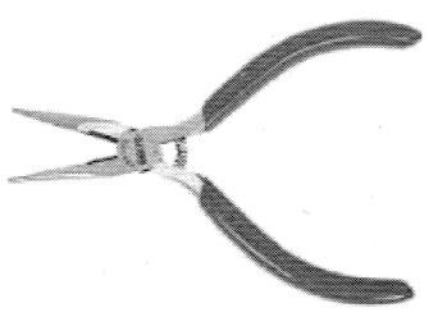	소형 볼트-너트를 조임, 풀기, 고정 긴 집게 부위를 이용해 작은 부품을 집는데 사용
펜치	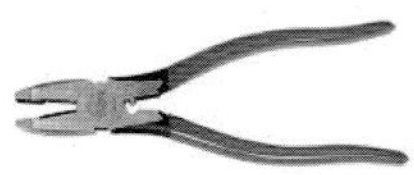	굵은 전선의 절단 및 구부림 중소형 너트의 조임, 고정, 풀기

와이어 스트리퍼	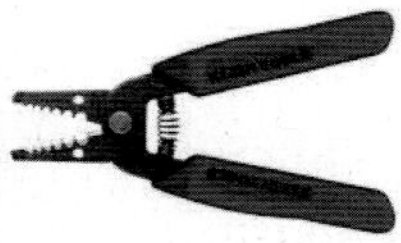	코드 또는 비닐 전선의 피복을 쉽게 벗김
핀셋	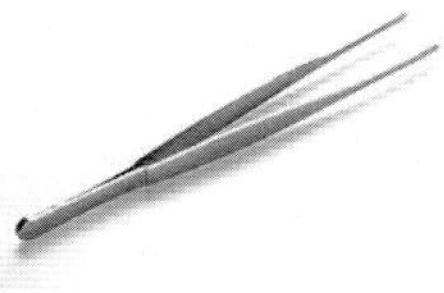	작은 부품을 집는데 이용 리드선 혹은 부품 다리 고정
일자/십자 드라이버	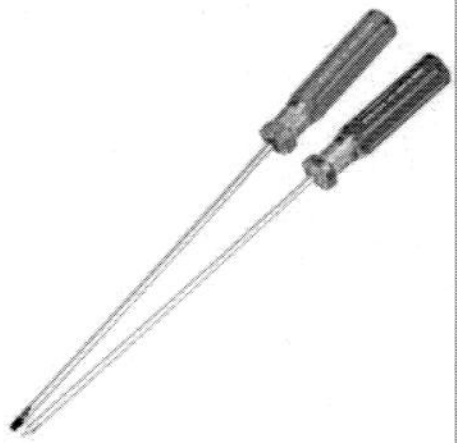	볼트-너트의 조임과 풀기

인쇄회로기판(PCB)

인쇄회로기판(PCB: printed circuit board)은 저항기, 콘덴서, 집적회로 등의 전자 부품을 기판의 표면에 고정하고 구리 배선으로 연결시켜 전자 회로를 구성하는 판이다. 그림 1.1은 두 가지 형태의 인쇄회로기판을 보여준다. 일반적인 PCB 기판은 그림 1.1(a)와 같이 리드선과 부품의 연결용 다리를 납땜할 수 있는 홈으로만 구성되어 있다. 이와 같은 기판은 회로구성을 사용자가 임의의 방향으로 할 수 있으며 가격이 저렴하지만, 전원과 접지선을 직접 구성해야 한다는 번거로움이 있다.

두 번째 형태는 그림 1.1(b)와 같이 납땜을 위한 홈들과 그 주위에 직선 형태로 깔려 있는 도선으로 구성되어 있다. 이와 같은 PCB 기판은 전원과 접지선을 직접 배선할 필요 없이 직선 형태로 깔려 있는 도선에 연결하여 사용할 수 있으며 사용이 편리하지만, 가격이 비싸다는 단점이 있다. 또한, 전원과 접지 사이의 거리가 가깝기 때문에 회로 구성시 단락(전원과 접지가 연결되는 현상)이 일어나지 않도록 각별히 주의해야 한다.

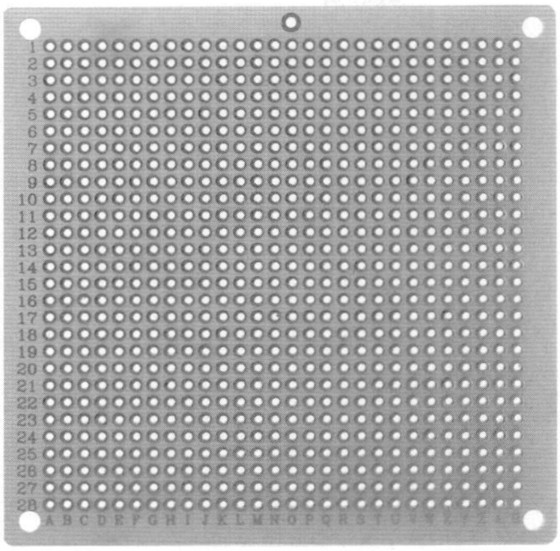

(a) 일반적인 PCB 기판

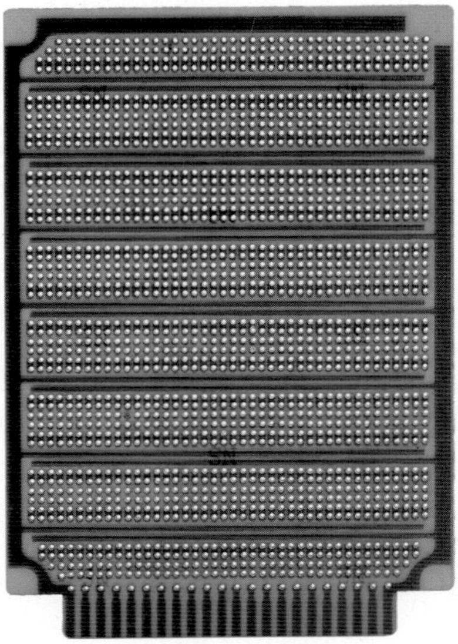

(b) 전원과 접지선이 있는 PCB 기판

그림 1.1. 인쇄회로기판 (PCB)

브레드보드(Breadboard)

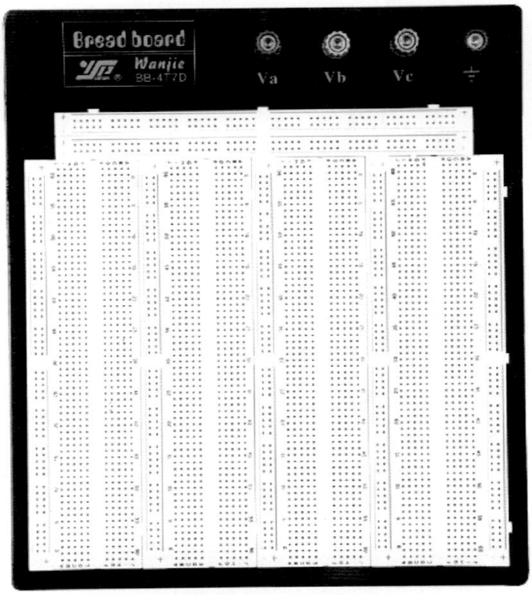

그림 1.2. 브레드보드

어떤 회로를 만들기 위해 항상 PCB 기판에 일일이 납땜하고 수정하기 위해 납땜을 뜯어내는 일은 굉장히 번거로운 작업일 것이다. 이러한 번거로움을 덜기 위해 그림 1.2의 브레드보드를 사용한다. 브레드보드(Breadboard), 일명 빵판은 전자 회로를 설계, 제작하기 전에 모의실험을 위해 주로 사용하고 재사용할 수 있는 무땜납 장치이다. 그러므로 브레드보드를 이용하여 회로를 구성하는 경우, 한 부분에서 다른 부분으로 도선을 연결하기 위해 일일이 납땜을 하지 않아도 된다. 대신 특정 부분을 다른 부분과 연결하기 위해 리드선의 양 끝을 연결하고자 하는 부위의 홈에 넣어줌으로써 연결이 완성된다.

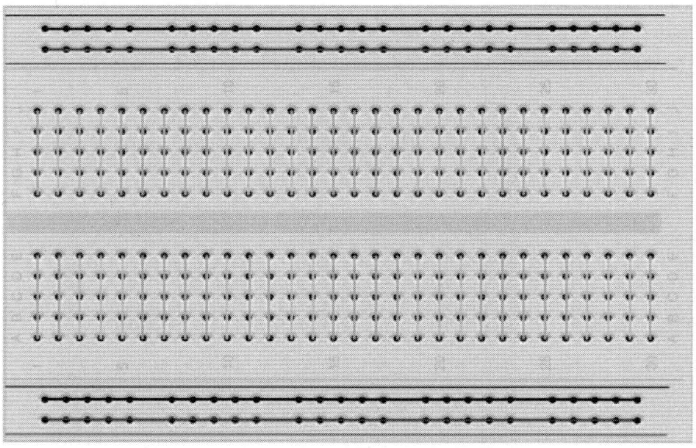

그림 1.3. 브레드보드 구조

브레드보드의 내부 구성도는 그림 1.3에 나타나 있다. 브레드보드 위쪽에 가로로 연결된 파란색 선과 빨간색 선은 내부에 금속으로 연결되어있는 선입니다. 그 부분은 버스 부분이라고 부르며 빨간색은 (+) 전원선을 연결하고 파란색은 (-) 전원선을 연결합니다. 브레드보드 중간에 세로로 5칸씩 묶여있는 홈이 있는데 이 부분은 IC 영역 또는 부품영역이라고 하며 회로 소자들의 핀을 꼽는 영역이다.

각각의 전기/전자 소자를 브레드보드에 삽입하기 위한 방법을 알아보자. 예를 들어 저항 1개를 전원에 연결한다고 가정하자. 세로로 5개씩의 홈은 한 줄로 연결되어 있기 때문에 저항의 양쪽 핀을 세로로 배치된 홈에 모두 삽입하면 저항은 단락된 상태가 된다. 이러한 실수는 회로의 소자가 소실되는 것뿐만 아니라, 안전사고로 이어질 수 있으므로 각별히 주의하도록 한다. 그림 1.4는 전원에 저항이 제대로 연결된 브레드보드를 보여준다.

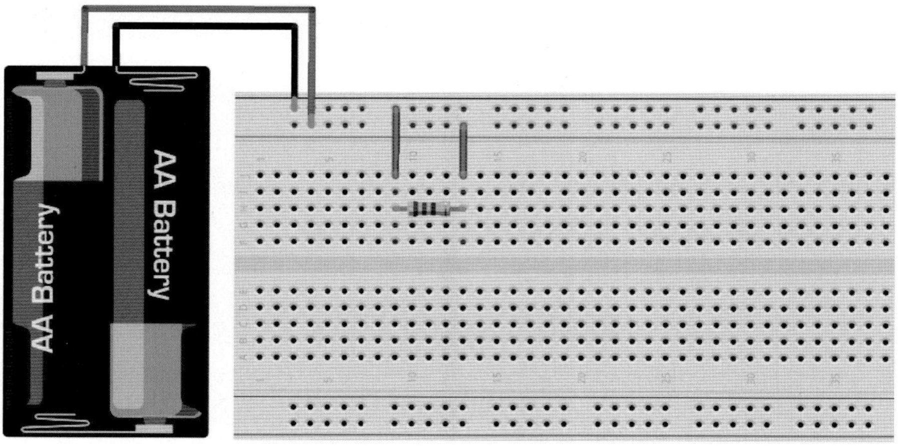

그림 1.4. 전원에 저항이 연결된 브레드보드

그림 1.5는 집적회로(IC: integrated circuit) 소자가 올바르게 연결된 브레드보드를 보여준다. 양쪽에 핀이 있는 IC 소자를 세로로 꽂아서 핀끼리 단락되는 일이 없도록 주의해야 한다.

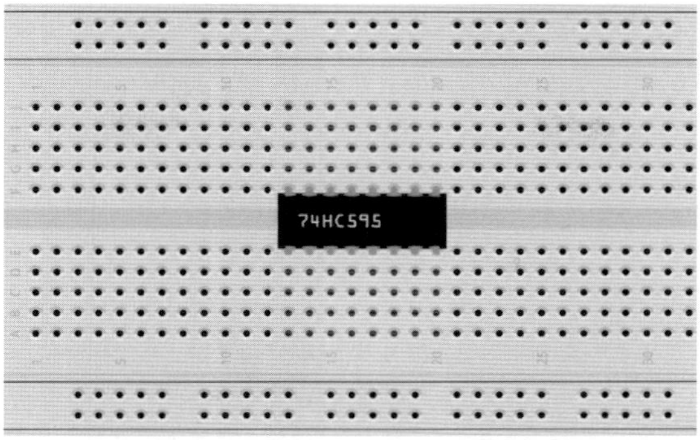

그림 1.5. 집적회로(IC) 소자의 올바른 삽입

1.2. 직류전원 공급기

직류전원 공급기는 테스트 및 회로제작에 필요한 직류전원을 공급해주는 장치이며, 채널수에 따라 공급할 수 있는 전원의 수가 정해진다. 직류전원을 얻으려면 일반적으로 배터리와 같은 직류전원을 사용하면 되지만 직류전압의 크기가 변하는 경우의 회로 특성을 실험하기 위해서는 배터리만으로는 어렵다. 직류전원의 전압크기를 일정 범위 내에서 자유롭게 가변하여 공급하기 위해서는 아래의 그림 1.6과 같은 직류전원 공급기를 사용한다. 일반적인 직류전원 공급기는 2개의 직류전원을 공급할 수 있는 출력단자를 가지고 있다.

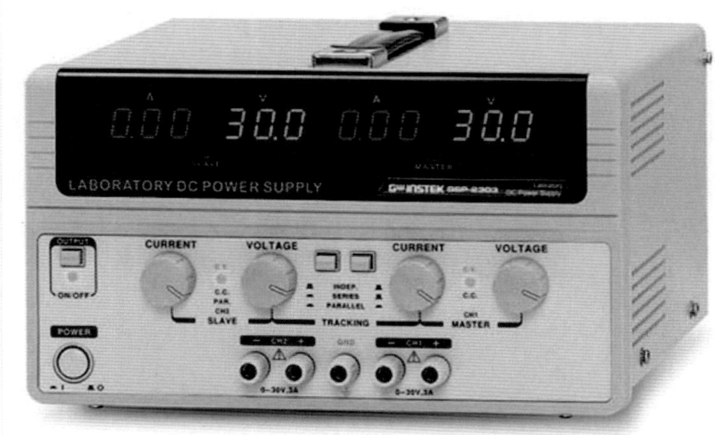

그림 1.6. 직류전원 공급기

이제 전원공급기의 각 기능을 살펴보자. 본 교재에서는 GW Instek GPS-2303 모델을 기준으로 설명하며, GPS-2303 장비는 0~30V, 0~3A, 180W 가변전원 2채널로 구성된다. 그림 1.7은 직류전원 공급기의 전면 패널을 보여준다. 직류전원 공급기의 전원단자 및 LCD창에 대한 설명은 다음과 같다.

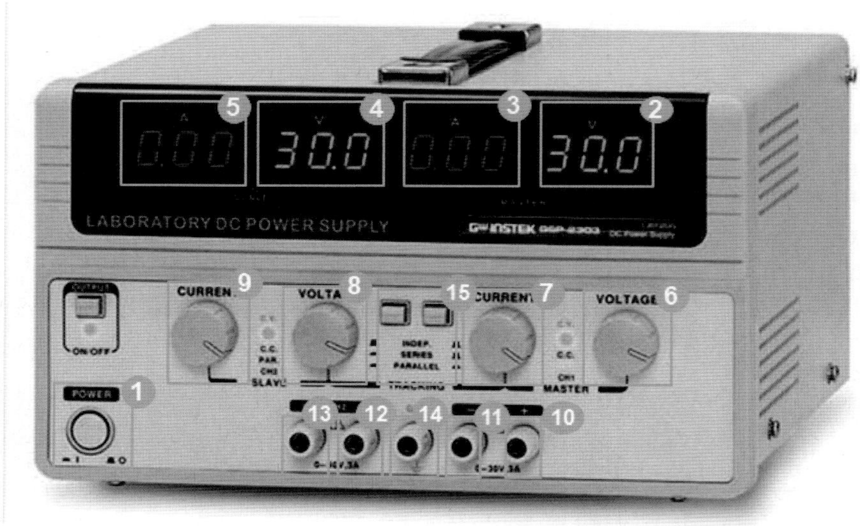

그림 1.7. 직류전원 공급기의 전면 패널

다음으로 직류전원 공급기의 단자에 대한 설명은 다음과 같다.

- 전원 스위치(①) : 직류전원 공급기의 Power ON/OFF
- LCD창(②~⑤) : 채널 1과 채널 2에 대한 출력전압, 출력전류 표시
- 전압조절 다이얼(⑥, ⑧) : 채널 1과 채널 2의 출력전압 크기 조절
- 전류조절 다이얼(⑦, ⑨) : 채널 1과 채널 2의 출력전류 크기 조절
- 채널 1 출력단자(⑩, ⑪) : 채널 1의 (+) 전압 출력단자와 (-) 전압 출력단자
- 채널 2 출력단자(⑫, ⑬) : 채널 2의 (+) 전압 출력단자와 (-) 전압 출력단자
- 접지(GND)단자(⑭) : 접지용 단자
- 동작모드 스위치(⑮) : 세 가지 동작모드 선택 스위치

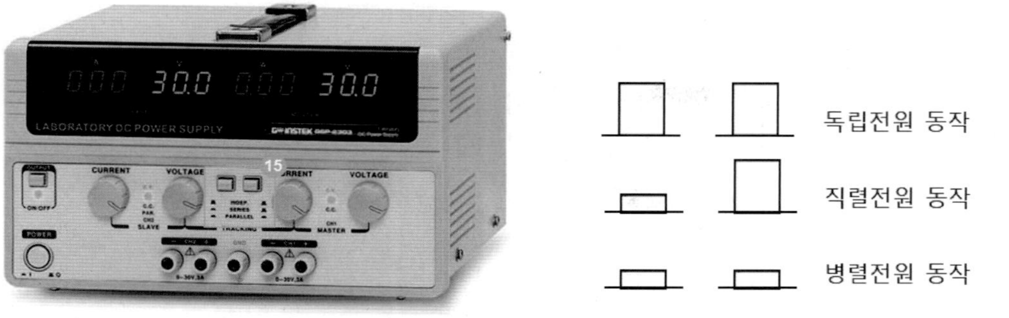

(a) 동작 모드 스위치

(b) 세 가지 동작 모드

그림 1.8. 직류전원 공급기의 단자별 기능

직류전원 공급기는 2개의 채널을 이용하여 그림 1.8와 같이 세 가지 동작 모드를 제공한다. 세 가지 동작 모드는 독립전원 동작(independent operation), 직렬전원 동작(series tracking operation), 병렬전원 동작(parallel tracking operation) 으로 구분된다. 직류전원 공급기는 세 가지 동작 모드를 활용하여 4가지 형태의 전원 공급을 제공할 수 있다.

독립전원 공급

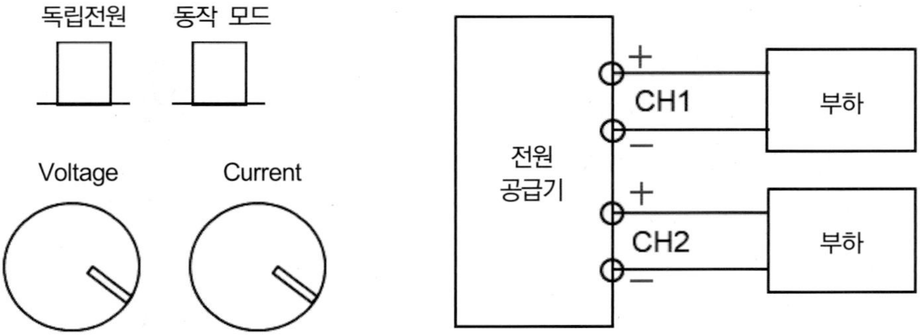

(a) 모드 선택 및 전압/전류 조정

(b) 부하 연결

그림 1.9. 독립전원 공급

독립전원 동작 모드를 선택하는 경우, 그림 1.9과 같이 2개의 채널별로 독립적인 직류전원을 공급한다. 독립전원을 공급하는 절차는 다음과 같다.

1. 독립전원 동작 모드를 선택한다.
2. 전압조절 다이얼과 전류조절 다이얼을 이용하여 원하는 출력전압과 출력전류를

설정한다.
3. 직류전원 공급기의 전원을 끈다.
4. 회로의 (+) 극성을 전원공급기 채널 1(또는 채널 2)의 빨간색(+) 출력단자에 연결한다.
5. 회로의 (-) 극성을 전원공급기 채널 1(또는 채널 2)의 검정색(-) 출력단자에 연결한다.

단일전원 공급

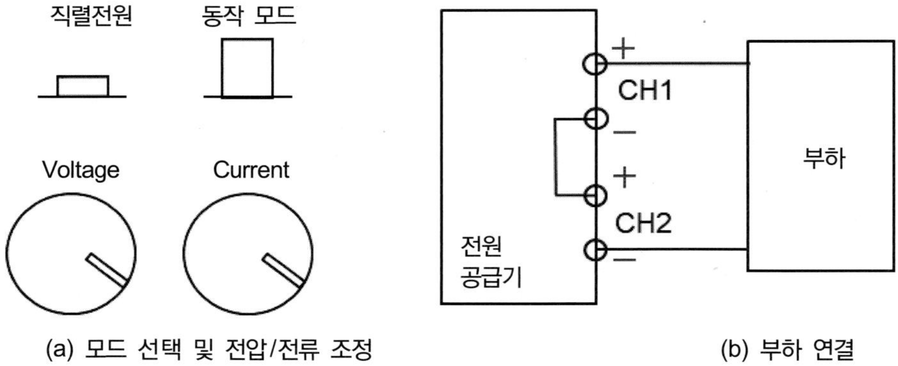

그림 1.10. 단일전원 공급

직렬전원 동작 모드를 선택하는 경우, 단일전원을 공급하거나 양전원과 음전원을 제공할 수 있다. 직렬전원 동작 모드에서는 채널 2의 빨간색(+) 단자와 채널 1의 검정색(−) 단자가 내부적으로 연결되며, 채널 1의 전압조절 다이얼을 통해 채널 1과 채널 2의 출력 전압이 동시에 정해진다.

직렬전원 동작 모드 중에서 단일전원 공급을 제공하고자 하는 경우, 그림 1.10과 같이 2개의 채널을 이용하여 단일전원을 공급한다. 단일전원을 공급하는 절차는 다음과 같다.

1. 직렬전원 동작 모드를 선택한다.
2. 채널 2의 전류조절 다이얼을 시계방향으로 돌려서 최대값으로 설정한다.
3. 채널 1의 전압조절 다이얼을 이용하여 원하는 출력전압을 정한다. 단일전원 공급 모드의 출력전압은 LCD창에 표시된 채널 1의 출력 전압의 2배가 된다.
4. 직류전원 공급기의 전원을 끈다.
5. 회로의 (+) 극성을 전원공급기 채널 1의 빨간색(+) 출력단자에 연결한다.
6. 회로의 (−) 극성을 전원공급기 채널 2의 검정색(−) 출력단자에 연결한다.

양전원과 음전원 공급

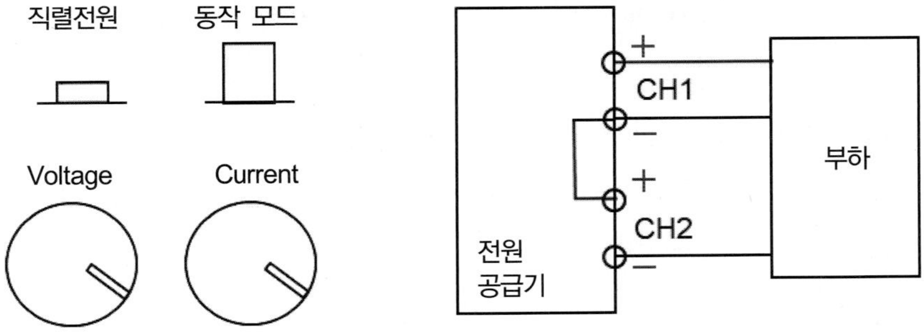

(a) 모드 선택 및 전압/전류 조정 (b) 부하 연결

그림 1.11. 양전원과 음전원 공급

직렬전원 동작 모드 중에서 양전원과 음전원 공급을 제공하고자 하는 경우, 그림 1.11과 같이 2개의 채널을 이용하여 (+) 전원, 그라운드(GND) 전원, (−) 전원을 공급한다. 양전원과 음전원을 공급하는 절차는 다음과 같다.

1. 직렬전원 동작 모드를 선택한다.
2. 채널 2의 전류조절 다이얼을 시계방향으로 돌려서 최대값으로 설정한다.
3. 채널 1의 전압조절 다이얼을 이용하여 원하는 출력전압을 설정한다.
4. 직류전원 공급기의 전원을 끈다.
5. 회로의 (+) 극성을 전원공급기 채널 1의 빨간색(+) 출력단자에 연결한다.
6. 회로의 GND 극성을 전원공급기의 채널 1의 검정색(−) 출력단자에 연결한다.
7. 회로의 (−) 극성을 전원공급기 채널 2의 검정색(−) 출력단자에 연결한다.

병렬전원 공급

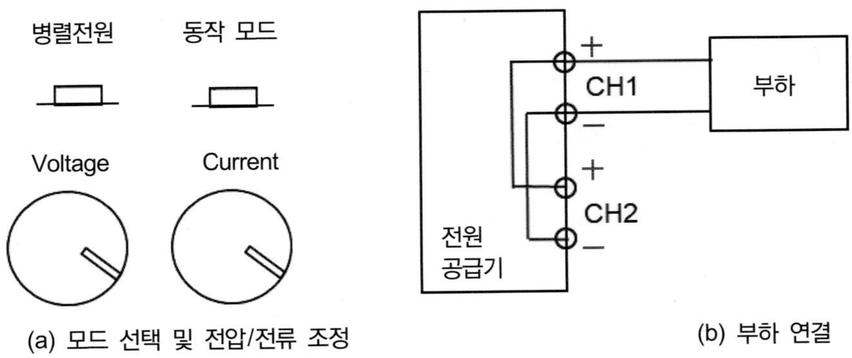

(a) 모드 선택 및 전압/전류 조정 (b) 부하 연결

그림 1.12. 병렬전원 공급

병렬전원 동작 모드를 선택하는 경우, 그림 1.12와 같이 2개의 채널을 병렬로 연결하여 직류전원을 공급한다. 병렬전원 동작 모드에서는 전류 공급 용량이 2배로 증가하며, 채널 1의 출력단자만 사용된다. 병렬전원을 공급하는 절차는 다음과 같다.

1. 병렬전원 동작 모드를 선택한다.
2. 채널 1의 전압조절 다이얼을 이용하여 원하는 출력전압을 설정한다. 채널 1의 전류조절 다이얼을 이용하여 원하는 출력전류를 정한다. 이때, LCD창에 표시된 출력전류보다 2배 큰 전류가 공급된다.
3. 직류전원 공급기의 전원을 끈다.
4. 회로의 (+) 극성을 전원공급기 채널 1의 빨간색(+) 출력단자에 연결한다.
5. 회로의 (−) 극성을 전원공급기 채널 1의 검정색(−) 출력단자에 연결한다.

다음으로, 전원공급기의 중요한 표시등인 정전압(CV: Constant Voltage)과 정전류(CC: Constant Current) 표시등에 대해 알아보자.

- **정전압(CV) 모드**

전원공급기의 출력 전압이 부하가 변해도 전위가 일정하게 유지되며, 채널의 설정 전압보다 커지면 CV 표시등(녹색 LED)가 켜진다.

- **정전류(CC) 모드**

부하에 전원을 연결한 상태에서 CC 표시등(적색 LED)이 켜졌다는 것은 부하에 흐르는 전류보다 설정된 전류값이 작을 경우이다. 전원공급기는 설정전류까지만 흐르도록 동작하며 공급전압이 낮아지게 된다. 회로를 구성하고 회로에 흐르는 전류값보다 여유롭게 공급전류를 설정했는데도 불구하고 CC표시등에 불이 들어온다면, 회로에 단락이 일어났거나 구성상 문제가 있음을 의심해 볼 필요가 있다.

1.3. 디지털 멀티미터

전압을 측정하는데 사용되는 기기를 전압측정기(볼트미터), 전류를 측정하는데 사용되는 기기를 전류측정기(암미터), 저항을 측정하는데 사용되는 기기를 저항측정기(옴미터)라 한다. 멀티미터는 위의 세 가지 기기가 하나의 기기로 만들어진 것을 말한다. 최근에는 휴대가능한 멀티미터(일명 테스터기)를 이용하여 손쉽게 측정할 수 있다.

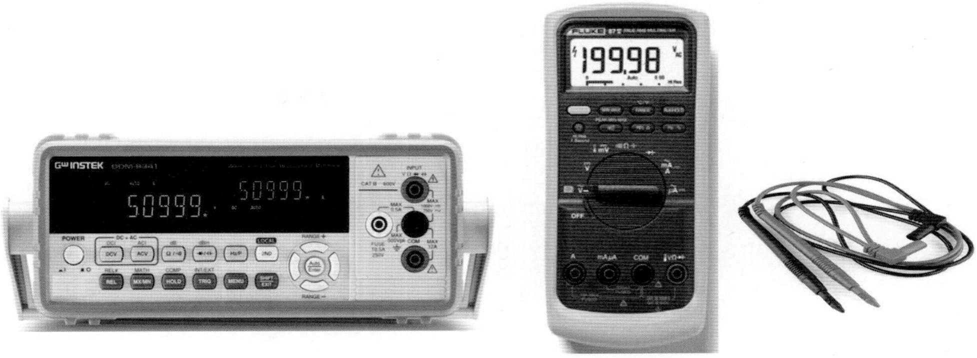

(a) 디지털 멀티미터 (b) 휴대용 디지털 멀티미터

그림 1.13. 디지털 멀티미터와 휴대용 디지털 멀티미터

디지털 멀티미터를 이용하여 전압, 전류 및 저항을 측정하기 전에 프로브의 사용법부터 간단하게 알아보도록 한다. 프로브(Probe)는 측정하고자 하는 지점과 멀티미터를 연결하는 역할을 한다. 검정색 프로브는 COM단자(공통단자)에 연결하며, 붉은색 프로브는 측정하고자 하는 단자에 연결한다. 검정색 프로브와 붉은색 프로브는 다른 역할을 하는 것은 아니지만 기준점과 측정점을 명확히 인식하기 위해 일반적으로 위의 방식대로 연결한다.

이제 디지털 멀티미터의 각 기능을 살펴보자. 본 교재에서는 GW Instek GDM-8341 모델을 기준으로 설명하며, GDM-8341은 50,000 카운트 듀얼 측정 디지털 멀티미터이다. 그림 1.14는 디지털 멀티미터의 전면 패널을 보여준다.

그림 1.14. 디지털 멀티미터의 단자별 기능

다음으로 디지털 멀티미터의 단자에 대한 설명은 다음과 같다.

- 전원 스위치(①) : 디지털 멀티미터의 Power ON/OFF
- 디스플레이(②) : 멀티미터의 측정값과 설정값을 표시
- 측정 기능키와 보조 기능키(③, ④) : 멀티미터의 측정 기능키와 보조 기능키
- 화살표키/엔터키(⑤) : 멀티미터의 화살표키와 엔터키
- 접지단자(⑥) : 공통 단자(common terminal) 또는 그라운드 단자
- 전압/저항 측정단자(⑦) : 전압, 저항, 커패시터 등 직류전류/교류전류를 제외한 모든값을 측정하는 단자
- 저전류 측정단자(⑧) : 0.5A 이하의 직류전류 및 교류전류 측정단자
- 고전류 측정단자(⑨) : 최대 12A 까지 측정 가능한 직류전류 및 교류전류 측정단자

전압, 전류 및 저항을 측정하기 위해 디지털 멀티미터와 회로를 연결해야 한다. 연결 방법에는 병렬연결과 직렬연결 두 가지가 있다. 병렬연결은 측정하고자 하는 소자와 멀티미터가 병렬로 연결된 경우이며, 전압과 저항을 측정할 때 사용한다. 반면에, 직렬 연결은 구성된 회로와 멀티미터가 직렬로 연결된 경우이며, 전류를 측정할 때 사용한다. 직렬연결은 측정하고자 하는 부분을 먼저 개방한 후 프로브의 양 끝을 회로의 개방된 부분 양 끝에 연결하여 준다. 멀티미터에서 음의 전류(−)값을 나타낸다면 전류가 반대쪽으로 흐르고 있음을 의미한다.

전압 측정

GDM-8341 디지털 멀티미터의 경우 교류전압의 측정범위는 0~750VAC 이고, 직류전압의 측정범위는 0~1000VDC 이다. 디지털 멀티미터를 이용하여 전압을 측정하는 절차는 다음과 같다.

표 1.2. 전압 측정용 기능키

직류전압	교류전압	직류전압 + 교류전압
DCI DCV ⇨ Auto/Enter	ACI ACV ⇨ Auto/Enter	DCI ACI DCV + ACV ⇨ Auto/Enter

1. 측정하려는 전압의 종류에 따라 DCV (직류전압) 또는 ACV (교류전압) 버튼을 눌러준다. 직류전압과 교류전압을 동시에 측정하고자 하는 경우, DCV 버튼과 ACV 버튼을 동시에 눌러준다.

2. 그림 1.15와 같이 적색 프로브는 전압측정 단자에, 검정색 프로브는 COM 단자에 연결한다.
3. 측정 범위를 자동으로 선택하고자 하는 경우 Auto Range 버튼을 눌러준다. 측정 범위를 수동으로 선택하는 경우 Up/Down 버튼을 사용하여 적당한 전압 측정 범위를 선택한다. 만약에, 전압의 측정 범위를 모르는 경우에는 측정 범위가 가장 큰 버튼을 선택하여 측정한 후 적합한 범위로 다시 조정하도록 한다.

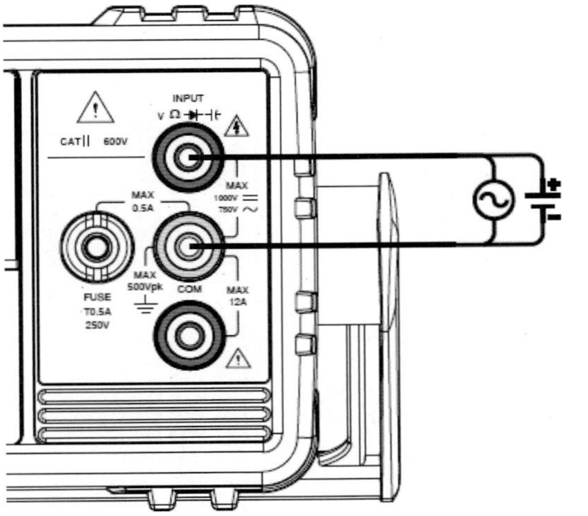

그림 1.15. 전압측정을 위한 연결방법

전류 측정

GDM-8341 디지털 멀티미터의 경우 두 개의 전류측정 단자를 가지고 있다. 0.5A 단자의 경우 0.5A 까지 전류측정이 가능하고, 10A 단자의 경우 최대 12A 까지 전류측정이 가능하다. 디지털 멀티미터를 이용하여 전류를 측정하는 절차는 다음과 같다.

표 1.3. 전류 측정용 기능키

직류전류	SHIFT/EXIT → DCI/DCV ⇨ Auto/Enter
교류전류	SHIFT/EXIT → ACI/ACV ⇨ Auto/Enter
직류전류 + 교류전류	SHIFT/EXIT → DCI/DCV + ACI/ACV ⇨ Auto/Enter

1. 측정하려는 전류의 종류에 따라 DCI (직류전류) 또는 ACI (교류전류)를 선택한다. DCI는 SHIFT → DCV 버튼을 누르면 선택되고, ACI는 SHIFT → DCV 버튼을 누르면 선택된다. 직류전류과 교류전류을 동시에 측정하고자 하는 경우, SHIFT 버튼을 누른 후 DCV 버튼과 ACV 버튼을 동시에 눌러준다.
2. 그림 1.16과 같이 적색 프로브는 전류측정 단자에, 검정색 프로브는 COM 단자에 연결한다. 저전류(< 0.5A) 측정인 경우와 고전류(<12A) 측정인 경우 연결 단자가 다른 점을 주의한다.
3. 측정 범위를 자동으로 선택하고자 하는 경우 Auto Range 버튼을 눌러준다. 측정 범위를 수동으로 선택하는 경우 Up/Down 버튼을 사용하여 적당한 전류 측정 범위를 선택한다. 만약에, 전류의 측정 범위를 모르는 경우에는 측정 범위가 가장 큰 버튼을 선택하여 측정한 후 적합한 범위로 다시 조정하도록 한다.

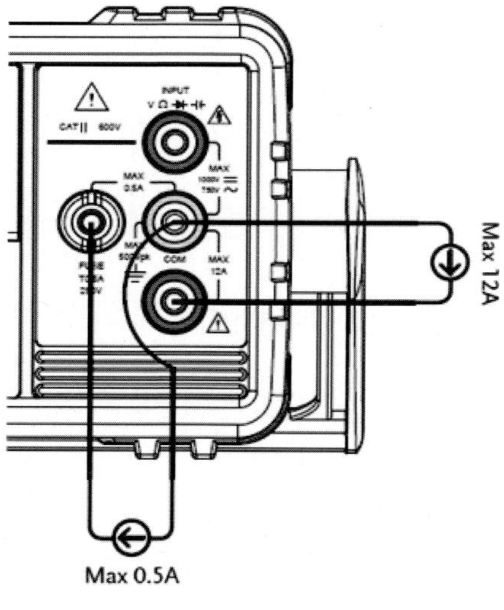

그림 1.16. 전류측정을 위한 연결방법

실험 1.1. 독립전원 측정

실험목적

직류전원 공급기로 전압을 공급하고, 디지털 멀티미터로 전압을 측정한다.

실험장비

직류전원 공급기	디지털 멀티미터	프로브
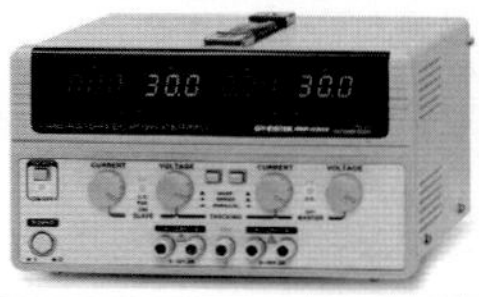		

1. 직류전원 공급기 설정하기

- 직류전원 공급기의 전원을 켠다.
- 직류전원 공급기를 독립전원 동작 모드로 설정한다.
- 직류전원 공급기 채널 1의 전류조절 다이얼을 최대값으로 설정하고, 전압조절 다이얼을 5V로 설정한다.
- 직류전원 공급기 채널 2의 전류조절 다이얼을 최대값으로 설정하고, 전압조절 다이얼을 10V로 설정한다.

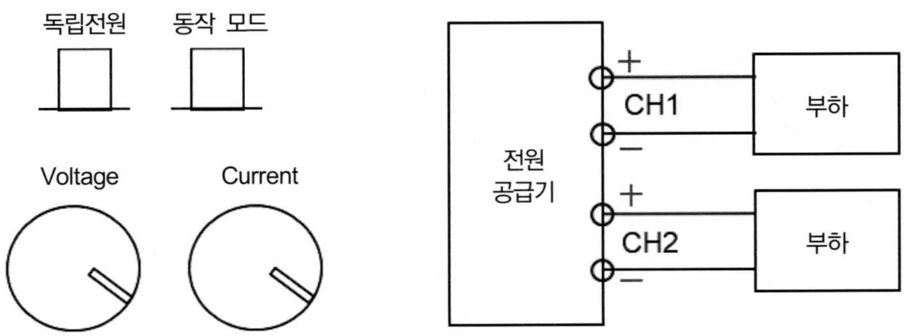

(a) 모드 선택 및 전압/전류 조정　　(b) 부하 연결

그림 1.17. 독립전원 공급

2. 디지털 멀티미터로 직류전압 측정하기

- 디지털 멀티미터의 전원을 켠다.
- 디지털 멀티미터의 측정 모드를 DCV (직류전압) 모드로 설정한다.
- 전압의 측정 범위를 자동모드 (Auto Range)로 설정한다.
- 적색 프로브는 직류전원 공급기 채널 1의 (+) 단자에 연결한다.
- 흑색 프로브는 직류전원 공급기 채널 1의 (−) 단자에 연결한다.
- 디지털 멀티미터의 직류전압 측정값을 표 1.4에 기록한다.

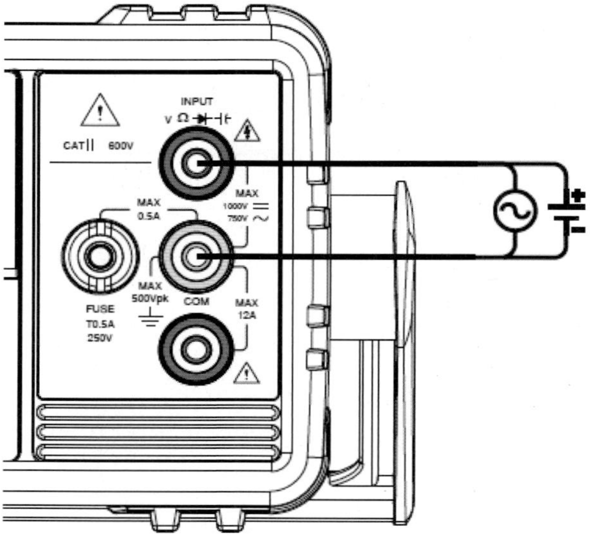

그림 1.18. 전압측정을 위한 측정단자 연결방법

- 적색 프로브는 직류전원 공급기 채널 2의 (+) 단자에 연결한다.
- 흑색 프로브는 직류전원 공급기 채널 2의 (−) 단자에 연결한다.
- 디지털 멀티미터의 직류전압 측정값을 표 1.4에 기록한다.

표 1.4. 직류전압 측정결과

직류전원 공급기	설정값	측정값	오차
채널 1의 전압(V_1)			
채널 2의 전압(V_2)			

제2장 저항, 콘덴서, 전압 및 전류의 측정

목적

- 수동 회로소자인 저항과 콘덴서의 용량을 읽는 법을 알아본다.
- 저항과 콘덴서의 용량을 멀티미터로 측정하는 법을 익힌다.
- 전압과 전류를 측정하는 법을 익힌다.

2.1. 저항

어떤 물체가 움직일 때, 이동 방향과 반대 방향으로 이동을 방해하는 저항이 있다. 예를 들어 우리가 달리기를 할 때 공기저항이 달려가는 방향과 반대로 작용하기 때문에 이동이 느려지는 것처럼 전기회로에서도 이와 같은 현상이 일어난다. 전기가 흐를 때(전하가 이동을 할 때) 전기의 흐름을 방해하는 요소가 있는데 이를 전기저항(electric resistance), 또는 간단히 저항(resistance)라고 부른다. 즉 저항이 크다는 것은 전하의 흐름을 억제하는 성질이 강하다는 뜻이다. 저항의 단위는 옴(Ω: ohm)이며, 저항(R)의 크기는 식 (2.1)과 같이 도체 단면의 넓이(S)와 도체의 길이(L), 그리고 길이 $[1m]$, 단면적 $[1m^2]$의 물질이 갖는 저항값인 고유저항(ρ)에 의해 결정된다.

$$R = \rho \frac{L}{S}\ [ohm] \tag{2.1}$$

고유저항(resistivity)은 물질의 종류와 온도마다 다르며 주요 도체의 상온에서 고유저항은 표 2.1에 나타나 있다.

저항은 그림 2.1과 같이 고정저항과 가변저항으로 나뉜다. 고정저항은 저항이 만들어질 때부터 고정된 저항값을 갖는 저항이며, 가변저항은 일정 범위에서 사용자가 저항값을 조절하여 사용할 수 있는 저항을 말한다.

표 2.1. 대표적인 물질의 상온(20°C)에서 고유저항

물질	고유저항	물질	고유저항
은	1.59×10^{-8}	게르마늄	4.6×10^{-1}
구리	1.68×10^{-8}	실리콘	6.4×10^{2}
알루미늄	2.65×10^{-8}	유리	$10^{11} \sim 10^{15}$
철	9.70×10^{-8}	테프론	$10^{23} \sim 10^{25}$

(a) 고정저항 (b) 가변저항

그림 2.1. 고정저항과 가변저항

저항은 크기가 매우 작기 때문에 부품에 저항의 크기 및 오차를 직접 표기하기가 쉽지 않다. 따라서 저항의 크기를 보통 4가지 또는 5가지 색깔 띠로 표기하는 경우가 많다. 이제 저항의 색깔 띠 읽는 법에 대해 알아보도록 하자. 표 2.2는 저항의 띠 개수별 저항값 측정법이 나타나 있으며, 표 2.3에서는 각 색 띠에 대응하는 숫자에 대해 나타나 있다.

표 2.2. 색 띠 개수별 저항값 계산법

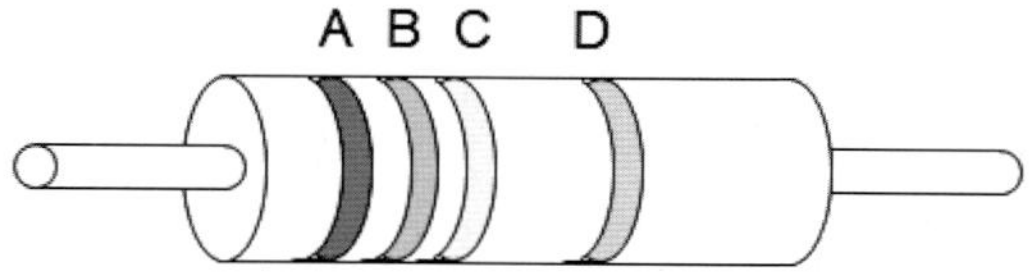	$AB \times 10^{C} \pm D\%$
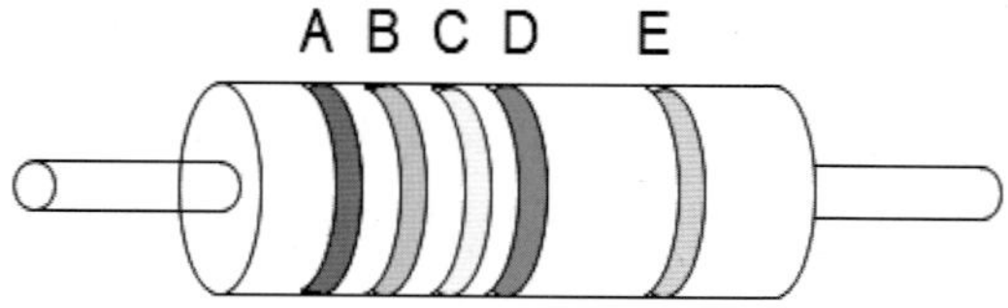	$ABC \times 10^{D} \pm E\%$

표 2.3. 저항 띠 색깔별 고유 수 및 오차율

색깔(color)		고유 수	오차율
	검정(black)	0	-
	갈색(brown)	1	1%
	빨강(red)	2	2%
	주황(orange)	3	-
	노랑(yellow)	4	-
	녹색(green)	5	0.5%
	파랑(blue)	6	0.25%
	보라색(violet)	7	0.1%
	회색(grey)	8	-
	백색(white)	9	-
	금색(gold)	-	5%
	은색(silver)	-	10%

예를 들어 그림 2.2와 같은 저항이 있다고 가정해 보자. 첫 번째와 두 번째 색깔 띠는 빨간색과 주황색이므로 숫자 값 23에 대응된다. 세 번째 색깔 띠는 노란색이므로 $10^C = 10^4$ 이며, 네 번째 색깔 띠는 오차율 10%에 해당하는 은색이다. 즉, 그림 2.2와 같은 저항의 저항값은 $23 \times 10^4 \pm 10\% (ohm)$으로 계산할 수 있다.

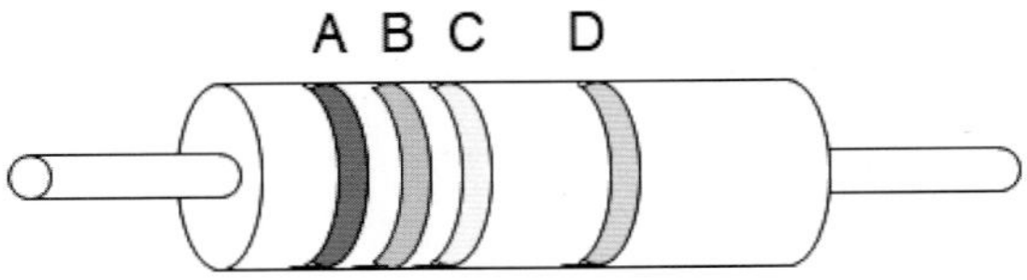

그림 2.2. 4개의 색 띠를 갖는 저항

최근에 기기들의 소형화를 위해 부품의 다리를 기판의 구멍을 관통하여 반대쪽에 땜질하여 붙이는 방범 대신 기판의 표면에 바로 납땜할 수 있는 부품을 많이 사용한다. 칩저항도 마찬가지로 기판 위에 바로 납땜할 수 있는 구조로 되어있으며, 일반저항에 비해 크기가 매우 작다. 칩저항은 말 그대로 칩 모양의 저항이며, 내부에 탄소계 저항체를 넣고 절연체로 포장하여 만든다. 구조가 매우 간단하고 크기가 작아 소형화에 유리한 장점이 있지만, 잡음이 많이 발생하고 전력 사용이 제한적이라는 단점이 있다.

칩 저항은 저항의 사이즈와 저항값으로 분류할 수 있다. 국내에서 저항의 사이즈는 정격용량과 관련이 있다. 저항의 크기가 클수록 높은 전압과 전력을 견딜 수 있기 때문에 사용하는 전압과 전력을 잘 알고 저항을 선정하는 것이 중요하다. 저항의 사이즈는 mm단위가 널리 사용되지만 아직까지는 인치 단위도 무시 못할 정도로 통용되고 있기 때문에 함께 알아보도록 하자.

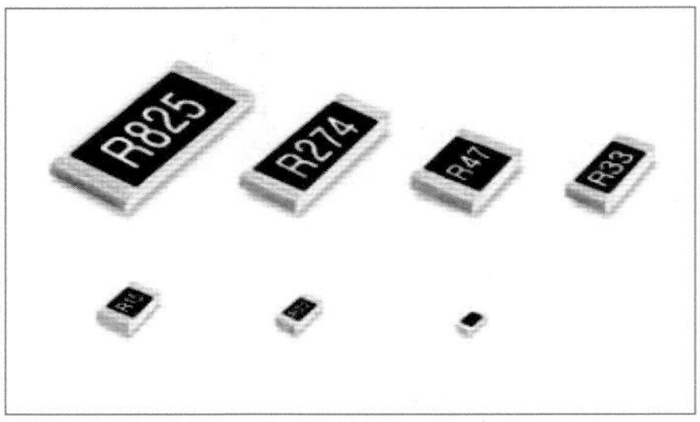

그림 2.3. 칩저항

표 2.4. 칩저항 크기와 정격전압 및 정격전력

인치코드	밀리미터 코드	mm(가로×세로)	정격전압(V)	정격전력(W)
0201	0603	0.60×0.30	25	1/20
0402	1005	1.00×0.50	50	1/16
0603	1608	1.60×0.80	50	1/10
0805	2012	2.00×1.25	150	1/8
1206	3216	3.20×1.60	200	1/4
1210	3225	3.20×2.55	200	1/4
2010	5025	5.00×2.50	200	1/2
2512	6432	6.30×3.20	200	1

표 2.5. 칩저항 저항값 읽기

코드 구성	표기된 코드	저항값
3자리 숫자로 구성된 경우	314 470	$31 \times 10^4 = 310\ \text{k}\Omega$ $47 \times 10^0 = 47\ \Omega$
4자리 숫자로 구성된 경우	1542 4700	$154 \times 10^2 = 15.4\ \text{k}\Omega$ $470 \times 10^0 = 470\ \Omega$
알파벳 R이 포함된 경우	7R12 R14 10R (×)	$7.12 = 7.12\ \Omega$ $0.14 = 0.14\ \Omega$ 잘못된 표기

표 2.5는 칩 저항의 저항값을 읽는 방법을 보여준다. 칩 저항의 저항값을 읽는법은 일반저항값 읽는 방법에 비해 매우 간단하다. 통상적으로 칩저항의 표면에 3자리 또는 4자리의 숫자 또는 문자로 표현되어 있다. 먼저 3자리의 숫자로 표현된 경우 첫 번째 자리 숫자와 두 번째 자리 숫자는 저항용량의 각 자리수를 나타내고 세 번째 자리는 10의 배수이다. 다음으로 4자리 숫자로 표현된 경우 앞의 3자리 숫자는 저항용량의 각 자리수 이며 4번째 자리 숫자가 10의 배수를 나타낸다. 마지막으로 숫자외에 R이라는 알파벳과 함께 표시된 경우 R자리에 소숫점을 넣어 나타낸다. 단, 알파벳 R은 코드의 마지막 자리에 올 수 없다.

2.2. 콘덴서

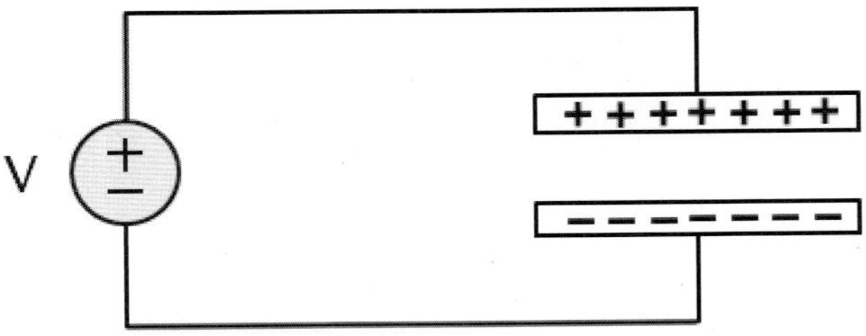

그림 2.4. 콘덴서가 충전된 상태의 모습

콘덴서는 유전체에 전하를 축적하기 위한 소자이며, 두 금속 단자 사이에 유전체를 삽입한 형태로 되어있다. 콘덴서를 충전하는 원리는 그림 2.4에 나타나 있다. 전하가 충전되지 않은 상태의 콘덴서는 두 평행도체 사이에 전압차가 없다. 이 콘덴서에 직류 전원을 연결하면 콘덴서가 충전되기 시작하며 잠깐의 시간 동안 전류가 흐르지만, 충전이 완료된 후 콘덴서는 직류전류를 통과시키지 않는다. 전류는 전자의 이동에 의해 만들어지는데 콘덴서의 평행판 사이에 유전체를 통해 전자가 이동할 수 없기 때문이다. 이 같은 특성으로 콘덴서를 직류전류를 차단하고 교류전류만을 통과시키는 데 이용하기도 한다.

콘덴서가 충전이 완료되면 양 극판에는 전자에 의해 음(-)과 양(+)의 전극으로 대전된다. 극판은 전원의 회로를 끊어도 대전된 상태로 남아 있게 되는데 이러한 현상은 전하가 저장됨을 의미한다. 얼마의 전하가 축적될 수 있는가 하는 정도가 콘덴서(커패시턴스 : Capacitance, [C]) 또는 정전용량이라 하며, 단위는 F(Farad : 패럿)이다. 일반적으로 콘덴서에 축적되는 전하용량은 매우 작기 때문에 $\mu F(10^{-6}F)$ 또는 pF

($10^{-12}F$)의 단위가 사용된다.

콘덴서의 용량(C)은 도체의 면적(A)과 도체 사이의 절연체의 유전율 (ϵ)에 비례하고, 도체 사이의 거리 (d)에 반비례한다. 여기에서 유전율이란 어떤 물질에 전기장을 가했을 때 전하를 축적할 수 있는 정도를 나타낸다.

$$C = \epsilon_0 \epsilon_r \frac{A}{d} \, [F] \tag{2.2}$$

ϵ_0는 진공중의 유전율이고 약 $8.855 \times 10^{-12} \, [F/m]$이다. ϵ_r은 두 평판도체 사이에 채워진 유전물질의 ϵ_0에 대한 비유전율을 나타내며 대표적인 유전체에 대한 비유전율이 아래의 표 2.6에 나타나 있다.

표 2.6. 대표적인 물질의 비유전율 ϵ_r

물질명	비유전율	물질명	비유전율
공기(Air)	1.0005	유리(Glass)	4.7
종이(Paper)	1.4	고무(Rubber)	7
테프론(Teflon)	2.1	실리콘(Si)	11.68
이산화규소(SiO_2)	3.9	물(Water)	87.9

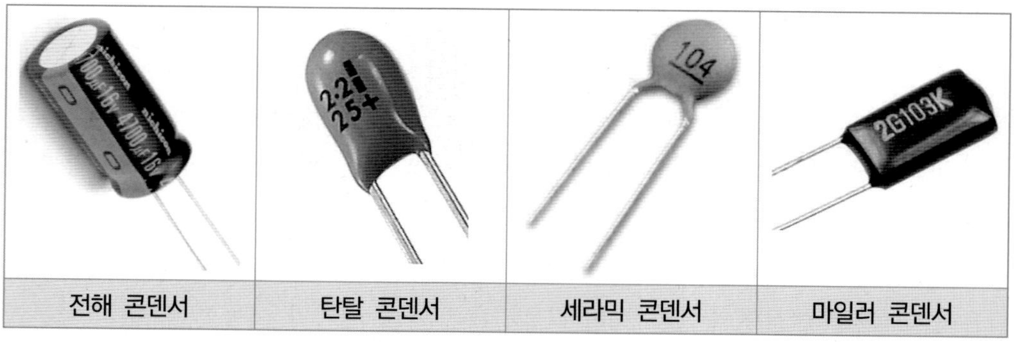

그림 2.5. 콘덴서의 종류

콘덴서는 인가 전압의 극성 유무에 따라 유극성 콘덴서와 무극성 콘덴서로 나누어진다. 그림 2.5는 네 가지의 콘덴서를 보여준다.

유극성 콘덴서에는 전해 콘덴서(Electrolytic Capacitor)와 탄탈 콘덴서(Tantalum Capacitor)가 있으며, 직류용으로 사용된다. 전해 콘덴서는 가장 많이 쓰이며 큰 용량을 얻을 수 있는 장점이 있다. 전해 콘덴서는 직류용으로 사용되기 때문에 극성연결에 주의해야 하며, 2핀 중 긴 핀이 (+)극성이다. 전해 콘덴서의 경우 용량이 콘덴서 외부에 직접 표기되어 있다. 탄탈 콘덴서는 온도 특성이나 주파수 특성이 전해 콘덴서보다 우수하지만, 가격이 비싸다.

무극성 콘덴서에는 세라믹 콘덴서, 마일러 콘덴서, 페이퍼 콘덴서, 스티롤 콘덴서 등이 있으며, 교류용으로 사용된다. 세라믹 콘덴서는 고주파 특성이 양호하며, 마일러 콘덴서는 바이패스용, 저주파, 고주파 결합용으로 사용된다. 교류용 콘덴서는 극성이 없고, 교류용 콘덴서의 용량은 주로 콘덴서 외부에 3자리 수로 표기되어 있다. 첫 번째 숫자, 두 번째 숫자, 세 번째 숫자를 각각 X, Y, Z라 하면 이 콘덴서의 용량 C는

$$C = XY \times 10^{Z}[pF] \tag{2.3}$$

이다. 예를 들어 표기된 숫자가 103이라 해보자. 이 콘덴서의 용량 C는 $10 \times 10^{3}pF$이다.

2.3. 저항, 콘덴서, 전압 및 전류 측정법

전기회로는 전원과 부하, 전류 경로로 구성되며, 회로의 정상적인 동작 여부를 확인하기 위해서는 각 부위의 전류와 전압을 측정하는 것은 필수적이다. 먼저, 디지털 멀티미터를 사용하여 저항과 콘덴서의 용량을 정확히 측정하는 법을 알아보자. 다음으로, 부하에 걸리는 전압과 부하에 흐르는 전류를 측정하는 법을 알아보도록 하자.

저항값 측정

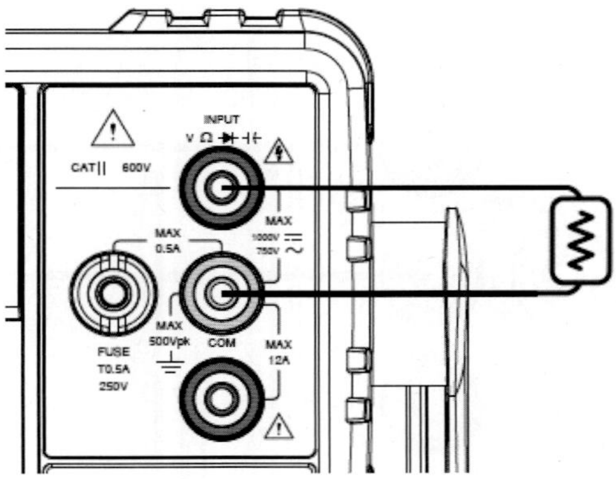

그림 2.6. 저항측정을 위한 측정단자 연결방법

저항을 측정하고자 하는 경우, 그림 2.6과 같이 저항 양단에 프로브를 연결하면 병렬로 접속되어 저항값 측정이 가능하다. 디지털 멀티미터를 이용하여 저항을 측정하는 절차는 다음과 같다.

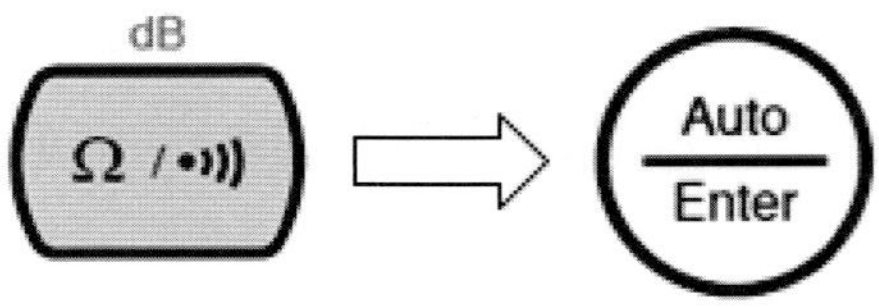

1. 저항값을 측정하기 위해 Ω(오옴) 버튼을 눌러준다.
2. 그림 2.6과 같이 적색 프로브는 저항측정 단자에, 검정색 프로브는 COM 단자에 연결한다.
3. 측정범위를 자동으로 선택하고자 하는 경우 Auto Range 버튼을 눌러준다. 측정범위를 수동으로 선택하는 경우 Up/Down 버튼을 사용하여 적당한 저항 측정범위를 선택한다. 만약에, 저항의 측정범위를 잘 모를 때에는 측정범위가 가장 큰 버튼을 선택하여 측정한 후 적합한 범위를 다시 조정하도록 한다.
4. 적색 프로브와 검정색 프로브를 측정하고자 하는 저항 양단에 접촉하고 디지털 멀티미터에 표시된 저항값을 읽는다. 참고로, 저항을 측정할 때 전원이 연결된 회로에서 저항값을 측정하지 않도록 주의한다.

콘덴서 용량 측정

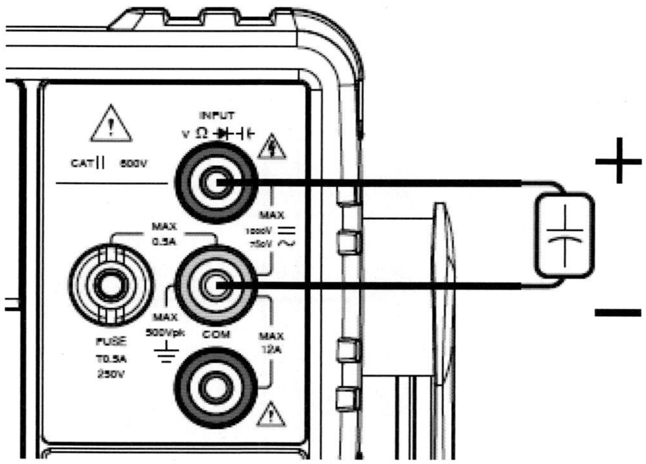

그림 2.7. 콘덴서 용량 측정을 위한 측정단자 연결방법

콘덴서의 용량을 측정하고자 하는 경우, 그림 2.7과 같이 콘덴서의 양단에 프로브를 연결하면 병렬로 접속되어 콘덴서의 용량 측정이 가능하다. 디지털 멀티미터를 이용하여 콘덴서의 용량을 측정하는 절차는 다음과 같다.

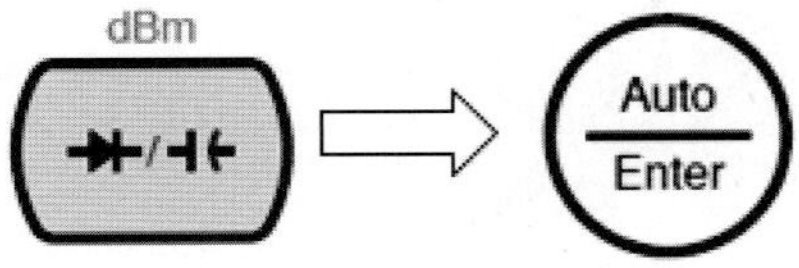

1. 콘덴서의 용량을 측정하기 위해 →|-/-||- 버튼을 두 번 눌러준다.
2. 그림 2.7과 같이 적색 프로브는 콘덴서의 용량 측정 단자에, 검정색 프로브는 COM 단자에 연결한다.
3. 측정범위를 자동으로 선택하고자 하는 경우 Auto Range 버튼을 눌러준다. 측정범위를 수동으로 선택하는 경우 Up/Down 버튼을 사용하여 적당한 콘덴서 측정범위를 선택한다. 만약에, 콘덴서의 측정범위를 잘 모를 때에는 측정범위가 가장 큰 버튼을 선택하여 측정한 후 적합한 범위를 다시 조정하도록 한다.
4. 적색 프로브와 검정색 프로브를 측정하고자 하는 콘덴서 양단에 접촉하고 디지털 멀티미터에 표시된 콘덴서 용량을 읽는다.

전압 측정

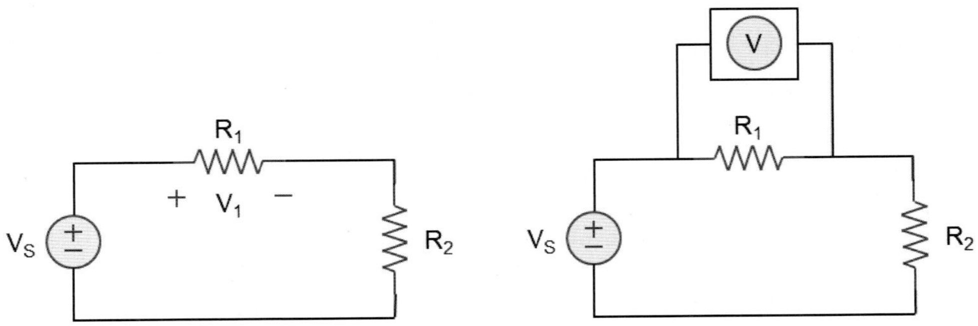

그림 2.8. 전압측정 방법

전압을 측정하고자 하는 경우, 그림 2.8과 같이 저항 양단에 프로브를 연결하면 병렬로 접속되어 전압 측정이 가능하다. GDM-8341 디지털 멀티미터를 이용하여 전압을 측정하는 절차는 다음과 같다.

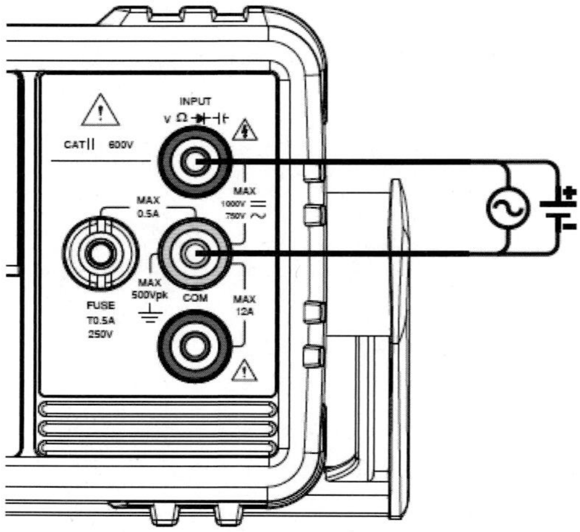

그림 2.9. 전압측정을 위한 측정단자 연결방법

1. 측정하려는 전압의 종류에 따라 DCV (직류전압) 또는 ACV (교류전압) 버튼을 눌러준다. 직류전압과 교류전압을 동시에 측정하고자 하는 경우, DCV 버튼과 ACV 버튼을 동시에 눌러준다.
2. 그림 2.9와 같이 적색 프로브는 전압측정 단자에, 검정색 프로브는 COM 단자에 연결한다.
3. 측정범위를 자동으로 선택하고자 하는 경우 Auto Range 버튼을 눌러준다. 측정범위를 수동으로 선택하는 경우 Up/Down 버튼을 사용하여 적당한 전압 측정범위를 선택한다. 만약에, 전압의 측정범위를 잘 모를 때에는 측정범위가 가장 큰 버튼을 선택하여 측정한 후 적합한 범위를 다시 조정하도록 한다.
4. 디지털 멀티미터에 표시된 전압값을 읽는다.

전류 측정

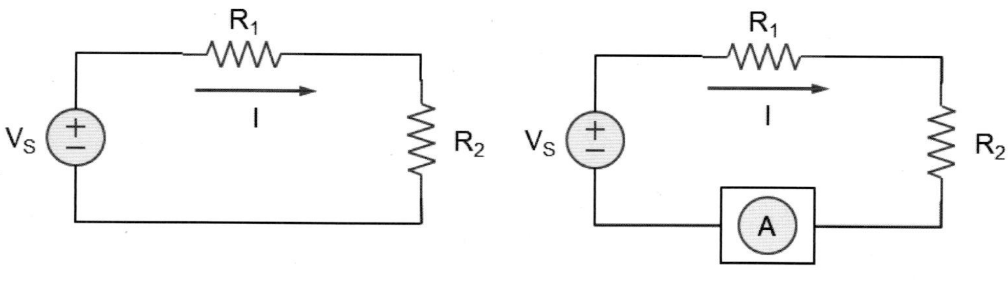

그림 2.10. 전류측정 방법

전류를 측정하고자 하는 경우, 그림 2.10과 같이 측정하고자 하는 부분에 프로브를 직렬로 연결해 준다. 직렬로 연결하기 위해서는 측정점 회로 부분을 개방한 후 프로브를 전류방향에 맞춰 연결해 주면 된다. GDM-8341 디지털 멀티미터의 경우 두 개의 전류측정 단자를 가지고 있다. 디지털 멀티미터를 이용하여 전류를 측정하는 절차는 다음과 같다.

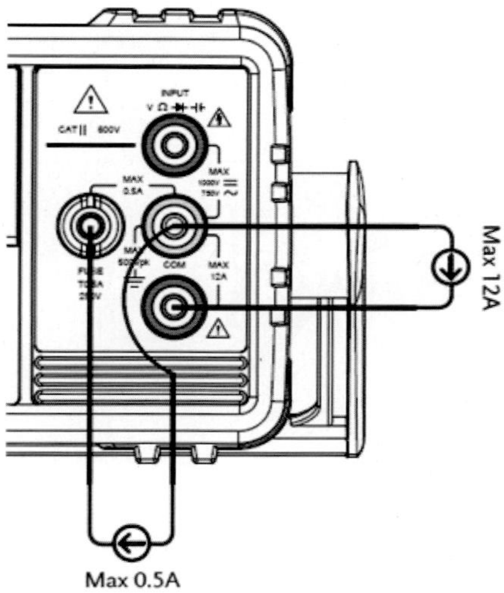

그림 2.11. 전류측정을 위한 측정단자 연결방법

1. 측정하려는 전압의 종류에 따라 DCI (직류전류) 또는 ACI (교류전류)를 선택한다. 직류전류는 SHIFT → DCV 버튼을 누르면 선택되고, 교류전류는 SHIFT → ACV 버튼을 누르면 선택된다. 직류전류와 교류전류을 동시에 측정하고자 하는 경우, SHIFT 버튼을 누른 후 DCV 버튼과 ACV 버튼을 동시에 눌러준다.
2. 그림 2.11과 같이 적색 프로브는 전류측정 단자에, 검정색 프로브는 COM 단자에 연결한다. 저전류(< 0.5A) 측정인 경우와 고전류(<12A) 측정인 경우 연결 단자가 다른 점을 주의한다.
3. 측정범위를 자동으로 선택하고자 하는 경우 Auto Range 버튼을 눌러준다. 측정범위를 수동으로 선택하는 경우 Up/Down 버튼을 사용하여 적당한 전류 측정범위를 선택한다. 만약에, 전류의 측정범위를 잘 모를 때에는 측정범위가 가장 큰 버튼을 선택하여 측정한 후 적합한 범위를 다시 조정하도록 한다.
4. 디지털 멀티미터에 표시된 전류값을 읽는다.

실험 2.1. 저항, 콘덴서

실험목적

저항과 콘덴서의 용량을 읽고, 디지털 멀티미터로 측정한다.

실험장비

디지털 멀티미터	프로브

실험부품

부품명	상세정보
저항	$1K\Omega$ 1개, $2K\Omega$ 1개, $4.7K\Omega$ 1개, $10K\Omega$ 1개
콘덴서	전해 콘덴서 2개, 세라믹 콘덴서 2개, 마일러 콘덴서 1개

1. 저항값 측정하기

- 각 저항의 띠 색을 읽어 표 2.7에 기록한다.
- 띠 색에 의해 산출된 저항값과 오차를 표 2.7에 기록한다.
- 디지털 멀티미터의 측정 모드를 저항값 측정 모드(Ω 버튼)로 설정한다.
- 위 저항의 저항값을 디지털 멀티미터로 측정하여 그 값을 표 2.7에 기록한다.
- 띠에 의해 산출된 값과 측정값의 오차를 구하여 표 2.7에 기록한다.
- 위의 과정을 나머지 3개의 저항에 대해 시행한다.
- 기본 값 R과 측정값 R_m의 차이를 구하여 이 차이가 색의 띠에 나타난 오차의 범위에 들어가는지 확인한다.

표 2.7. 저항값 기록표

저항	띠색에 의해 계산된 저항값			측정값	오차
	띠색	기본값 R (kΩ)	오차 (%)	R_m (kΩ)	$R-R_m$ (kΩ)
저항 1					
저항 2					
저항 3					
저항 4					

2. 콘덴서 용량 측정하기

- 전해 콘덴서에 기록된 용량을 읽어 표 2.8에 기록한다.
- 디지털 멀티미터의 측정 모드를 콘덴서 측정 모드(→|/⊣⊢ 버튼)로 설정한다.
- 이 콘덴서의 용량을 디지털 멀티미터로 측정하여 그 값을 표 2.8에 기록한다. 전해 콘덴서는 극성이 중요하므로 빨간색 프로브는 (+)단자에 연결하고, 검정색 프로브는 (-)단자에 연결한다.
- 위의 과정을 나머지 콘덴서에 대해서 시행한다.
- 기본 값 C과 측정값 C_m의 차이를 구한다.

표 2.8. 전해 콘덴서 용량 기록표

	커패시터에 기록된 용량 C (pF)	측정값 C_m (pF)	오차 $C-C_m$ (pF)
전해 콘덴서 1			
전해 콘덴서 2			

- 세라믹 콘덴서 및 마일러 콘덴서에 기록된 세 자리의 수를 읽어 표 2.9에 기록한다.
- 기록된 고유의 수를 사용하여 콘덴서의 용량을 계산하여 표 2.9에 기록한다.
- 이 콘덴서의 용량을 디지털 멀티미터로 측정하여 그 값을 표 2.9에 기록한다.
- 위의 과정을 나머지 콘덴서에 대해 시행한다.
- 기본 값 C과 측정값 C_m의 차이를 구한다.

표 2.9. 무극성 콘덴서 용량 기록표

	커패시터에 기록된 고유수			고유수에 의한 용량 C (pF)	측정값 C_m (pF)	오차 $C-C_m$ (pF)
세라믹 콘덴서 1						
세라믹 콘덴서 2						
마일러 콘덴서 1						

실험 2.2. 전압, 전류

실험목적

전기회로의 저항에 걸리는 전압과 저항에 흐르는 전류를 측정한다.

실험장비

직류전원 공급기	디지털 멀티미터	브레드보드
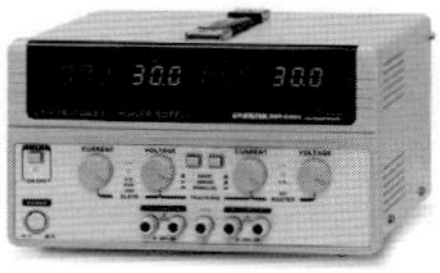		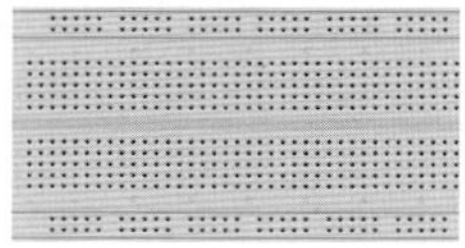

실험부품

부품명	상세정보
저항	$1K\Omega$ 2개, $4.7K\Omega$ 1개, $10K\Omega$ 1개

1. 직류전압 측정하기

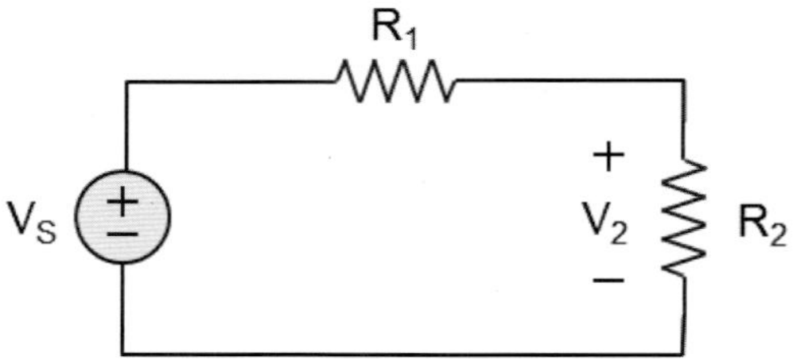

그림 2.12. 전압 측정 회로

직류전압을 측정하기 위해 그림 2.12와 같은 회로를 사용한다. 이 경우, 저항 R_2에 걸리는 전압은 다음과 같다.

$$V_2 = \frac{R_2}{R_1 + R_2} V_s \tag{2.4}$$

그림 2.12와 같이 브레드보드에 2개의 저항과 1개의 직류전원으로 이루어진 회로를 구성하고, 디지털 멀티미터로 전압을 측정한다. 구체적인 실험 절차는 아래와 같다.

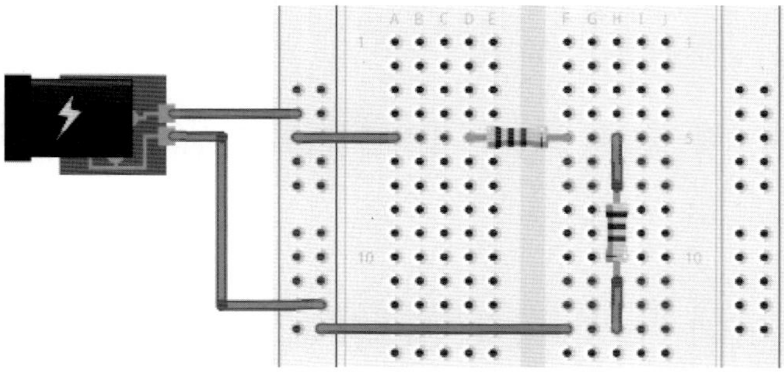

그림 2.13. 브레드보드 회로

- $R_1 = 1k\Omega$, $R_2 = 1k\Omega$ 인 저항을 이용하여 그림 2.13과 같이 브레드보드에 회로를 구성한다.
- 직류전원 공급기를 이용하여 $V_s = 10\,V$인 전압을 채널 1을 통해 제공하고, 그림 2.13과 같이 전원을 연결한다.
- 저항 R_2에 걸리는 전압값 V_2를 계산하여 이론값을 표 2.10에 기록한다.
- 디지털 멀티미터의 측정 모드를 직류전압(DCV) 모드로 설정한다.
- 저항 R_2에 걸리는 전압 V_2를 디지털 멀티미터로 측정하여 표 2.10에 기록한다.
- 저항 R_2를 $4.7k\Omega, 10k\Omega$ 으로 변화시키면서 V_2를 측정하여 표 2.10에 기록한다.
- 이론값과 실험값을 비교하여 오차를 구한 후 표 2.10에 기록한다.

표 2.10. 직류전압 기록표

R_2(kΩ)	$V_2(V)$		오차 (V)
	이론값	측정값	
$1K\Omega$			
$4.7K\Omega$			
$10K\Omega$			

2. 직류전류 측정하기

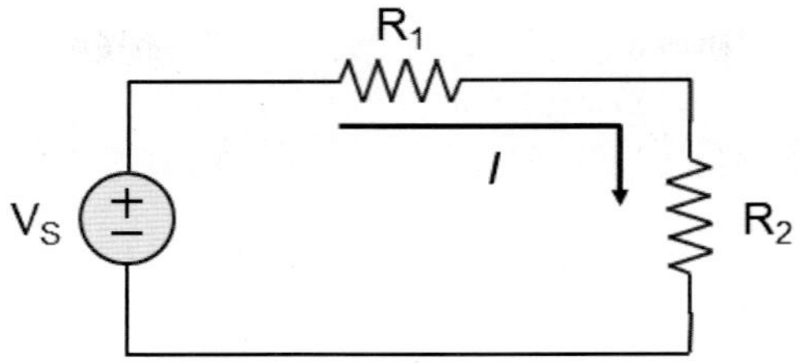

그림 2.14. 전류 측정 회로

직류전류를 측정하기 위해 그림 2.14와 같은 회로를 사용한다. 이 경우, 저항 R_1과 R_2에 흐르는 전류값 I는 다음과 같다.

$$I = \frac{V_s}{R_1 + R_2} \tag{2.4}$$

그림 2.13과 같이 브레드보드에 2개의 저항과 1개의 직류전원으로 이루어진 회로를 구성하고, 디지털 멀티미터로 전류를 측정한다. 구체적인 실험 절차는 아래와 같다.

- $R_1 = 1k\Omega$, $R_2 = 1k\Omega$ 인 저항을 이용하여 그림 2.13과 같이 브레드보드에 회로를 구성한다.
- 직류전원 공급기를 이용하여 $V_s = 10\,V$인 전압을 채널 1을 통해 제공하고, 그림 2.13과 같이 전원을 연결한다.
- 저항 R_1과 R_2를 흐르는 전류 I를 계산하여 이론값을 표 2.11에 기록한다.
- 디지털 멀티미터의 측정 모드를 직류전류(DCI) 모드로 설정한다.
- 저항 R_1과 R_2를 흐르는 전류 I를 디지털 멀티미터로 측정하여 표 2.11에 기록한다.
- R_2를 $4.7k\Omega, 10k\Omega$으로 변화시키면서 전류 I를 측정하여 표 2.11에 기록한다.
- 이론값과 실험값을 비교하여 오차를 구한 후 표 2.11에 기록한다.

표 2.11. 직류전류 기록표

R_2(kΩ)	$I\ (mA)$		오차 (mA)
	이론값	측정값	
$1K\Omega$			
$4.7K\Omega$			
$10K\Omega$			

제3장 직렬회로와 병렬회로

목적

- 오옴의 법칙과 키르히호프의 법칙을 이해한다.
- 저항의 직렬회로와 병렬회로에서 합성저항, 전압분배, 전류분배를 이해한다.

3.1. 오옴의 법칙

저항(resistance)이란 전류의 흐름을 방해하는 소자 또는 성질을 말한다. 그림 3.1과 같이 저항 양단에 전압을 인가하면 저항을 흐르는 전류는 저항의 크기에 반비례한다.

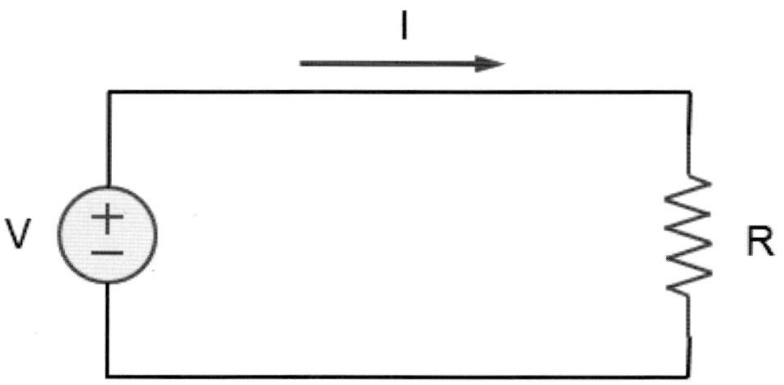

그림 3.1. 오옴의 법칙을 설명하기 위한 회로

즉, 회로에 흐르는 전류(I)의 크기는 전압(V)에 비례하고 저항(R)에 반비례한다. 또는, 저항 양단의 전압(V)은 저항(R)을 흐르는 전류(I)에 비례한다. 오옴의 법칙을 수식으로 표현하면 다음과 같다.

$$V = RI \tag{3.1}$$

오옴의 법칙 : 저항(R) 양단의 전압(V)은 저항을 흐르는 전류(I)에 비례한다.

3.2. 직렬회로와 키르히호프의 전압법칙

회로를 해석하는데 있어 오옴의 법칙과 함께 키르히호프의 법칙이 유용하게 사용된다. 키르히호프의 전압법칙(KVL)은 에너지 보존 법칙에 기반을 두고 있으며 다음과 같이 정의한다.

키르히호프의 전압법칙(KVL) : 한 개의 닫힌 경로에서 전압 상승의 합과 전압 하강의 합은 같다.

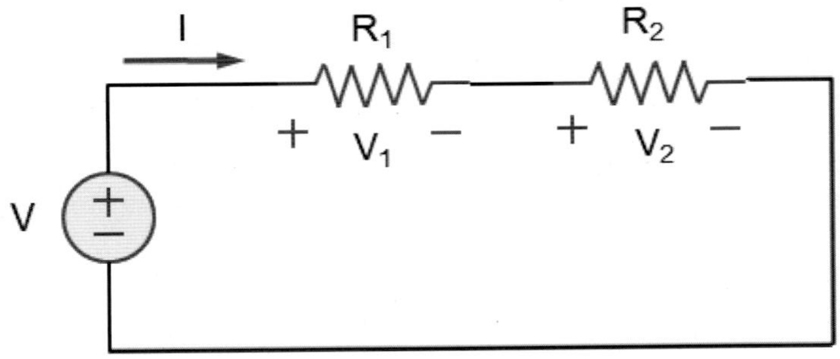

그림 3.2. 두 개의 저항이 직렬 연결된 회로

다수의 저항을 일렬로 연결한 것을 직렬연결이라 한다. 그림 3.2와 같이 두 개의 저항이 직렬 연결된 회로를 살펴보자. 이 경우, 두 저항 모두에 같은 전류(I)가 흐른다. 각 저항에 오옴의 법칙을 적용하면 다음과 같다.

$$V_1 = R_1 I, \quad V_2 = R_2 I \tag{3.2}$$

다음으로 직렬 연결된 회로에 키르히호프의 전압법칙(KVL)을 적용하면 다음과 같다.

$$V = V_1 + V_2 = (R_1 + R_2)I \tag{3.3}$$

식 (3.3)는 다음과 같이 표현될 수 있으며, 두 개의 저항은 한 개의 등가저항(R_{eq})으로 교체될 수 있다.

$$V = R_{eq} I, \quad R_{eq} = R_1 + R_2 \tag{3.4}$$

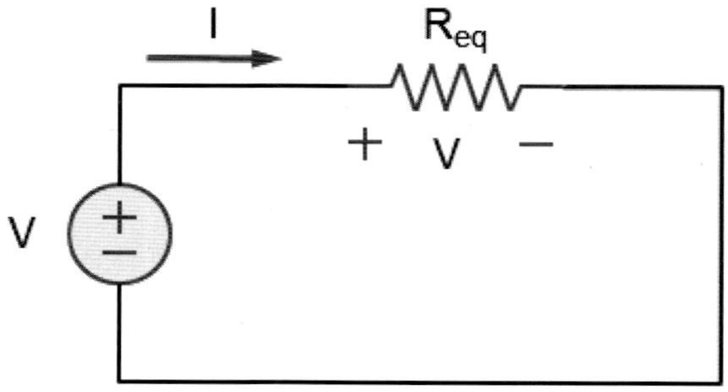

그림 3.3. 그림 3.2의 등가회로

등가저항(R_{eq})를 이용하여 그림 3.2에 대한 등가회로를 그리면 그림 3.3과 같다. 마지막으로, 두 개의 저항 양단에 걸리는 전압 V_1과 V_2를 구하면 다음과 같다.

$$V_1 = \frac{R_1}{R_1 + R_2} V, \quad V_2 = \frac{R_2}{R_1 + R_2} V \tag{3.5}$$

3.3. 병렬회로와 키르히호프의 전류법칙

키르히호프의 전류법칙(KCL)은 전하량 보전 법칙에 기반을 두고 있으며 다음과 같이 정의한다.

> 키르히호프의 전류법칙(KCL) : 한 개의 노드에 들어가는 전류의 합과 나오는 전류의 합은 같다.

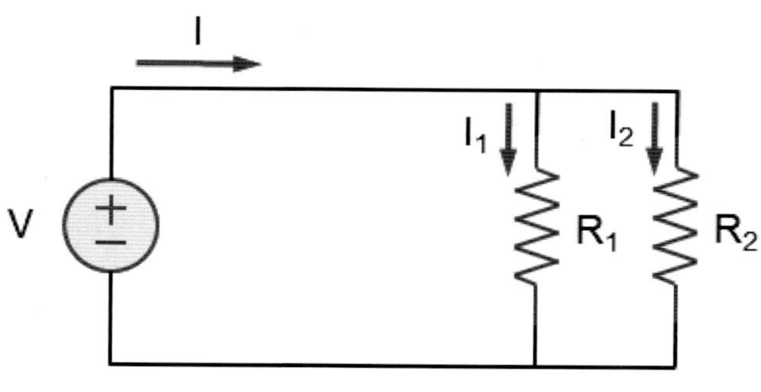

그림 3.4. 두 개의 저항이 병렬 연결된 회로

다수의 저항을 직렬이 아닌 옆으로 연결한 것을 병렬연결이라 한다. 그림 3.4와 같이 두 개의 저항이 병렬로 연결된 회로를 살펴보자. 이 경우, 두 저항 양단에 같은 전압(V)이 가해진다. 각 저항에 오옴의 법칙을 적용하면 다음과 같다.

$$I_1 = \frac{V}{R_1}, \quad I_2 = \frac{V}{R_2} \tag{3.6}$$

다음으로 병렬 연결된 회로에 키르히호프의 전류법칙(KCL)을 적용하면 다음과 같다.

$$I = I_1 + I_2 = \left(\frac{1}{R_1} + \frac{1}{R_2}\right)V \tag{3.7}$$

식 (3.7)은 다음과 같이 표현될 수 있으며, 두 개의 저항은 한 개의 등가저항(R_{eq})으로 교체될 수 있다.

$$I = \frac{V}{R_{eq}}, \quad R_{eq} = \frac{R_1 R_2}{R_1 + R_2} \tag{3.8}$$

등가저항(R_{eq})를 이용하여 그림 (3.4)에 대한 등가회로를 그리면 그림 (3.5)와 같다.

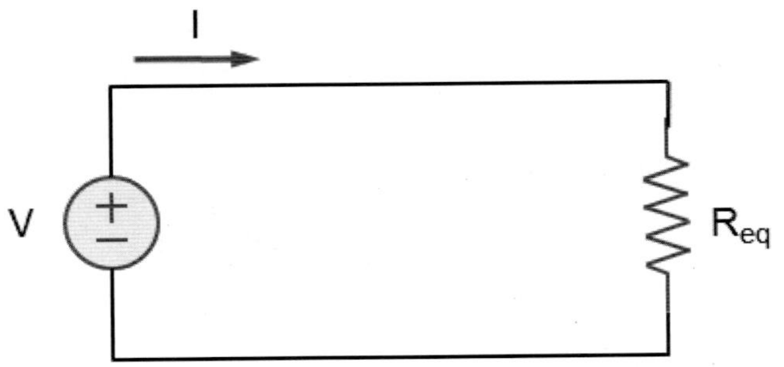

그림 3.5. 그림 3.4의 등가회로

마지막으로, 두 개의 병렬저항에 흐르는 전류 I_1과 I_2를 구하면 다음과 같다.

$$I_1 = \frac{R_2}{R_1 + R_2} I, \quad I_2 = \frac{R_1}{R_1 + R_2} I \tag{3.9}$$

3.4. 직류 전력

전력이란 전기에너지를 입력받아서 다른 형태의 에너지(열, 빛, 회전력 등)로 어느 정도 변환되었는가를 나타내는 지표로써 단위 시간당 전기에너지가 한 일을 의미한다. 예를 들어 100와트 전구가 60와트 전구보다 더 밝은 빛을 낸다는 것을 알고 있다. 그 이유는 같은 시간에 더 많은 전기에너지를 빛 에너지로 변환하기 때문이다. 전력과 에너지의 관계는 다음과 같다.

$$P = \frac{d\omega}{dt} = VI \tag{3.10}$$

여기에서 P는 와트(W)로 표시되는 전력이고, ω는 줄(J)로 표시되는 에너지, 그리고 t는 초(s)로 표시되는 시간이다.

예제 3.1. 다음 그림과 같이 전압(V)과 저항(R)이 주어진 회로의 전력을 구해보자.

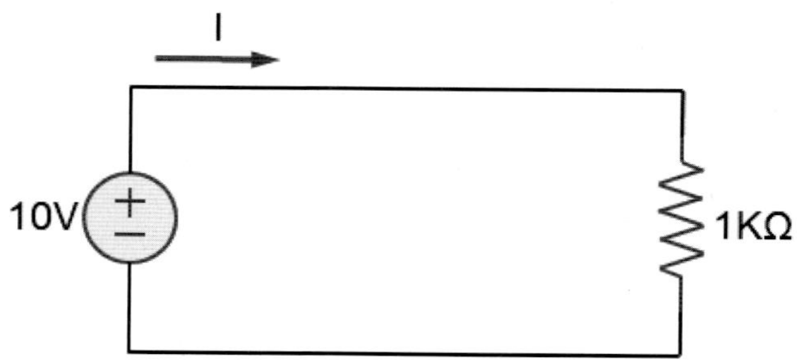

그림 3.6. 전압과 저항으로 이루어진 회로

해

우선, 전류를 구하면 다음과 같다.

$$I = \frac{V}{R} = \frac{10\,[V]}{1000\,[\Omega]} = 10\,[mA] \tag{3.11}$$

다음으로 전력을 구하면 다음과 같다.

$$\begin{aligned} P &= VI = 10[V] \cdot 10[mA] = 0.1[W] \\ &= RI^2 = 1\,[K\Omega] \cdot 10\,[mA]^2 = 0.1\,[W] \\ &= \frac{V^2}{R} = \frac{10\,[V]^2}{1\,[K\Omega]} = 0.1\,[mW] \end{aligned} \tag{3.12}$$

실험 3.1. 직렬 회로

실험목적

직렬회로의 등가저항, 전압 및 전류를 측정한다.

실험장비

직류전원 공급기	디지털 멀티미터	브레드보드
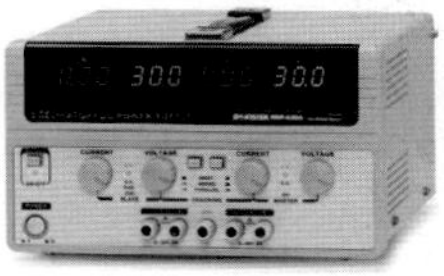	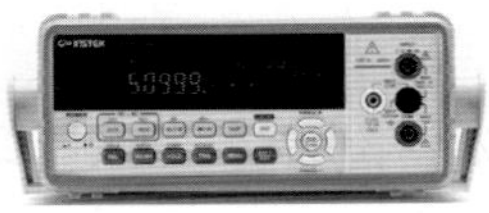	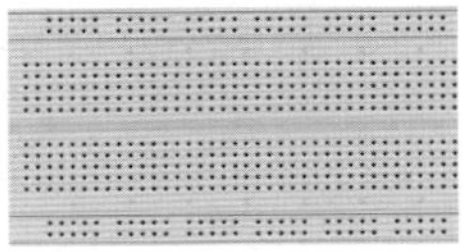

실험부품

부품명	상세정보
저항	$1K\Omega$ 2개, $2K\Omega$ 1개, $4.7K\Omega$ 1개, $10K\Omega$ 1개

1. 직렬회로의 합성저항 측정하기

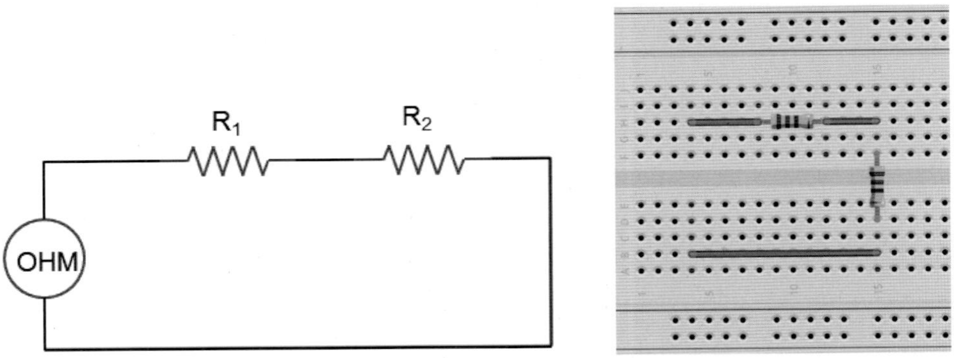

그림 3.7. 두 개의 저항으로 구성된 직렬회로

- 브레드보드에 그림 3.7과 같이 두 개의 저항 R_1과 R_2를 직렬로 연결한다.
- 두 개의 저항 R_1과 R_2가 직렬로 연결되었을 경우, 등가저항값 R_{eq}를 계산하여

이론값을 표 3.2에 기록한다.

$$R_{eq} = R_1 + R_2 \tag{3.13}$$

- 디지털 멀티미터의 측정 모드를 저항값 측정 모드(Ω 버튼)로 설정한다.
- 등가저항값 R_{eq}를 디지털 멀티미터로 측정하여 측정값을 표 3.2에 기록하고 이론값과 비교한다.

2. 직렬회로의 전압, 전류 측정하기

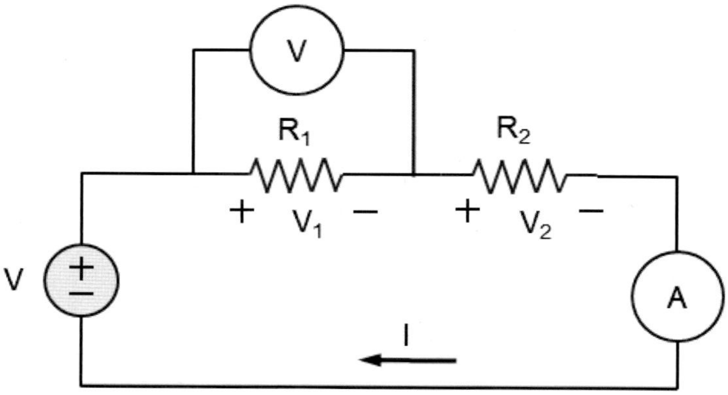

그림 3.8. 직렬회로의 전압, 전류 측정

- 브레드보드에 그림 3.8과 같이 두 개의 저항 R_1과 R_2를 직렬로 연결하고 직류전원에 연결한다.
- 두 개의 저항 R_1과 R_2가 직렬로 연결되었을 때 전류값 I를 계산하여 이론값을 표 3.2에 기록한다.

$$I = \frac{V}{R_1 + R_2} \tag{3.14}$$

- 디지털 멀티미터의 측정 모드를 직류전류(DCI) 모드로 설정한다.
- 그림 3.8과 같이 두 개의 저항과 직렬로 디지털 멀티미터의 두 측정 단자를 연결하고, 전류 I를 측정하여 표 3.2에 기록한다.
- 저항 R_1과 R_2에 걸리는 전압 V_1과 V_2를 계산하여 이론값을 표 3.2에 기록한다.
- 디지털 멀티미터의 측정 모드를 직류전압(DCV) 모드로 설정한다.
- 디지털 멀티미터를 저항 R_1과 병렬로 연결하고 전압 V_1을 측정하여 측정값을 표 3.2에 기록한다.

$$V_1 = \frac{R_1}{R_1 + R_2} V, \quad V_2 = \frac{R_2}{R_1 + R_2} V \tag{3.15}$$

- 디지털 멀티미터를 저항 R_2와 병렬로 연결하고 전압 V_2를 측정하여 측정값을 표 3.2에 기록한다.
- 이론값과 측정값이 서로 일치하는지 확인하고 일치하지 않는다면 이유를 설명한다.
- 저항 R_2를 $2K\Omega, 4.7K\Omega, 10K\Omega$으로 변화시키면서 위의 실험을 반복한다.

3. 실험결과

표 3.2. 직렬회로의 실험결과

R_1 (kΩ)	R_2 (kΩ)	등가저항 R_{eq} (kΩ)		전류 I		전압 V_1 (V)		전압 V_2 (V)	
		이론값	측정값	이론값	측정값	이론값	측정값	이론값	측정값
1	1								
1	2								
1	4.7								
1	10								

실험 3.2. 병렬 회로

실험목적

병렬회로의 등가저항, 전압 및 전류를 측정한다.

실험장비

직류전원 공급기	디지털 멀티미터	브레드보드
		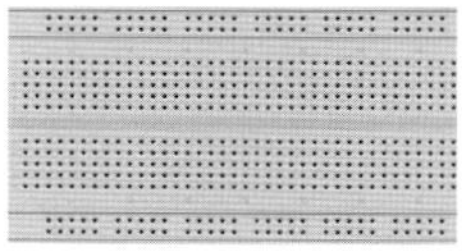

실험부품

부품명	상세정보
저항	$1K\Omega$ 2개, $2K\Omega$ 1개, $4.7K\Omega$ 1개, $10K\Omega$ 1개

1. 병렬회로의 합성저항 측정하기

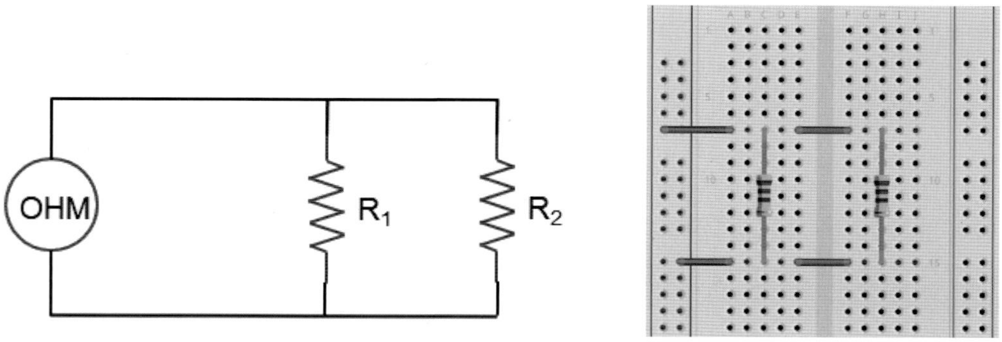

그림 3.9. 두 개의 저항으로 구성된 병렬회로

- 브레드보드에 그림 3.9과 같이 두 개의 저항 R_1과 R_2를 병렬로 연결한다.
- 두 개의 저항 R_1 과 R_2가 병렬로 연결되었을 때 등가저항값 R_{eq}를 계산하여 이론값을 표 3.3에 기록한다.

$$R_{eq} = \frac{R_1 R_2}{R_1 + R_2} \tag{3.16}$$

- 디지털 멀티미터의 측정 모드를 저항값 측정 모드(Ω 버튼)로 설정한다.
- 등가저항값 R_{eq}를 디지털 멀티미터로 측정하여 측정값을 표 3.3에 기록하고 이론값과 비교한다.

2. 병렬회로의 전류 측정하기

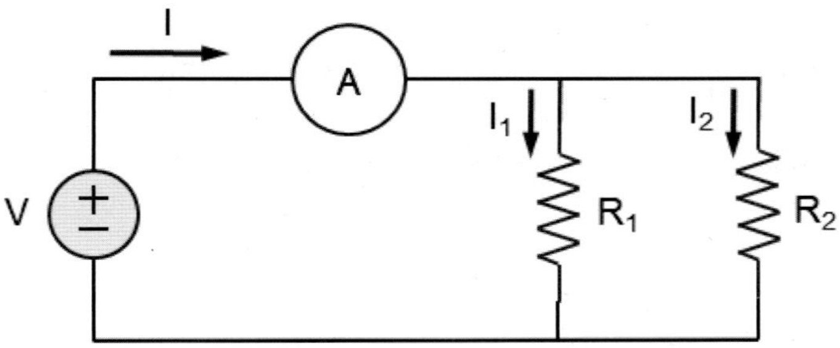

그림 3.10. 병렬회로의 전류 측정

- 브레드보드에 그림 3.10과 같이 두 개의 저항 R_1과 R_2를 병렬로 연결하고 직류전원에 연결한다.
- 두 개의 저항 R_1과 R_2가 병렬로 연결되었을 때 전류값 I를 계산하여 이론값을 표 3.3에 기록한다.

$$I = \frac{V}{R_{eq}}, \quad R_{eq} = \frac{R_1 R_2}{R_1 + R_2} \tag{3.17}$$

- 디지털 멀티미터의 측정 모드를 직류전류(DCI) 모드로 설정한다.
- 그림 3.10과 같이 디지털 멀티미터의 두 측정 단자를 연결하고 전류 I를 측정하여 측정값을 표 3.3에 기록한다.
- 저항 R_1 과 R_2에 흐르는 전류 I_1과 I_2를 계산하여 이론값을 표 3.3에 기록한다.

$$I_1 = \frac{R_2}{R_1 + R_2} I, \quad I_2 = \frac{R_1}{R_1 + R_2} I \tag{3.18}$$

- 디지털 멀티미터의 두 측정 단자를 저항 R_1과 직렬로 연결하고, 전류 I_1을 측정하여 측정값을 표 3.3에 기록한다.

- 디지털 멀티미터의 두 측정 단자를 저항 R_2와 직렬로 연결하고, 전류 I_2를 측정하여 측정값을 표 3.3에 기록한다.
- 이론값과 측정값이 서로 일치하는지 확인하고 일치하지 않는다면 이유를 설명한다.
- 저항 R_2를 $2K\Omega, 4.7K\Omega, 10K\Omega$으로 변화시키면서 위의 실험을 반복한다.

3. 실험결과

표 3.3. 병렬회로의 실험결과

R_1 (kΩ)	R_2 (kΩ)	등가저항 R_{eq} (kΩ)		전체 전류 I		I_1 (mA)		I_2 (mA)	
		이론값	측정값	이론값	측정값	이론값	측정값	이론값	측정값
1	1								
1	2								
1	4.7								
1	10								

제4장 교류신호와 함수발생기

목적

- 신호를 표현하는 기본 함수인 정현파, 삼각파, 사각파의 개념을 익힌다.
- 교류신호의 기본 파형을 발생시키는 함수발생기의 사용방법을 익힌다.
- 함수발생기를 통해 만들어진 신호를 직접 측정해본다.

4.1. 교류신호

신호 파형을 수학적으로 표현하는 데 있어서 많이 사용되는 기본 함수들이 있는데, 그중 하나가 정현파이다. 정현파는 아날로그 주기 신호의 가장 기본적인 형태이다. 정현파를 이해하기 위해 그림 4.1을 참고하여 2차원 평면상의 원점을 중심으로 한 원의 둘레를 따라 일정한 속도로 움직이는 벡터를 생각해 보자. 정현파 파형은 일정한 각속도 w를 가지며, 반시계 방향으로 회전하는 벡터의 수직성분의 변화에 의해 생긴다. 이때 한 바퀴 회전하는 것을 한 사이클(cycle)이라 하며, 한 사이클에 필요한 시간 간격을 주기(T)라고 한다. 초당 사이클의 수를 주파수(f)라 정의하며, 주파수는 주기 T의 역수이다. 주기의 단위는 시간(sec: 초)이며 주파수의 단위는 헤르츠(Hz)이다.

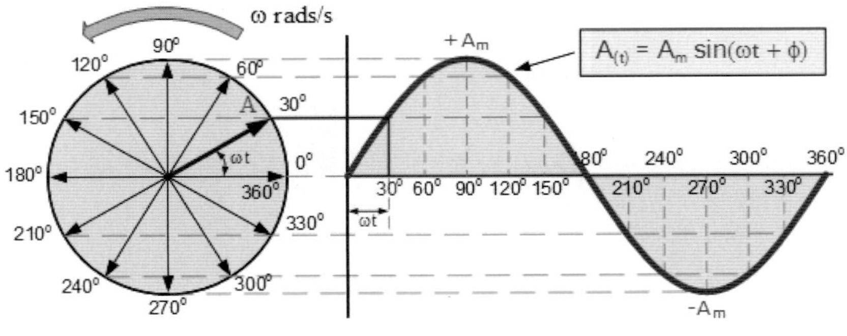

그림 4.1. 정현파 신호

회전상태를 각속도로 나타내면 원주상에서 한 점이 한 바퀴 회전할 때 2π 라디안이 되며, 이때 시간 T초가 걸리면 주기는 T초가 되고 주파수 f는 $1/T\,(Hz)$가 된다. 만일 초기위상 0° 에서 회전하는 벡터의 길이를 V_p라 하면 임의의 시각 t에서 순시값은 식(4.1)과 같다.

$$v(t) = V_p \sin wt \tag{4.1}$$

여기서 V_p는 정현파의 진폭(A) 혹은 첨두치(peak amplitude)라고 한다. 주파수 f와 각주파수 w, 주기 T의 관계는 식 (4.2), 식 (4.3)과 같다.

$$w = 2\pi f \qquad radian/\sec \tag{4.2}$$

$$T = \frac{1}{f} \;\; \sec \tag{4.3}$$

정현파 이외에도 다양한 주기 신호들이 있다. 대표적으로 삼각파, 사각파(구형파), 펄스파가 있다. 그림 4.2는 정현파(sine), 사각파(square), 삼각파(triangle), 톱니파(sawtooth)를 보여준다. 톱니파는 삼각파의 일종이며, 구형파는 사각파의 일종이다.

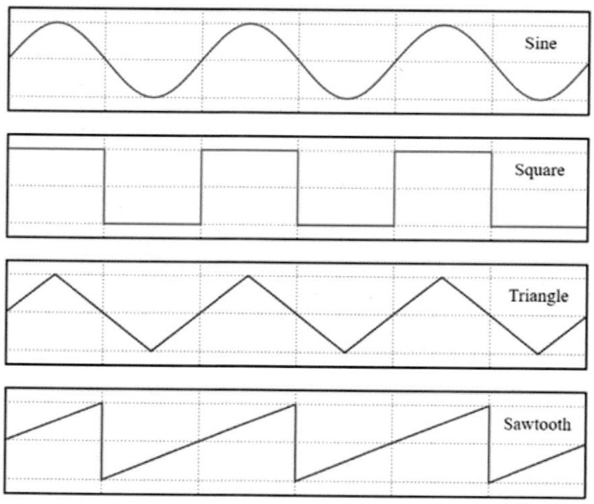

그림 4.2. 다양한 주기신호

이러한 주기 신호들의 주기를 T 라 하면 신호들은 다음과 같은 성질을 갖는다.

$$x(t) = x(t \pm nT) \qquad n = 1,2,3,\ldots \tag{4.4}$$

이 신호들은 함수발생기(function generator)에 의해 전압의 형태로 발생될 수 있으며, 함수발생기에서는 파형의 진폭과 주기를 조절할 수 있다.

4.2. 교류전력

교류회로에서의 전력은 일반적으로 소비전력을 의미하며 식 (4.5)와 같이 구한다.

$$P = VI\cos\theta[W] \tag{4.5}$$

식 (4.5)의 교류전력의 단위는 [W]를 사용한다. θ는 전압과 전류의 위상차이다. 하지만 여기서는 위상차가 나지 않도록 저항만으로 구성된 교류회로의 소비전력을 살펴본다.

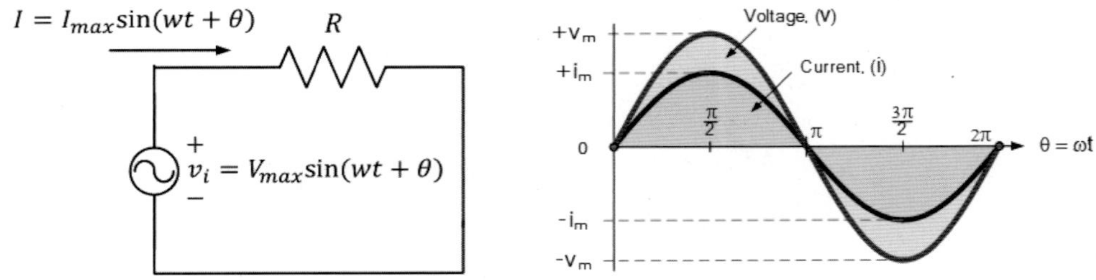

(a) 교류회로의 예 (b) 교류전압과 교류전류

그림 4.3. 교류회로

그림 4.3(a)는 저항으로 이루어진 교류회로를 보여준다. 그림 4.3(b)는 저항으로 이루어진 회로에서 교류전압과 교류전류의 위상이 동일함을 보인다. 저항으로 이루어진 교류회로에서 교류전력은 직류회로에서의 전력과 마찬가지로 $P = V_{rms}I_{rms}$와 같은 형태의 식을 사용한다. 예를 들면 $V_{rms} = 220V$, $I_{rms} = 5A$인 경우 교류전력은 $1100W$이다. 여기서 V_{rms}는 교류전압의 실효치(root mean square), I_{rms}는 교류전류의 실효치를 나타낸다. V_{rms}와 I_{rms}는 다음과 같은 식을 이용해서 계산한다.

$$V_{rms} = \sqrt{\frac{1}{T}\int_0^T V(t)dt} \tag{4.6}$$

$$I_{rms} = \sqrt{\frac{1}{T}\int_0^T I(t)dt} \tag{4.7}$$

식 (4.6)과 식 (4.7)를 이용해 교류전압이 정현파(sine wave)인 경우의 실효치를 구하면 아래의 식과 같이 정리할 수 있다.

$$V_{rms} = \frac{V_{\max}}{\sqrt{2}} \tag{4.8}$$

$$I_{rms} = \frac{I_{max}}{\sqrt{2}} \tag{4.9}$$

예를 들어 우리가 흔히 사용하고 있는 교류전압 220V를 살펴보면, 220V는 교류전압의 실효치(V_{rms})를 의미한다. 따라서 교류전압의 최대치(V_{max})를 계산하면 식 (4.8)을 이용하여 구하면 $220 \times \sqrt{2} = 311.127V$ 이다. 그리고 만약 220V에서 32W 소비전력의 형광등을 이용했을 때, 전류의 실효값(I_{rms})은 32/220 ≈ 0.1455이고 전류의 최대값(I_{max})은 약 0.2057A이다. 그림 4.4는 교류전압의 최대값과 실효값의 차이를 보여준다.

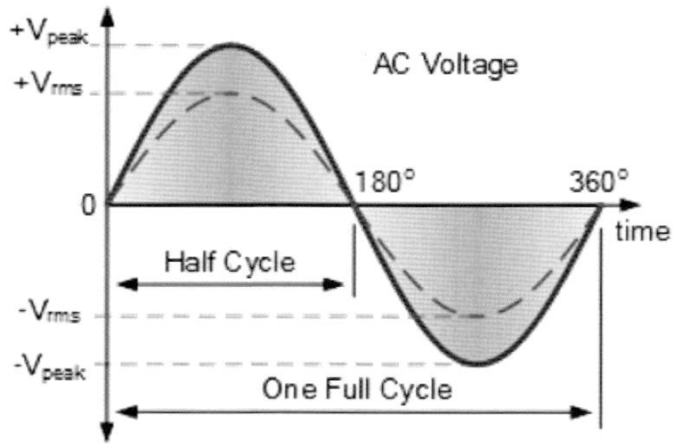

그림 4.4. 교류전압의 최대값과 실효값

4.3. 함수발생기

함수발생기는 정현파, 삼각파, 사각파 등의 파형을 제공하는 장치이며, 원하는 주파수와 진폭의 크기 조절이 가능하다. 본 교재에서는 GW Instek AFG-2005 함수발생기를 기준으로 사용법을 설명하며, AFG-2005 장비는 0.1Hz~5MHz 주파수 범위에서 임의의 파형을 제공하는 1채널로 구성된다. 그림 4.5는 함수발생기의 전면 패널을 보여준다.

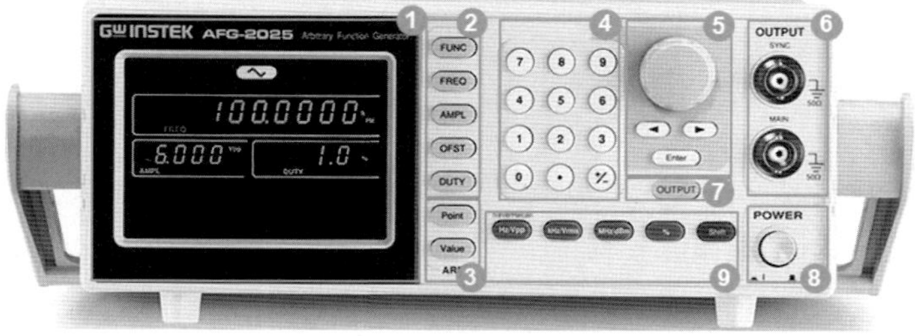

그림 4.5. 함수발생기

함수발생기의 각 단자에 대한 기능은 다음과 같다.

- LCD창(①): 출력함수의 정보 표시장치
- 일반적인 기능키(②) : 출력파형 선택버튼, 주파수 선택버튼, 진폭 선택버튼, 오프셋 선택버튼, 듀티사이클 선택버튼을 제공한다.
- 임의의 기능키(③) : 임의의 파형을 편집하는 키를 제공한다. 포인트 키는 ABR 포인트 값을 설정한다. Value키는 선택된 포인트값의 크기를 설정한다.
- 숫자패드(④) : 값과 파라미터를 입력한다.
- 회전 다이얼 및 선택키(⑤) : 값과 파라미터를 조절한다.
- 출력단자(⑥) : SYNC 출력단자(50Ω)와 주 출력단자(50Ω)를 제공한다.
- 출력 제어 버튼(⑦): 출력값을 ON/OFF 선택한다.
- 전원단자(⑧) : 함수발생기의 전원을 ON/OFF 선택한다.
- 동작키(⑨) : 주파수, 진폭 등의 단위를 선택한다.

그림 4.6. 파형의 종류

일반적인 기능키 중에서 출력파형 선택버튼은 정현파, 사각파, 삼각파, 노이즈, 임의파형(ARB)중 선택할 수 있다. 그림 4.6은 선택 가능한 파형의 종류를 보여준다. 주파수 선택버튼은 선택된 파형의 주파수 값을 설정한다. 진폭 선택버튼은 선택된 파형의 진폭값을 결정한다. 오프셋 선택버튼은 선택된 파형의 DC 오프셋 값을 결정한다. 듀티사이클 선택버튼은 사각파와 램프파의 듀티 사이클값을 결정한다.

AFG-2005 함수발생기의 경우 AC 전압은 로드가 없는 경우 $2mV_{pp}$~$20V_{pp}$ 범위에서 제공하고, 50Ω 로드가 있는 경우 $1mV_{pp}$~$10V_{pp}$ 범위에서 제공된다. DC 전압은 로드가 없는 경우 $\pm 10\,V_{pp}$ 범위에서 제공하고, 50Ω 로드가 있는 경우 $\pm 5\,V_{pp}$ 범위에서 제공된다. 듀티 사이클(Dyuty cycle) 범위는 100KHz 이내에서는 1.0%~99.9%까지 제공되며, 5MHz 이내에서는 20.0%~80.0%까지 제공 가능하다. 그림 4.7은 사각파와 삼각파의 듀티 사이클을 보여준다.

(a) 사각파의 듀티 사이클　　(B) 삼각파의 듀티 사이클(대칭 범위)

그림 4.7. 듀티 사이클(Duty cycle)의 예

함수발생기를 이용하여 파형을 생성하는 절차는 다음과 같다.

1. 우선 원하는 기능키를 선택한다.
2. 다음으로, 화살표 키를 커서를 이동한 후, 회전 다이얼을 이용하여 값을 증가하거나 감소시킨다.
3. 원하는 값이 정해지면 엔터키를 눌러서 값을 정한다. 또는, 숫자패드를 이용하여 값을 정할 수 있다.
4. 마지막으로, 단위를 선택하는 단위키를 눌러 설정을 끝낸다.

함수발생기를 이용하여 정현파를 생성해보자. 함수발생기를 사용하여 파형은 정현파, 주파수는 10KHz, 진폭은 $1V_{pp}$, DC전압 2V인 함수를 제공하는 경우, 표 4.1은 정현파를 설정하는 절차를 보여준다.

표 4.1. 정현파 제공 절차 (10KHz, $1V_{pp}$, $2V_{dc}$)

단계	기능 설정	그림
1단계	출력파형(FUNC) 버튼을 여러번 눌러서 정현파(Sine wave)를 선택한다.	
2단계	주파수(FREQ) 버튼을 선택하고, 숫자패드로 1과 0을 입력하고, KHz 단위키를 누른다.	
3단계	진폭(AMPL) 버튼을 선택하고, 숫자패드로 1을 입력하고, V_{pp} 단위키를 누른다.	
4단계	오프셋(OFST) 버튼을 선택하고, 숫자패드로 2를 입력하고 V_{pp} 버튼을 누른다.	
5단계	출력(OUTPUT) 제어 버튼을 누른다.	

다음으로, 함수발생기를 이용하여 사각파를 생성해보자. 함수발생기를 사용하여 파형은 사각파, 주파수는 10KHz, 진폭은 $3V_{pp}$, 75% 듀티 사이클인 함수를 제공하는 경우, 표 4.2는 사각파를 설정하는 절차를 보여준다.

표 4.2. 사각파 제공 절차 (10KHz, 3V$_{pp}$, 75% Duty)

단계	기능 설정	그림
1단계	출력파형(FUNC) 버튼을 여러번 눌러서 사각파 (Square wave)를 선택한다.	
2단계	주파수(FREQ) 버튼을 선택하고, 숫자패드로 1과 0을 입력하고, KHz 단위키를 누른다.	
3단계	진폭(AMPL) 버튼을 선택하고, 숫자패드로 3을 입력하고, V$_{pp}$ 단위키를 누른다.	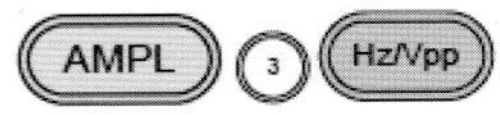
4단계	듀티사이클(DUTYT) 버튼을 선택하고, 숫자패드로 75를 입력하고 % 버튼을 누른다.	
5단계	출력(OUTPUT) 제어 버튼을 누른다.	

다음으로, 함수발생기를 사용하여 삼각파를 생성해보자. 함수발생기를 사용하여 파형은 삼각파, 주파수는 10KHz, 진폭은 3V$_{pp}$, 25% 대칭인 함수를 제공하는 경우, 표 4.3은 삼각파를 설정하는 절차를 보여준다.

표 4.3. 삼각파 제공 절차 (10KHz, 3V$_{pp}$, 25% Duty)

단계	기능 설정	그림
1단계	출력파형(FUNC) 버튼을 여러번 눌러서 삼각파 (Triangle wave)를 선택한다.	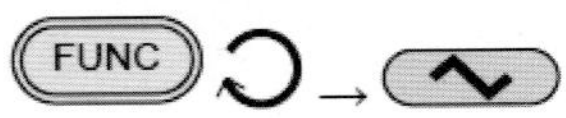
2단계	주파수(FREQ) 버튼을 선택하고, 숫자패드로 1과 0을 입력하고, KHz 단위키를 누른다.	
3단계	진폭(AMPL) 버튼을 선택하고, 숫자패드로 3을 입력하고, V$_{pp}$ 단위키를 누른다.	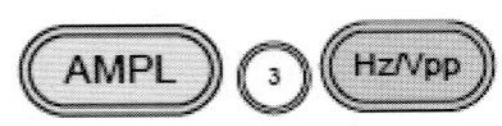
4단계	듀티사이클(DUTY) 버튼을 선택하고, 숫자패드로 25를 입력하고 % 버튼을 누른다.	
5단계	출력(OUTPUT) 제어 버튼을 누른다.	

실험 4.1. 함수발생기

실험목적

교류전압, 교류전류 및 교류전력을 측정한다.

실험장비

직류전원 공급기	디지털 멀티미터	함수발생기	오실로스코프
		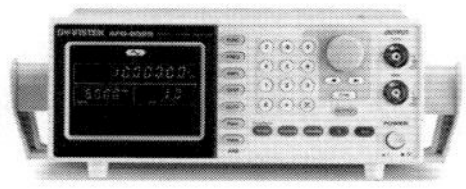	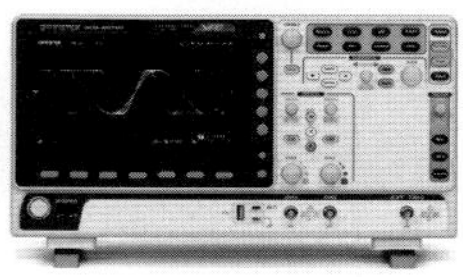

실험부품

부품명	상세정보
브레드보드	1대
저항	$1K\Omega$ 1개, $4.7K\Omega$ 1개, $10K\Omega$ 1개

1. 교류회로와 구성하기

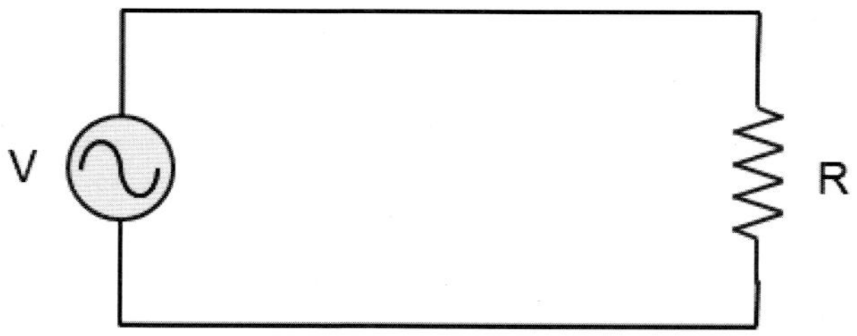

그림 4.8. 교류 전력 실험 회로

- 브레드보드에 그림 4.8과 같이 저항 $R = 1K\Omega$으로 회로를 구성한다.
- 함수발생기의 전원 단자를 켠다.
- 함수발생기에서 V_{rms}가 5V이고 주파수가 $1KHz$를 갖는 정현파를 발생시킨다. 출력파형(FUNC) 버튼을 사용하여 정현파를 선택한다. 주파수(FREQ) 버튼을 누

른 후, 1 KHz를 선택한다. 진폭(AMPL) 버튼을 누른 후, 5 V_{rms}를 선택한다. 오프셋(OFST) 버튼을 누른 후, 0V를 선택한다. 마지막으로, 출력(OUTPUT) 버튼을 누른다.

- 함수발생기의 출력단자에 커넥터를 고정시키고 이를 브레드보드의 저항회로 양쪽 단자와 연결시킨다.

2. 멀티미터로 측정하기

디지털 멀티미터를 이용하여 측정하는 절차는 다음과 같다.

- 디지털 멀티미터의 측정 기능키 중 교류전압(ACV) 측정 기능키를 선택한다. 측정 범위는 자동측정(AUTO) 버튼을 선택하거나, Up/Down 버튼을 사용하여 적당한 측정 범위를 선택한다.
- 디지털 멀티미터를 사용하여 측정한 교류전압의 실효값 V_{rms}를 표 4.4에 작성한다.
- 디지털 멀티미터의 측정 기능키 중 교류전류(ACI) 측정 기능키를 선택한다. 측정 범위는 자동측정(AUTO) 버튼을 선택하거나, Up/Down 버튼을 사용하여 적당한 측정 범위를 선택한다.
- 디지털 멀티미터를 사용하여 측정한 교류전류의 실효값 I_{rms}를 표 4.4에 작성한다.
- 저항 R를 1 $K\Omega$에서 4.7 $K\Omega$, 10 $K\Omega$으로 바꿔 가면서 위의 교류전압과 교류전류를 다시 측정한다.
- 실험을 통해 구한 교류전압의 실효값(V_{rms})과 교류전류의 실효값(I_{rms})을 통해 저항에서 소비되는 교류 전력(P)을 계산하여 표 4.4에 작성한다.

표 4.4. 교류전압 실효값(V_{rms})과 교류전류의 실효값(I_{rms})을 이용한 교류 전력

R(kΩ)	$V_{rms}(V)$		$I_{rms}(mA)$		$P(W)$	
	이론값	측정값	이론값	측정값	이론값	측정값
1						
4.7						
10						

3. 오실로스코프로 측정하기

오실로스코프의 사용법은 5장에서 다루어질 예정이지만, 본 실험에서는 간단한 실험을 통해 교류회로의 파형을 측정하고자 한다.

- 오실로스코프의 전원 버튼을 누른다.
- 오실로스코프의 프로브를 채널1(CH1) 단자에 연결한다.
- 오실로스코프의 프로브를 브레브보드의 저항 ($R = 1K\Omega$) 양단에 연결하고, 자동측정(Autoset) 버튼을 누른다.
- 오실로스코프의 화면에 나타난 파형을 그림 4.8에 그린다. 이때 가로축과 세로축에 정확한 위치값을 기재한다. 즉 가로축에는 시간(Sec), 세로축에는 전압값(V)을 표시한다.

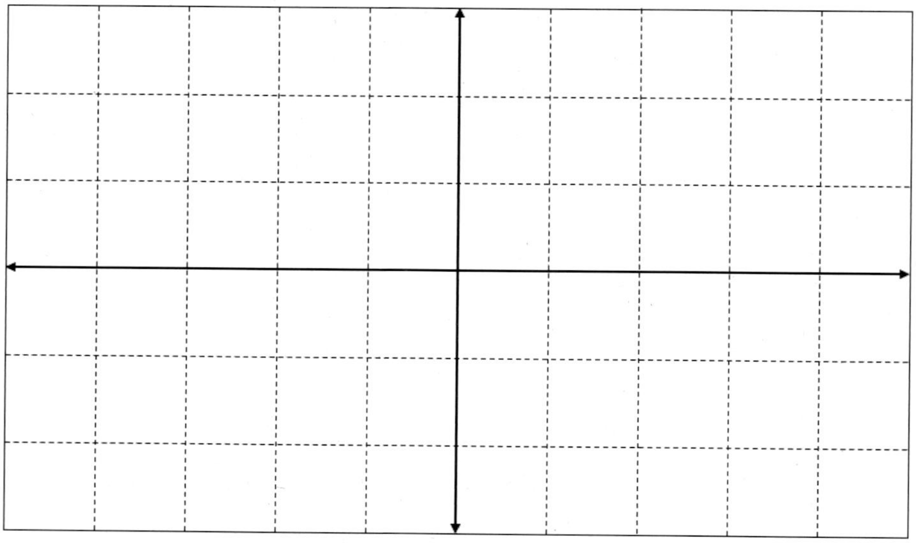

그림 4.9. 정현파의 파형

제5장 오실로스코프

목적

- 오실로스코프를 통해 전압을 측정하는 방법을 익힌다.
- 오실로스코프를 통해 신호의 주기, 주파수, 위상을 측정하는 방법을 익힌다.

5.1. 오실로스코프

오실로스코프(Oscilloscope)는 특정 시간 간격(대역)의 전압 변화를 볼 수 있는 장치이다. 주로, 주기적으로 반복되는 전기 신호를 표시하는 데 사용한다. 오실로스코프는 전자공학의 핵심 장비로 사용하며, 기타 과학, 의학, 엔지니어링, 통신 산업 등에서 측정 장비로 사용한다. 오실로스코프를 이용하여 전압 측정, 시간 간격 측정, 주파수 측정, 위상차 측정을 진행할 수 있다.

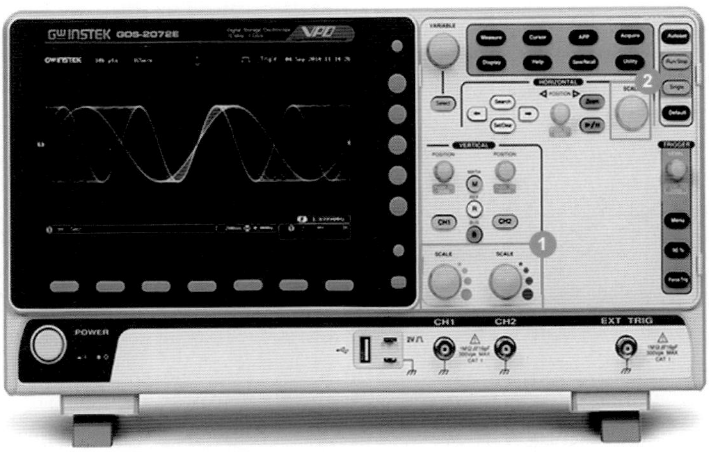

그림 5.1. 디지털 오실로스코프

오실로스코프를 통해서 측정하는 신호는 디지털(DC) 신호, 아날로그(AC) 신호, 디지털과 아날로그 합성신호(DC + AC)로 구분할 수 있다. 오실로스코프에 입력된 신호의 입력상태가 AC인 경우에는 커패시터에 흘려 들어간 교류 성분의 신호를 관찰한다. 일반적으로 커패시터의 용량에 따라 낮은 주파수대역의 특성이 달라지며 이 용량이 작을수록 낮은 주파수 대역의 감쇄율이 커진다. 즉 낮은 주파수 대역의 신호가 통과하는 양이 작아진다.

오실로스코프에서 측정하는 신호를 적당한 크기로 관찰하기 위해서는 신호의 진폭을 확대/축소하는 기능과 파형의 좌우를 확대/축소하는 기능이 필요하다. 그림 5.1에서 Volt/Div 조절 다이얼과 Time/Div 조절 다이얼을 확인할 수 있다.

- Volt/Div 조절 다이얼(①) : 파형의 수직 스케일을 조절하는 다이얼. 오실로스코프에 입력된 신호를 적당한 수준으로 감쇄시키는 용도로 사용되며, 이 다이얼을 이용하여 디스플레이에 표시되는 신호의 진폭을 조절할 수 있다.
- Time/Div 조절 다이얼(②) : 파형의 수평 스케일을 조절하는 다이얼. 오실로스코프의 수평축 출력 증폭기의 이득을 조절하면 디스플레이에 나타나는 파형의 좌우를 확대하여 볼 수 있으며 이는 파형을 자세히 관찰하는 데 아주 유용하다.

오실로스코프에 입력된 신호의 입력상태가 DC인 경우는 직류와 교류 신호 성분을 모두 관찰할 수 있다. GND 상태인 경우는 신호가 내부로 입력되지 않고 접지로 흘러버린다. 이 단자는 오실로스코프 화면상의 GND(0) 레벨을 맞출 때 사용한다. 그림 5.2는 직류신호와 교류신호의 합성신호를 보여준다.

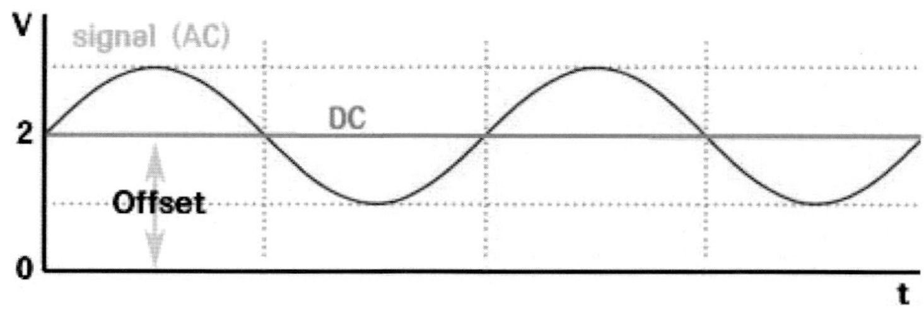

그림 5.2. 직류신호(DC)와 교류신호(AC)

오실로스코프용 프로브(Probe)

그림 5.3는 오실로스코프용 프로브의 외형을 보여준다. 프로브는 BNC 커넥터, 동축케이블, 측정단자, 접지단자로 구성되어 있다. BNC 커넥터는 오실로스코프의 입력단

자와 연결한다. 그리고 측정 단자고리는 파형을 측정하고자 하는 곳에 연결하고, 접지 단자는 GND에 연결하거나 전원공급기의 마이너스 단자와 보통 연결을 한다.

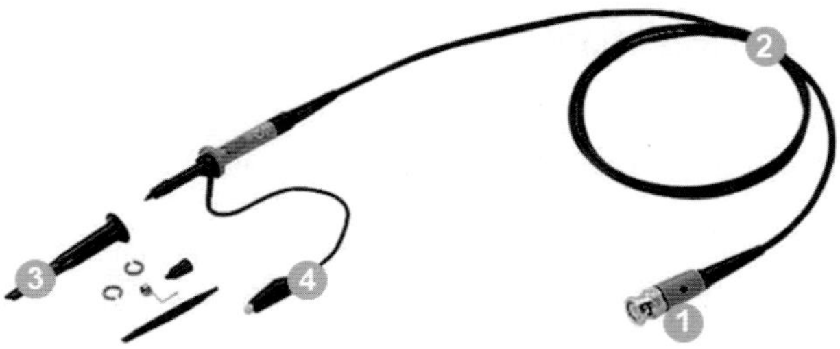

그림 5.3. 오실로스코프용 프로브

- BNC 커넥터(①) : 오실로스코프와 연결하기 위한 커넥터
- 동축 케이블(②) : 각종 측정기기와 전기적으로 신호를 주고받는데 사용되는 케이블
- 측정단자(③) : 파형을 측정하고자 하는 곳에 연결하는 단자
- 접지단자(④): 접지에 연결하는 리드선

5.2. 오실로스코프의 단자별 기능

오실로스코프는 전압 또는 전류의 파형을 눈으로 관찰할 수 있는 장치이며, 본 교재는 GW Instek사의 디지털 오실로스코프 GDS-2102E 모델을 기준으로 주요 기능을 설명한다. GDS-2102E는 100MHz, 2채널로 이루어진 디지털 오실로스코프이다. 그림 5.4은 디지털 오실로스코프의 전면 패널을 보여준다.

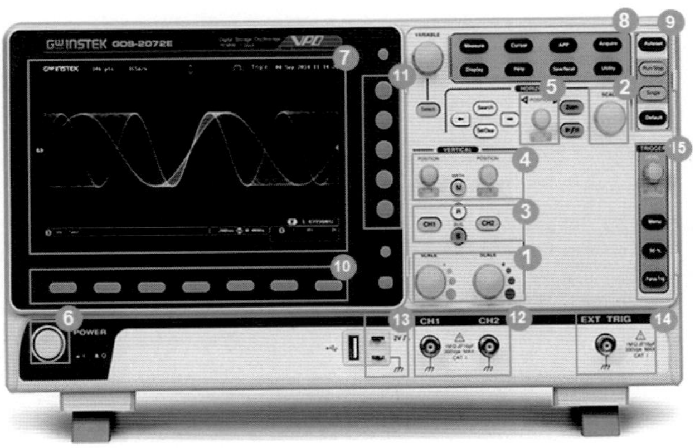

그림 5.4. GDS-2102E 오실로스코프

- Volt/Div 조절 다이얼(①) : 각 채널의 수직 스케일을 조절하는 다이얼.
- Time/Div 조절 다이얼(②) : 파형의 수평 스케일을 조절하는 다이얼.
- 채널 선택 스위치(③) : 채널1과 채널2를 선택하는 스위치
- 수직위치 조절 다이얼(④) : 화면에 나타난 파형을 위(clockwise)/아래(counterclockwise)로 이동시키는 다이얼. 측정을 진행하기 전에 GND 상태에서 기준위치를 상하로 이동, 원하는 위치(예컨데 화면의 가운데)로 설정한 다음 측정을 진행하도록 한다.
- 수평위치 조절 다이얼(⑤) : 파형을 좌(counterclockwise)/우(clockwise)로 이동시키는 다이얼
- 전원 스위치(⑥) : 디지털 오실로스코프의 전원 ON/OFF 스위치
- LCD 창(⑦) : 320×234 해상도의 LCD 창
- 주요 기능키(⑧) : Measure키, Display키, Acquire키, Utility키 등
- 자동 설정키(⑨) : AutoSet키, Run/Stop키 등
- 보조 기능키(⑩) : 주요 기능키와 연계된 메뉴를 선택하는 기능키
- F1~F5 기능키(⑪) : LCD창내의 메뉴를 선택하는 기능키
- 채널 입력 단자(⑫) : 신호 입력을 위한 BNC 입력 커넥터
- 프로브 보정 출력단자(⑬) : 프로브 보정을 위한 2V_{pp} 신호 출력단자
- 외부 트리거 입력단자(⑭) : 외부 트리거 입력 단자.
- 트리거 메뉴키 및 트리거 레벨 다이얼(⑮) : 트리거 설정을 위한 설정 메뉴키와 트리거 레벨 조절을 위한 다이얼.

오실로스코프 기능 점검

GDS-2102E 오실로스코프를 사용하기 전에 다음의 사항을 점검할 필요가 있다.

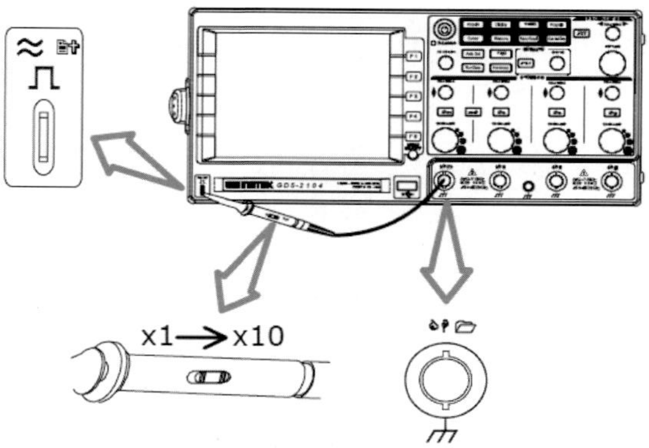

그림 5.5. 오실로스코프 기준단자 연결

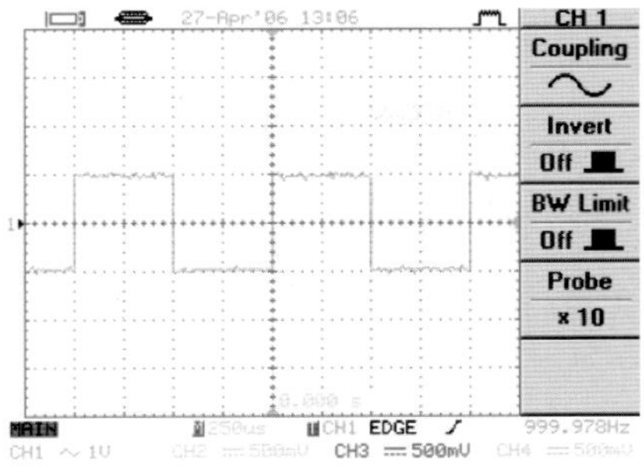

(a) 기준신호의 자동설정

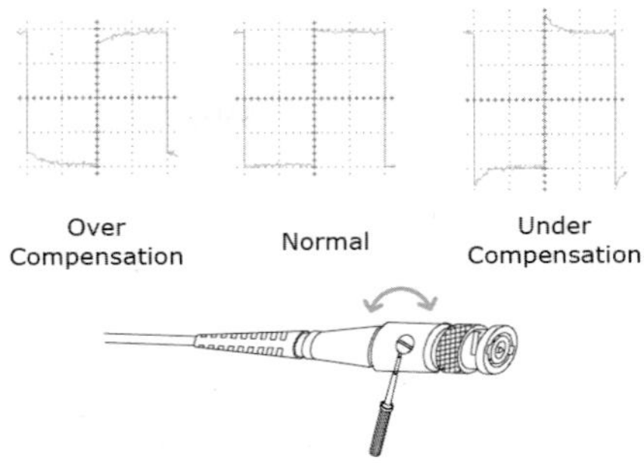

(b) 교정용 구형파에 대한 프로브 보정

그림 5.6. 오실로스코프 자동설정 및 프로브 보정

- 그림 5.5와 같이 프로브의 BNC 커넥터를 채널1에 연결하고, 프로브의 측정단자를 기준단자($2V_{pp}$, 1KHz)에 연결한다. 프로브 감쇠를 x10으로 변경한다.
- 보상된 신호를 확인한다. 채널1이 비활성화 상태이면 CH1 버튼을 눌러서 활성화 상태로 변경한다.
- 자동설정(Auto Set) 버튼을 누른다. GDS-2102E 디지털 오실로스코프는 자동으로 수평 축소비율, 수직 축소비율 및 트리거 종류(level)을 자동으로 조절한다. 그림 5.6은 오실로스코프의 자동설정 및 프로브 교정을 보여준다.
- 그림5.6과 같이 기준신호의 엣지 신호를 관찰하고 프로브를 보상한다. 스케일을 조절하기 위해서 Volt/Div 단자와 Time/Div 단자를 이용한다.
- 회로에 대한 측정을 시작한다.

오실로스코프 디스플레이

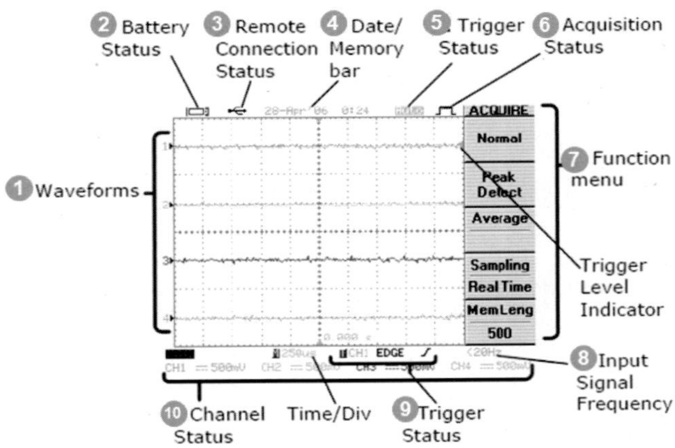

그림 5.7. GDS-2102E 오실로스코프 디스플레이

오실로스코프 디스플레이에 표시되는 정보는 그림 5.7과 같다.

- 파형(①) : 채널별 입력 신호 파형. 채널1은 황색, 채널2는 하늘색으로 표시된다.
- 배터리 상태(②) : 배터리가 장착된 경우 남아있는 배터리 레벨을 나타냄.
- 원격 연결 상태(3) : PC 소프트웨어 또는 원격 제어를 위한 동작중인 인터페이스 (RS232C, USB, GPIB)
- 날짜/메모리 막대(④) : 기본값으로 현재의 시간과 날짜를 보여준다.
- 트리거 상태(⑤) : 세 가지 트리거 상태를 보여준다. (AUTO, TRIG, STOP)
- 측정 상태(⑥) : 세 가지 측정 상태를 보여준다. (Normal mode, Peak hold mode, Average model)
- 기능키(⑦) : F1~F5 기능키에 해당하는 기능을 보여준다.
- 입력 신호 주파수(⑧) : 선택된 채널의 신호 주파수를 보여준다.
- 트리거 상태(⑨) : 트리거 소스채널, 트리거 유형 및 경사도를 보여준다.
- 채널 상태(⑩) : 채널, 대역폭 최대값, 커플링 모드, Time/Div 스케일을 보여준다.

5.3. 직류전압과 교류전압 측정

오실로스코프의 단자(프로브)를 접지에 연결하였을 때 화면에 나타나는 파형이 기준선, 즉 접지 위치를 나타내는 선이다. 이 기준선에 대해 직류신호가 인가될 때 화면의 파형은 위쪽이나 아래쪽으로 움직여 간다. 만약 기준 접지선을 나타내는 부분으로부터 위쪽으로 옮겨간 경우라면 입력신호의 전압은 양(+)의 직류전압이고, 아래쪽으로 움직인 경우라면 입력신호의 전압은 음(-)의 직류전압이다. 직류전압을 자동으로 측정하는 순서는 다음과 같다.

- 프로브를 채널1(CH1) 단자에 연결하고 채널1(CH1) 선택버튼을 누른다.
- 채널1(CH1)의 기준선(GND)을 그림 5.8(a)와 같이 오실로스코프의 중앙선에 위치한다.
- 채널1(CH1) 단자를 입력신호에 연결하고 AUTO SET 버튼을 누른다.
- 화면상에 나타나는 파형의 높이를 계산하여 직류전압을 측정한다.

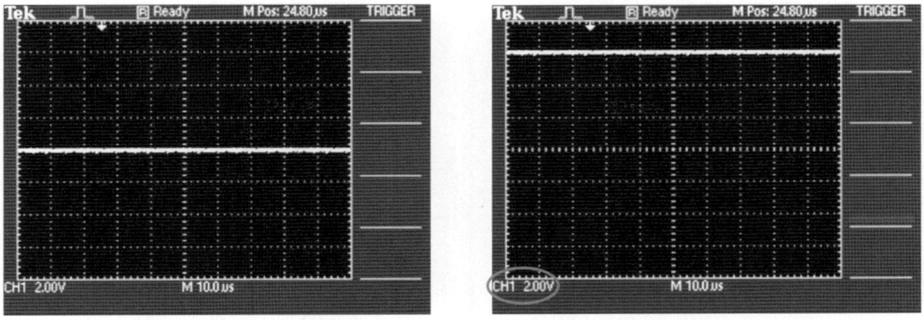

(a) 입력단자가 GND 상태인 경우 (b) 입력단자에 직류전원이 인가된 경우

그림 5.8. 오실로스코프를 이용한 직류전압 측정

예를 들어, 그림 5.8(b)처럼 직류전압이 수직축 중심에서 3칸이 떨어져 있고 Volt/Div 값은 2 Volt/Div이라고 가정하자. 2 Volt/Div는 1칸이 2V를 나타내는 의미이고, 직류전압이 수직축 중심에서 3칸 떨어져 있으므로 입력전압은 6V의 직류전압이 된다.

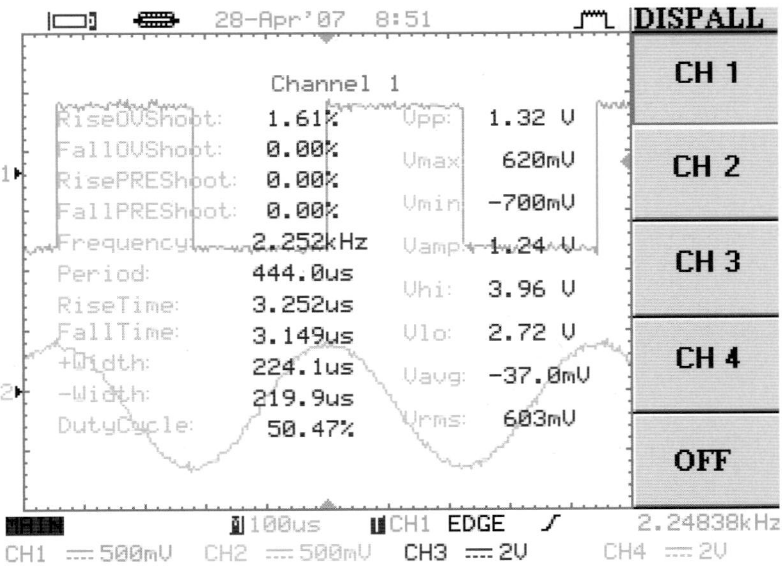

그림 5.9. 교류전압 측정 결과

그림 5.9는 교류전압의 측정 결과를 보여준다. 채널1(황색)은 구형파를 보여주고, 채널2(하늘색)는 정현파를 보여준다. 다음으로, 오실로스코프를 통해 신호의 특성을 세부적으로 측정하기 위한 절차는 다음과 같다.

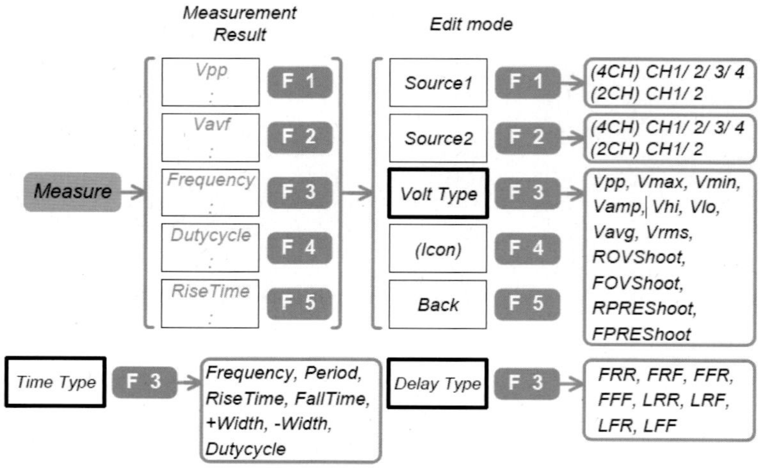

그림 5.10. 오실로스코프의 측정 메뉴

- 측정(Measure)키를 누르면 F1~F5가 이전의 측정 결과를 보여준다.
- F1~F5 버튼을 누르면 메뉴가 편집모드(Edit Mode)로 전환된다.
- F1을 누르면 첫 번째 측정 채널을 선택한다.
- F2를 누르면 두 번째 측정 채널을 선택한다.
- F3을 누르면 측정 유형을 선택한다. V_{pp}는 최대전압(V_{max})과 최소전압(V_{min})의 차이값을 나타낸다. V_{avg}는 첫 번째 주기의 평균전압을 나타낸다. V_{rms}는 제곱근 전압을 나타낸다.
- F4를 누르면 측정 파라미터를 선택한다.
- F5를 누르면 기존 측정 결과를 보여주는 창으로 바뀐다.

5.4. 정현파의 주기와 주파수 측정

정현파의 파형, 주기, 주파수를 측정하는 방법에 대해 살펴보자. 정현파 신호의 주파수 f와 주기 T의 관계는 식 (5.1)과 같다.

$$T = \frac{1}{f} \tag{5.1}$$

다음으로, 그림 5.11을 참고로 정현파의 주기와 주파수를 측정하는 방법에 대해 알아보자. 우선, 전압의 크기를 측정하기 위해 Volt/Div 값을 확인하자. Volt/Div 값이 2V

이고 최대전압(V_{max})과 최소전압(V_{min})의 차이가 6칸이므로 첨두치(V_{pp})는 $V_{pp} = 2V \times 6 = 12V$ 이다. 다음으로, Time/Div 값을 확인하자. Time/Div 값이 $10\mu s$ 이고, 파형이 4칸을 주기로 반복되기 때문에 신호의 주기(T) 와 주파수(f)는 각각 $T = 10\mu s \times 4 = 40\mu s$, $f = 1/T = 25KHz$가 된다.

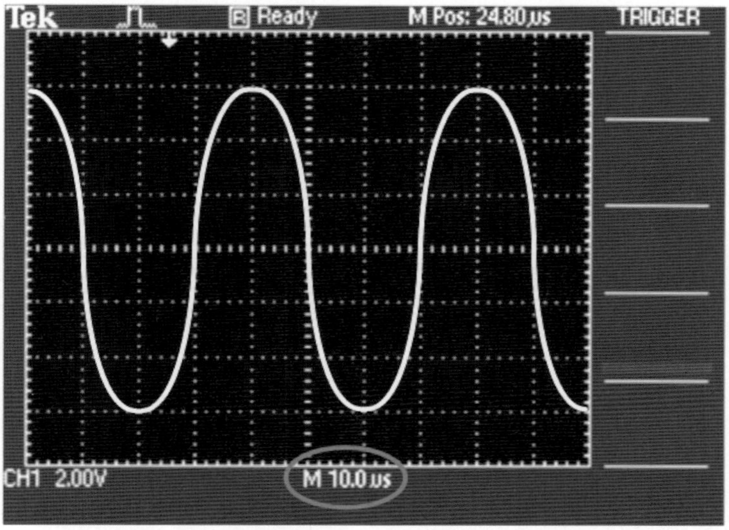

그림 5.11. 오실로스코프의 화면을 이용한 정현파 주파수 측정

실험 5.1. 직류전압

실험목적

오실로스코프를 사용하여 직류전압을 측정한다.

실험장비

직류전원 공급기	디지털 멀티미터	함수발생기	오실로스코프
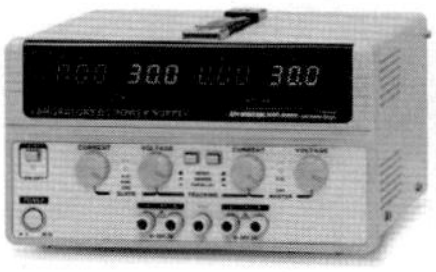		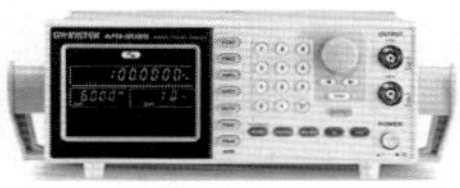	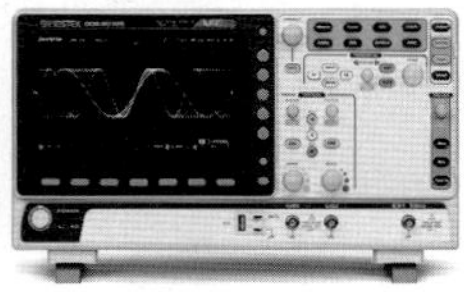

실험부품

부품명	상세정보
브레드보드	1대
저항	$1K\Omega$ 2개, $2K\Omega$ 1개, $4.7K\Omega$ 1개, $10K\Omega$ 1개

1. 직류전압 측정하기

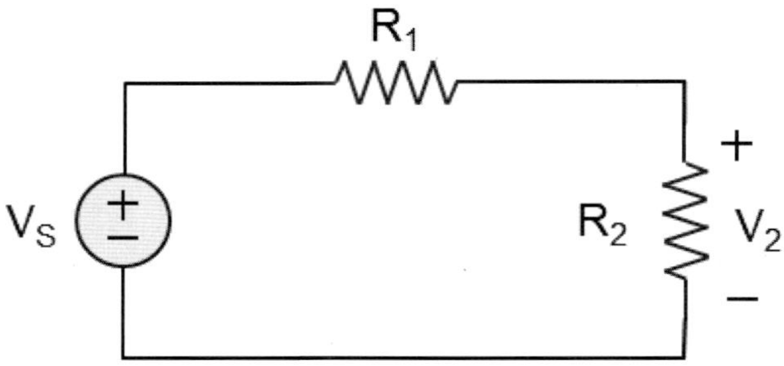

그림 5.12. 직류전압 측정을 위한 회로

직류전압을 측정하기 위해 그림 5.12와 같은 회로를 사용한다. 이 경우, 저항 R_2에 걸리는 전압은 다음과 같다.

$$V_2 = \frac{R_2}{R_1 + R_2} V_s \quad (5.2)$$

그림 5.6과 같이 브레드보드에 2개의 저항과 1개의 직류전원으로 이루어진 회로를 구성하고, 오실로스코프를 사용하여 전압을 측정한다. 구체적인 실험 절차는 아래와 같다.

- 그림 5.6과 같이 브레드보드에 두 개의 저항 R_1과 R_2를 직렬로 연결하여 회로를 구성한다. 두 저항값은 $R_1 = 1k\Omega$, $R_2 = 1k\Omega$으로 정한다. 인가전압 V_S는 직류전원 공급기를 이용하여 $V_S = 10\,V$를 인가한다.
- 오실로스코프의 채널1에 프로브 단자를 연결한다. 프로브의 측정단자와 접지단자를 저항 R_2 양단에 연결한다.
- 오실로스코프에서 R_2에 걸리는 전압 V_2를 측정한 후 표 5.1에 기록한다.
- 저항값 R_2를 $2\,K\Omega, 4.7\,K\Omega, 10\,K\Omega$로 변화시키면서 R_2에 걸리는 직류전압 V_2를 측정한 후 표 5.1에 기록한다.
- R_2에 걸리는 직류전압의 측정값을 이론값과 비교하여 오차를 구하고, 표 5.1에 기록한다.

표 5.1. 직류전압 측정에 대한 실험결과

입력전압 $V_S(V)$	$R_1\,(K\Omega)$	$R_2\,(K\Omega)$	R_2에 걸리는 전압 V_2		오차 (V) : 이론값 - 측정값
			이론값(V)	측정값(V)	
10	1	1			
10	1	2			
10	1	4.7			
10	1	10			

실험 5.2. 교류전압

실험목적

오실로스코프를 사용하여 교류전압과 주파수를 측정한다.

실험장비

직류전원 공급기	디지털 멀티미터	함수발생기	오실로스코프
		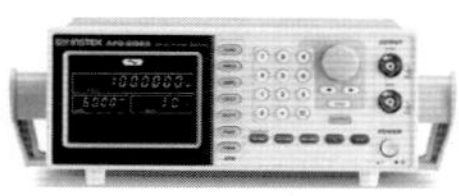	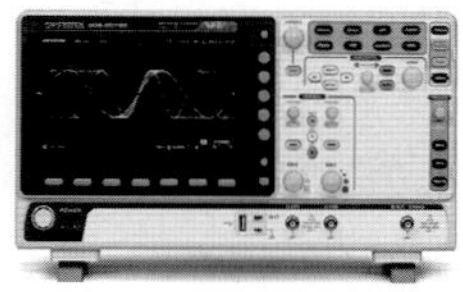

실험부품

부품명	상세정보
브레드보드	1대
저항	$1K\Omega$ 2개, $2K\Omega$ 1개, $4.7K\Omega$ 1개, $10K\Omega$ 1개

1. 교류전압 측정하기

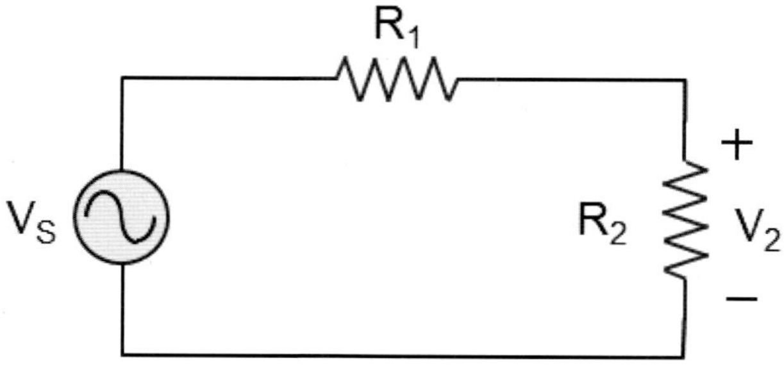

그림 5.7. 교류전압 측정을 위한 회로

교류전압을 측정하기 위해 그림 5.7과 같은 회로를 사용한다. 이 경우, 저항 R_2에 걸리는 전압은 다음과 같다.

$$V_2 = \frac{R_2}{R_1 + R_2} V_s \tag{5.3}$$

그림 5.7과 같이 브레드보드에 2개의 저항과 1개의 교류전원으로 이루어진 회로를 구성하고, 오실로스코프를 사용하여 전압을 측정한다. 구체적인 실험 절차는 아래와 같다.

- 그림 5.7과 같이 브레드보드에 두 개의 저항 R_1과 R_2를 직렬로 연결하여 회로를 구성한다. 두 저항값은 $R_1 = 1k\Omega$, $R_2 = 1k\Omega$으로 정한다. 인가전압 V_S는 함수발생기를 이용하여 첨두치가 $V_{PP} = 10\,V$인 교류신호를 발생시켜 사용한다. 주파수는 $f = 1KHz$로 설정한다.
- 오실로스코프의 채널1에 프로브 단자를 연결한다. 프로브의 측정단자와 접지단자를 저항 R_2 양단에 연결한다.
- 오실로스코프에서 R_2에 걸리는 전압 V_2를 측정한 후 표 5.2에 기록한다.
- 저항값 R_2를 $2\,K\Omega, 4.7\,K\Omega, 10\,K\Omega$로 변화시키면서 R_2에 걸리는 교류전압 V_2를 측정한 후 표 5.2에 기록한다.
- R_2에 걸리는 교류전압의 측정값을 이론값과 비교하여 오차를 구하고, 표 5.2에 기록한다.

표 5.2. 교류전압 측정에 대한 실험결과

입력전압 $V_S(V)$	$R_1\,(K\Omega)$	$R_2\,(K\Omega)$	R_2에 걸리는 전압 V_2		오차 (V) : 이론값 - 측정값
			이론값(V)	측정값(V)	
10	1	1			
10	1	2			
10	1	4.7			
10	1	10			

2. 정현파의 주기와 주파수 측정하기

함수발생기를 이용하여 정현파 신호를 생성한 후, 오실로스코프를 사용하여 신호의 주기와 주파수를 측정한다. 식 (5.4)는 주기와 주파수의 관계를 나타내며, 구체적인 실험 절차는 아래와 같다.

$$T = \frac{1}{f} \tag{5.1}$$

- 함수발생기에서 $1\,KHz$, $10\,V_{PP}$의 정현파 신호를 생성한 후, 오실로스코프의 단자에 직접 연결한다.
- 오실로스코프의 AUTO SET 키를 누르고, 파형을 측정한다.
- 오실로스코프 화면에서 가로축에서 파형의 주기에 해당하는 시간 T를 측정한 다음 식 (5.4)에 의해 주파수 f를 계산하여 함께 표 5.3에 기록한다.
- 오실로스코프의 MEASURE 버튼을 이용해 입력신호의 주파수를 측정하여 표 5.3에 기록한다.
- 함수발생기에서 주파수를 $5kHz$, $10kHz$, $20kHz$로 변화시키면서 정현파의 주기와 주파수를 측정한 후 표 5.3에 기록한다.

표 5.3. 정현파의 주기와 주파수 실험결과

함수발생기 신호 주파수(kHz)	주기(T)	주파수(kHz) ($T = 1/f$)	측정 주파수(kHz)
1			
5			
10			
20			

제6장 연산 증폭기

목적

- 연산 증폭기의 기본 동작원리를 이해한다.
- 반전 증폭기의 동작특성을 이해한다.
- 비반전 증폭기의 동작특성을 이해한다.

6.1. 연산 증폭기의 특성

다이오드나 트랜지스터와 같은 반도체 소자는 하나의 패키지(package)에 하나의 소자가 실장 되어있는데, 집적회로(Integrated Circuit, IC)라고 불리는 전자 소자들은 수개에서 수백만 개의 소자가 하나의 칩에 실장 되어있다. 즉 IC는 저항, 콘덴서, 다이오드, 트랜지스터 등이 수천에서 수백만 개가 집적되어 있으나 하나의 소자로 취급된다. 연산 증폭기(Operational Amplifier)도 IC 형태의 전자 소자 중 하나이다.

연산 증폭기는 신호를 증폭하거나, 더하거나, 미분하거나 또는 적분하는 등 수학적인 연산을 수행할 수 있는 소자이다. 연산 증폭기의 주요 특징은 높은 전압이득(voltage gain), 높은 입력저항(input impedance), 낮은 출력저항(output impedance), 높은 주파수 대역폭(bandwidth)을 갖는 증폭기이다.

그림 6.1은 연산 증폭기의 핀 배치도와 회로 심볼을 보여준다. 연산 증폭기는 동작을

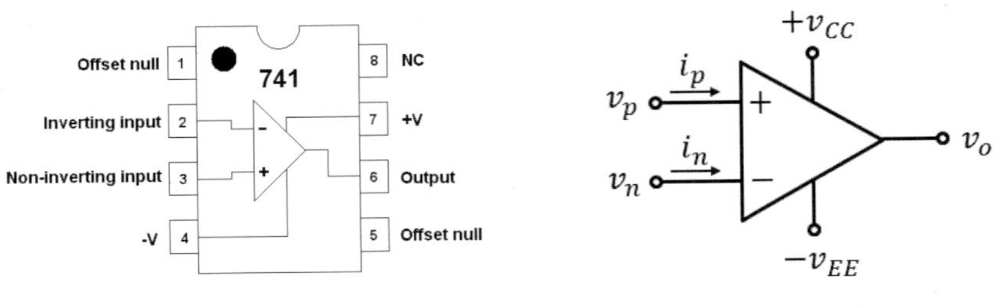

(a) 핀 배치도　　(b) 회로 심볼

그림 6.1. 연산 증폭기의 핀 배치도와 회로 심볼

위해 $+V_{CC}$와 $-V_{EE}$라는 2개의 전원이 필요하고, 두 개의 입력단자는 비반전 입력(noninverting input) v_p와 반전 입력(inverting input) v_n이 있으며, v_o는 출력단자이다.

이상적인 연산 증폭기는 표 6.1과 같이 전압이득이 무한대, 입력저항이 무한대, 출력저항이 제로, 주파수 대역폭이 무한대인 특성을 갖는다.

표 6.1. 이상적인 연산 증폭기의 주요 특성

개방루프 전압이득 A_V	$A_V \rightarrow \infty$
입력 저항 R_i	$R_i \rightarrow \infty$
출력 저항 R_o	$R_o = 0$
주파수 대역폭 w_b	$w_b \rightarrow \infty$

연산 증폭기의 특성을 이상적인 것으로 가정하면 연산 증폭기 회로에서 2개의 입력단자, 즉 비반전 입력과 반전 입력은 전압에 대해서는 서로 단락, 전류에 대해서는 서로 개방된 것으로 가정할 수 있다. 연산 증폭기 회로 해석시 입력단의 중요 특성은 다음과 같다.

$$v_P \simeq v_N \qquad \text{(가상단락)} \tag{6.1}$$

$$i_P = 0,\ i_N = 0 \qquad \text{(가상개방)} \tag{6.2}$$

연산 증폭기의 두 입력 단자에 흐르는 전류가 0이고 두 입력 단자 사이의 전압 차이가 0이라는 특성은 연산 증폭기 회로를 해석하는 데 있어서 매우 중요하다.

6.2. 반전 증폭기

반전 증폭기(inverting amplifier)는 출력전압과 입력전압의 위상이 반대인 특성을 갖는 연산 증폭기 회로이다. 그림 6.2는 반전 증폭기 회로를 보여준다.

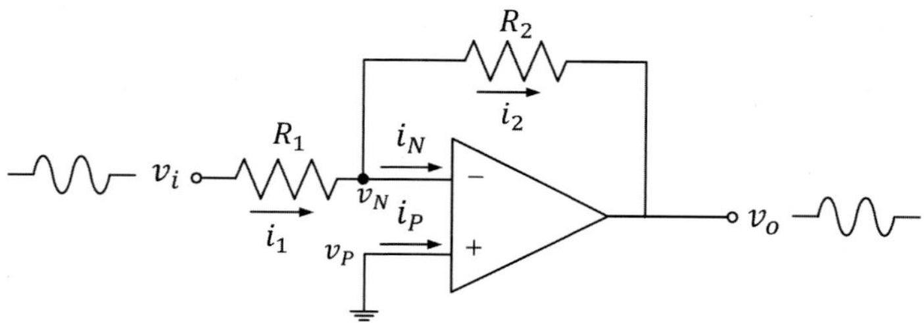

그림 6.2. 반전 증폭기

반전 증폭기의 전압이득은 v_N 노드에 키르히호프의 전류법칙(KCL)을 적용하면 구할 수 있다.

$$\frac{v_i - 0}{R_1} = \frac{0 - v_o}{R_2} \tag{6.3}$$

여기에서 이상적인 연산 증폭기의 특성인 $v_P \simeq v_N$과 $i_P = i_N \simeq 0$이 적용되었다. 위의 식을 정리하면 전압이득은 다음과 같다.

$$\boxed{A_V = \frac{v_o}{v_i} = -\frac{R_2}{R_1}} \tag{6.4}$$

식 (6.4)에 의해 구할 수 있는 출력전압 v_o는 입력전압 v_i와 항상 위상이 반대이고, 전압이득의 절대값은 1보다 작을 수도 있다.

예제 6.1. 그림 6.2의 반전 증폭기 회로에서 $R_1 = 10k\Omega$, $R_2 = 5k\Omega$인 경우의 출력전압 v_{o1}과 $R_1 = 10k\Omega$, $R_2 = 20k\Omega$인 경우의 출력전압 v_{o2}를 구하라.

풀이

반전 증폭기는 저항 R_1과 R_2를 변화시킴으로써 위상은 입력과 반대이고, 전압값은 원하는 크기만큼 증폭하거나 감쇠시키는 증폭기 회로를 쉽게 구성할 수 있다. 식 (6.4)를 이용하여 v_{o1}과 v_{o2}를 구하면 다음과 같다.

$$v_{o1} = -\frac{5K\Omega}{10K\Omega}v_i = -\frac{1}{2}v_i$$

$$v_{o2} = -\frac{20K\Omega}{10K\Omega}v_i = -2v_i$$

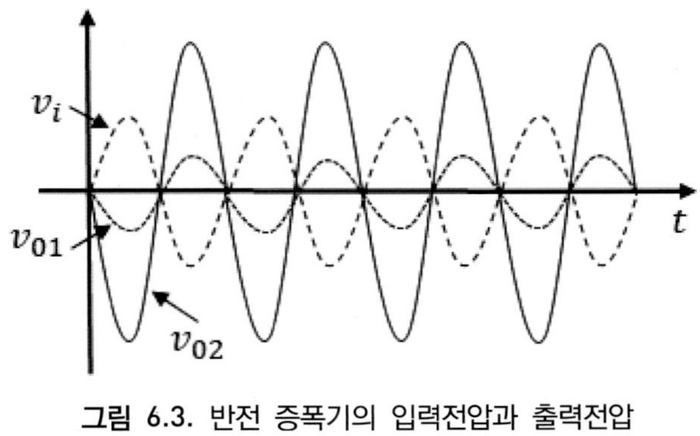

그림 6.3. 반전 증폭기의 입력전압과 출력전압

6.3. 비반전 증폭기

비반전 증폭기(noninverting amplifier)는 출력전압과 입력전압의 위상이 같은 특성을 갖는 연산 증폭기 회로이다. 그림 6.4는 비반전 증폭기 회로를 보여준다.

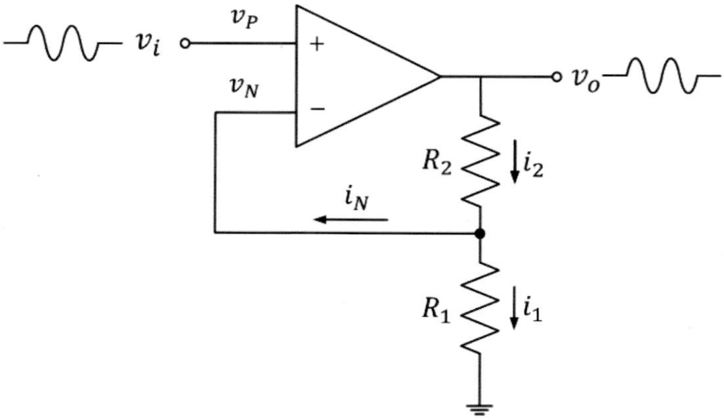

그림 6.4. 비반전 증폭기

비반전 증폭기의 출력전압 v_o는 입력전압 v_i와 위상은 동일하고, 전압이득은 1보다 크므로 출력전압이 항상 입력전압보다 큰 특성을 갖는다. 입력전압과 출력전압의 위상이 동일한 증폭기이므로 이를 비반전 증폭기라고 한다. 비반전 증폭기는 그림 6.4의 회로에서 입력신호 v_i가 비반전 입력으로 인가되고 있는 것을 알 수 있다.

비반전 증폭기의 전압이득은 v_N 노드에 키르히호프의 전류법칙(KCL)을 적용하면 구할 수 있다.

$$\frac{v_i - 0}{R_1} = \frac{v_o - v_i}{R_2} \tag{6.5}$$

여기에서 이상적인 연산 증폭기의 특성인 $v_P \simeq v_N$과 $i_P = i_N \simeq 0$이 적용되었다. 위의 식을 정리하면 전압이득은 다음과 같다.

$$A_V = \frac{v_o}{v_i} = 1 + \frac{R_2}{R_1} \tag{6.6}$$

식 (6.6)에 의해 구할 수 있는 출력전압 v_o는 입력전압 v_i와 모양이 동일하고, 전압이득은 1보다 크므로 출력전압이 항상 입력전압보다 큰 증폭기 특성을 갖는다.

예제 6.2. 그림 6.4의 비반전 증폭기 회로에서 $R_1 = 10k\Omega$, $R_2 = 10k\Omega$ 인 경우의 출력전압 v_{o1}과 $R_1 = 10k\Omega$, $R_2 = 20k\Omega$ 인 경우의 출력전압 v_{o2}를 구하라.

풀이

비반전 증폭기는 저항 R_1과 R_2를 변화시킴으로써 위상은 입력과 동일하고, 전압값은 원하는 크기만큼 증폭되는 특성을 갖는 증폭기 회로를 쉽게 구성할 수 있다. 식(6.6)를 이용하여 v_{o1}과 v_{o2}를 구하면 다음과 같다.

$$v_{o1} = \left(1 + \frac{10K\Omega}{10K\Omega}\right)v_i = 2v_i$$

$$v_{o2} = \left(1 + \frac{20K\Omega}{10K\Omega}\right)v_i = 3v_i$$

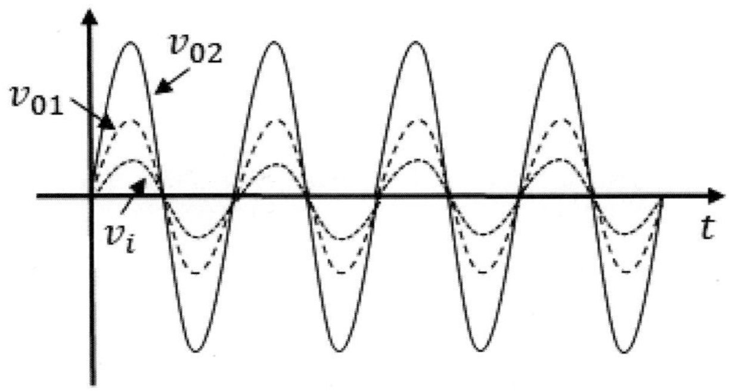

그림 6.5. 비반전 증폭기의 입력전압 및 출력전압

실험 6.1. 양전원과 음전원 공급하기

실험목적

직류전원 공급기에서 양전원과 음전원을 공급한다.

실험장비

직류전원 공급기	디지털 멀티미터	브레드보드
		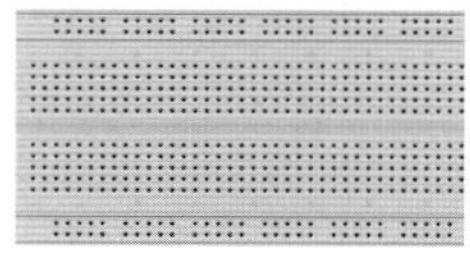

1. 직류전원 공급기 설정하기

직류전원 공급기의 동작 모드와 단자 연결을 그림 6.6과 같이 진행한다. 구제적인 절차는 다음과 같다.

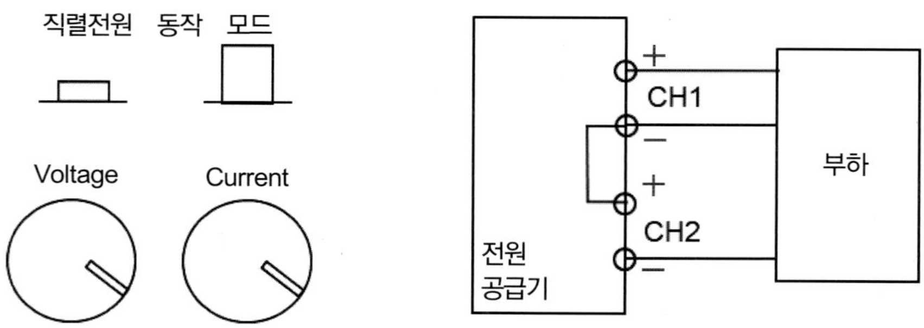

(a) 모드 선택 및 전압/전류 조정 (b) 부하 연결

그림 6.6. 양전원과 음전원 공급

- 직류전원 공급기를 직렬전원 동작 모드로 설정한다.
- 채널 2의 전류조절 다이얼을 시계방향으로 돌려서 최대값으로 설정한다.
- 채널 1의 전압조절 다이얼을 이용하여 출력전압을 15V로 설정한다.
- 직류전원 공급기의 전원을 끈다.

- 회로의 (+) 극성을 직류전원 공급기 채널 1의 빨간색(+) 출력단자에 연결한다.
- 회로의 GND 극성을 직류전원 공급기 채널 1의 검정색(−) 출력단자에 연결한다.
- 회로의 (−) 극성을 직류전원 공급기 채널 2의 검정색(−) 출력단자에 연결한다.

2. 디지털 멀티미터로 직류전압 측정하기

디지털 멀티미터를 사용하여 그림 6.7과 같이 측정단자를 연결하고 직류전원 공급기의 전원단자를 측정한다. 구체적인 절차는 다음과 같다.

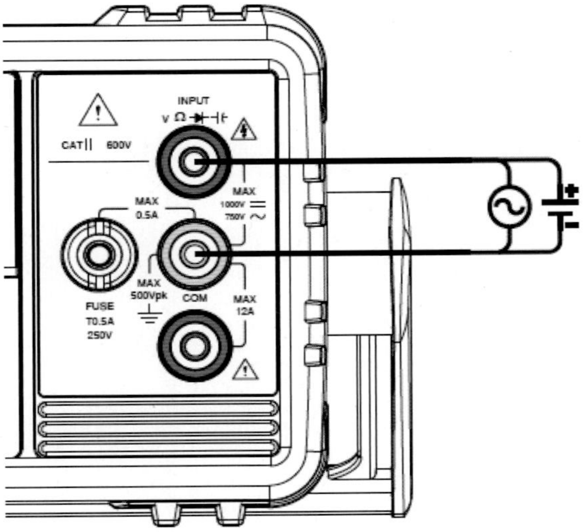

그림 6.7. 전압측정을 위한 측정단자 연결방법

- 디지털 멀티미터의 전원을 켠다.
- 디지털 멀티미터의 측정 모드를 DCV (직류전압) 모드로 설정한다.
- 적색 프로브는 직류전원 공급기 채널1의 (+) 단자에 연결한다.
- 흑색 프로브는 직류전원 공급기 채널1의 (−) 단자에 연결한다.
- 직류전압의 측정 범위를 자동모드 (Auto Range)로 설정한다.
- 디지털 멀티미터의 직류전압 측정값을 표 6.2에 기록한다.
- 적색 프로브는 직류전원 공급기 채널2의 (−) 단자에 연결한다.
- 흑색 프로브는 직류전원 공급기 채널1의 (−) 단자에 연결한다.
- 직류전압의 측정 범위를 자동모드 (Auto Range)로 설정한다.
- 디지털 멀티미터의 직류전압 측정값을 표 6.2에 기록한다.

표 6.2. 직류전압 측정결과

직류전원 공급기	설정값	채널 1의 측정값	채널 2의 측정값
전압(V_1)			
전압(V_2)			

실험 6.2. 반전 증폭기

실험목적

연산 증폭기(OP AMP)를 이용한 반전 증폭기의 증폭특성을 실험한다.

실험장비

직류전원 공급기	디지털 멀티미터	함수발생기	오실로스코프
		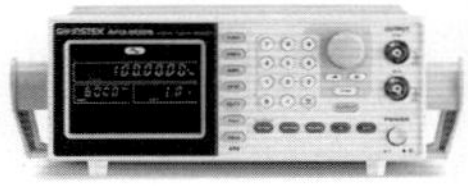	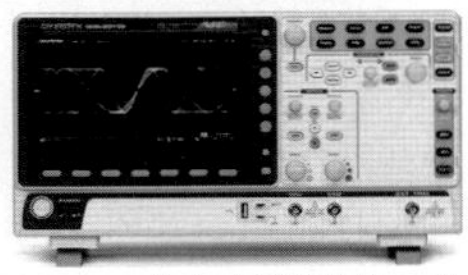

실험부품

부품명	상세정보
브레드보드	1대
OP Amp	741 Op Amp 1개
저항	$4.7K\Omega$ 1개, $10K\Omega$ 1개, $20K\Omega$ 1개

1. 반전 증폭기 회로 구성하기

연산 증폭기를 이용하여 그림 6.8과 같이 반전 증폭기 회로를 구성한다. 구체적인 실험 절차는 다음과 같다.

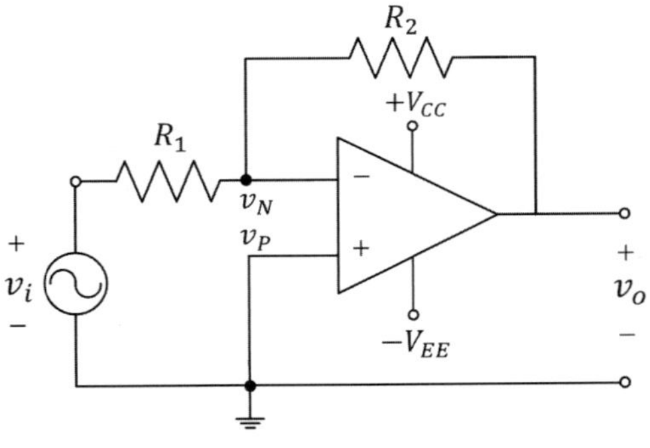

그림 6.8. 반전 증폭기

- 그림 6.9과 같이 반전 증폭기 실험 회로도를 구성한다. 반전 증폭기 회로에서 연산 증폭기는 741 OP Amp를 이용하고, 저항 $R_1 = 10k\Omega$, $R_2 = 20k\Omega$를 이용한다.
- 그림 6.9에서 직류전원 공급기를 이용하여 연산 증폭기의 직류전원 $+V_{CC} = +15\,V$, $-V_{EE} = -15\,V$를 인가하고, 입력전압 v_i는 함수발생기를 이용하여 피크-피크값 전압 $v_{pp} = 8\,V$ 이고, 주파수 $f = 2.5KHz$인 정현파 신호를 제공한다.
- 오실로스코프의 CH1은 입력전압 v_i, CH2는 출력전압 v_o를 동시에 측정하며, 입력전압과 출력전압의 정확한 비교를 위해 CH1과 CH2의 전압스케일을 동일하게 설정한다. 오실로스코프의 듀얼모드를 이용하여 입력전압 v_i와 출력전압 v_o를 동시에 측정하여 v_i와 v_o의 파형을 그림 6.10에 그린다.
- 입력전압의 피크-피크값 전압(v_{pp})과 출력전압의 피크-피크 전압(v_{pp})을 측정하여 표 6.3에 기록하라. 또한, 전압이득을 계산하여 표 6.3에 기록하고, 전압이득의 이론값과 실험값을 비교하여 반전 증폭기의 실험결과가 타당한지 검토한다.
- 저항 R_2를 $R_2 = 4.7k\Omega$으로 바꾸어 위의 반전 증폭기 실험을 반복한다. 입력전압 v_i와 출력전압 v_o의 파형을 그림 6.11에 그린다. 또한, 입력전압의 피크-피크값 전압(v_{pp})과 출력전압의 피크-피크 전압(v_{pp})을 측정하여 표 6.3에 기록하라. 또한, 전압이득을 계산하여 표 6.3에 기록하고, 전압이득의 이론값과 실험값을 비교하여 반전 증폭기의 실험결과가 타당한지 검토한다.

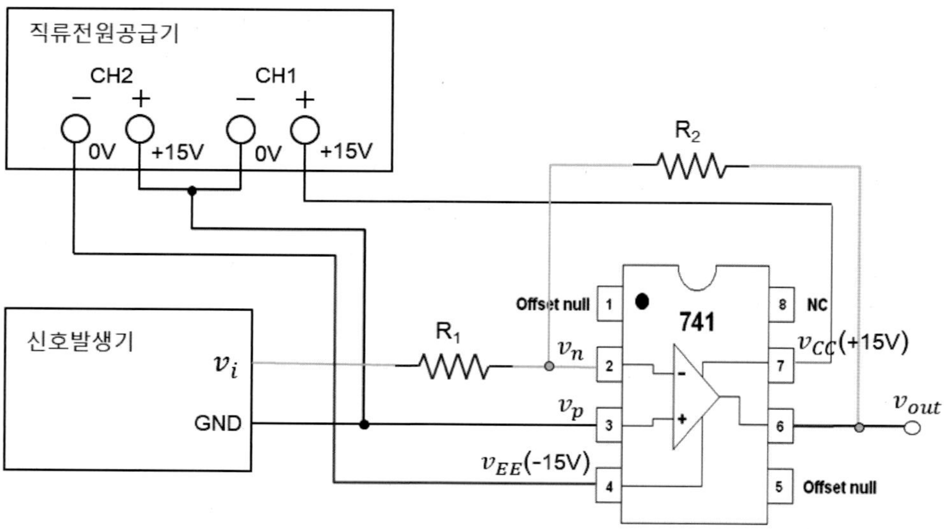

그림 6.9. 반전 증폭기 실험 회로도

2. 실험결과

그림 6.10. 반전 증폭기 실험파형 (R_1 = 10 $K\Omega$, R_2 = 20 $K\Omega$)
(전압스케일 = 2 V/div, 시간스케일 = 0.1 ms/div)

그림 6.11. 반전 증폭기 실험파형 (R_1 = 10 $K\Omega$, R_2 = 4.7 $K\Omega$)
(전압스케일 = 2 V/div, 시간스케일 = 0.1 ms/div)

표 6.3. 반전 증폭기 실험결과

실험내용	실험결과 (R_1 = 10$K\Omega$, R_2 = 20$K\Omega$)	실험결과 (R_1 = 10$K\Omega$, R_2 = 4.7$K\Omega$)
교류입력전압 v_i	Vp-p = [V]	Vp-p = [V]
교류출력전압 v_o	Vp-p = [V]	Vp-p = [V]
전압이득(실험값)	$A_v = \dfrac{v_{o,pp}}{v_{i,pp}} =$	$A_v = \dfrac{v_{o,pp}}{v_{i,pp}} =$
전압이득(이론값)	$A_v = \dfrac{v_0}{v_i} = -\dfrac{R_2}{R_1} =$	$A_v = \dfrac{v_0}{v_i} = -\dfrac{R_2}{R_1} =$
이론값과 실험값의 일치 여부		

실험 6.3. 비반전 증폭기

실험목적

연산 증폭기(OP AMP)를 이용한 비반전 증폭기의 증폭특성을 실험한다.

실험장비

직류전원 공급기	디지털 멀티미터	함수발생기	오실로스코프
		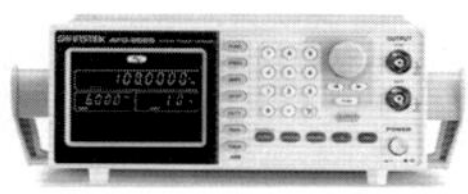	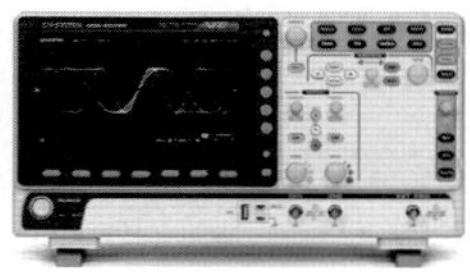

실험부품

부품명	상세정보
브레드보드	1대
OP Amp	741 Op Amp 1개
저항	$4.7K\Omega$ 1개, $10K\Omega$ 1개, $20K\Omega$ 1개

1. 비반전 증폭기 회로 구성하기

연산 증폭기를 이용하여 그림 6.12과 같이 비반전 증폭기 회로를 구성한다. 구체적인 실험 절차는 다음과 같다.

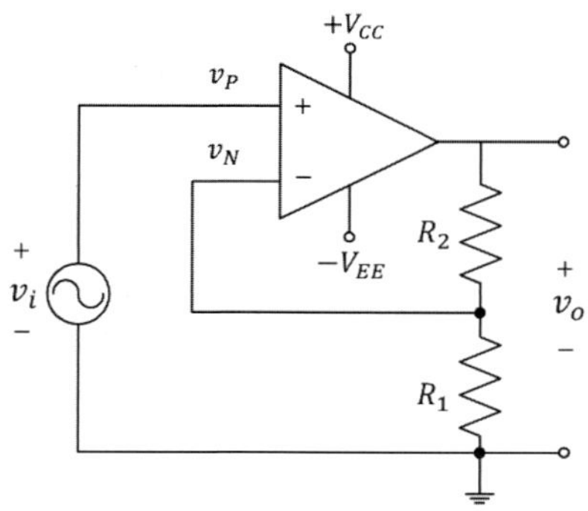

그림 6.12. 비반전 증폭기

- 그림 6.13과 같이 비반전 증폭기 실험 회로도를 구성한다. 비반전 증폭기 회로에서 연산 증폭기는 741 OP Amp를 이용하고, 저항 $R_1 = 10k\Omega$, $R_2 = 20k\Omega$를 이용한다.
- 그림 6.13에서 직류전원 공급기를 이용하여 연산 증폭기의 직류전원 $+V_{CC} = +15V$, $-V_{EE} = -15V$를 인가하고, 입력전압 v_i는 함수발생기를 이용하여 피크-피크값 전압 $v_{pp} = 8V$ 이고, 주파수 $f = 2.5KHz$인 정현파 신호를 제공한다.
- 오실로스코프의 CH1은 입력전압 v_i, CH2는 출력전압 v_o를 동시에 측정하며, 입력전압과 출력전압의 정확한 비교를 위해 CH1과 CH2의 전압스케일을 동일하게 설정한다. 오실로스코프의 듀얼모드를 이용하여 입력전압 v_i와 출력전압 v_o를 동시에 측정하여 v_i와 v_o의 파형을 그림 6.14에 그린다.
- 입력전압의 피크-피크값 전압(v_{pp})과 출력전압의 피크-피크 전압(v_{pp})을 측정하여 표 6.4에 기록하라. 또한, 전압이득을 계산하여 표 6.4에 기록하고, 전압이득의 이론값과 실험값을 비교하여 비반전 증폭기의 실험결과가 타당한지 검토한다.
- 저항 R_2를 $R_2 = 4.7k\Omega$으로 바꾸어 위의 비반전 증폭기 실험을 반복한다. 입력전압 v_i와 출력전압 v_o의 파형을 그림 6.15에 그린다. 또한, 입력전압의 피크-피크값 전압(v_{pp})과 출력전압의 피크-피크 전압(v_{pp})을 측정하여 표 6.4에 기록하라. 또한, 전압이득을 계산하여 표 6.4에 기록하고, 전압이득의 이론값과 실험값을 비교하여 비반전 증폭기의 실험결과가 타당한지 검토한다.

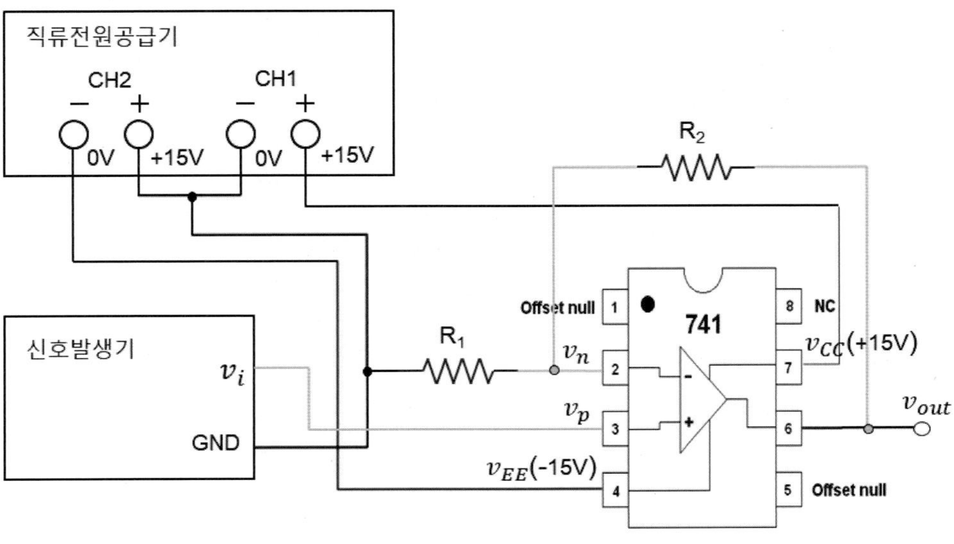

그림 6.13. 비반전 증폭기 실험 회로도

2. 실험결과

그림 6.14. 비반전 증폭기 실험파형 (R_1 = 10 $K\Omega$, R_2 = 20 $K\Omega$)
(전압스케일 = 2 V/div, 시간스케일 = 0.1 ms/div)

그림 6.15. 비반전 증폭기 실험파형 (R_1 = 10 $K\Omega$, R_2 = 4.7 $K\Omega$)
(전압스케일 = 2 V/div, 시간스케일 = 0.1 ms/div)

표 6.4. 비반전 증폭기 실험결과

실험내용	실험결과 (R_1 = 10 $K\Omega$, R_2 = 20 $K\Omega$)	실험결과 (R_1 = 10 $K\Omega$, R_2 = 4.7 $K\Omega$)
교류입력전압 v_i	Vp-p = [V]	Vp-p = [V]
교류출력전압 v_o	Vp-p = [V]	Vp-p = [V]
전압이득(실험값)	$A_v = \frac{v_{o,pp}}{v_{i,pp}} =$	$A_v = \frac{v_{o,pp}}{v_{i,pp}} =$
전압이득(이론값)	$A_v = \frac{v_0}{v_i} = 1 + \frac{R_2}{R_1} =$	$A_v = \frac{v_0}{v_i} = 1 + \frac{R_2}{R_1} =$
이론값과 실험값의 일치 여부		

제7장 아날로그 디지털 신호변환

목적

- 아날로그 디지털 변환 이론 및 원리를 이해한다.
- ADC(A/D Converter)와 DAC(D/A Converter) IC의 구조를 이해하고, 아날로그 디지털 변환 회로의 동작을 이해한다.

7.1. 아날로그 디지털 변환

아날로그 신호란 시간에 따라 신호의 변화가 연속적인 신호를 말한다. 전압, 전류, 온도, 속도, 압력, 음성, 오디오, 비디오, 통신 신호 등 우리가 실생활에서 볼 수 있는 모든 물리적인 양은 아날로그로 표현이 된다. AD 변환기(Analog to Digital Converter)는 아날로그 신호를 양자화된 디지털로 변환하는 장치이다. 컴퓨터는 0과 1로 이루어진 디지털 신호만을 인식할 수 있기 때문에 아날로그 계측값을 컴퓨터에 입력하기 위해서는 AD 변환이 필수적인 과정이라고 할 수 있다. 그림 7.1은 아날로그 신호를 디지털 신호로 변환하는 과정을 보여준다.

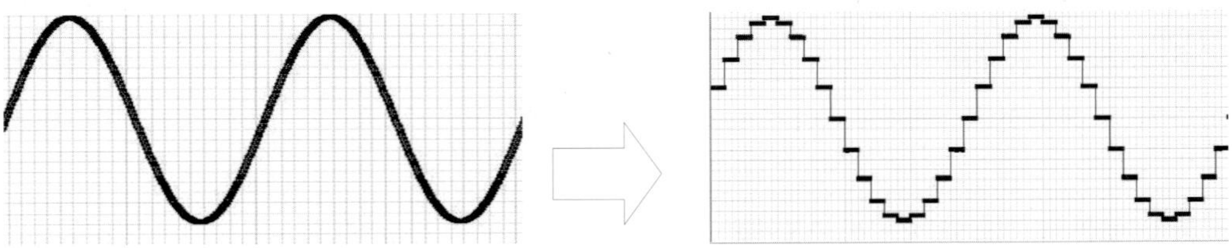

그림 7.1. 아날로그 신호의 디지털 신호 변환

예를 들어 0V에서 +10V까지 변화하는 정현파 전압을 생각해보자. 이 아날로그 신호 값은 0~10V 사이에서 무한히 많은 전압을 가진다. AD 변환은 표본화, 양자화 및 부호화 과정을 거친다. 먼저, 표본화(Sampling)란 그림 7.2에서 보는 바와 같이 아날로그 신호를 일정한 주기로 추출하는 과정이라고 할 수 있다.

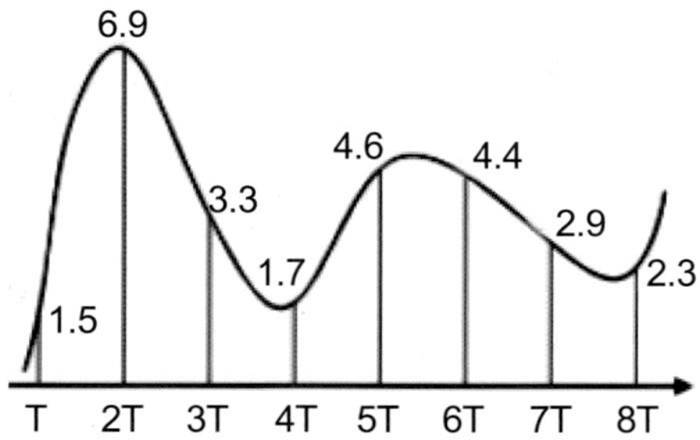

그림 7.2. 표본화

표본화 주기를 짧게(표본화율을 높게) 할수록 신호를 조금 더 정확하게 표현할 수 있지만, 과도한 표본화는 많은 데이터를 생산해내므로 저장 메모리를 많이 사용하거나 통신 용량을 많이 차지하는 단점이 있다. 따라서 원래 신호를 정확하게 복원할 수 있는 정도의 주파수만으로 표본화를 한다. 이 주파수를 나이퀴스트율(Nyquist rate)이라고 한다.

> 나이퀴스트율은 아날로그 신호를 디지털 신호로 표본화하는 경우 표본화된 부호 신호를 정확하게 아날로그 신호로 재생하기 위한 표본화 주파수이며, 표본화 하고자 하는 아날로그 신호 최대 주파수의 2배이다.

이상적인 설계가 사실상 매우 어려우므로 실제로는 나이퀴스트율보다 약간 더 크게 표본화 주파수를 선정하는데, 음성과 오디오의 경우 아날로그 신호 최대주파수의 2.2~2.4배로 표본화하는 것이 일반적이다. 예를 들어 전화에서 음성 신호를 표본화하는 경우 최대 주파수 성분은 3.4 Khz정도로 6.8 Khz의 표본화율이 필요하지만, 실제적으로 8Khz의 표본화율을 사용하여 약간의 보호대역을 둔다. 표 7.1은 음성, 오디오 서비스의 표본화율을 보여준다.

표 7.1. 음성, 오디오 서비스의 표본화율

서비스 종류	대역폭 (Hz)	나이퀴스트율 (Hz)	표본화율 (sample/sec)
음성	300~3400	6800	8,000
CD 오디오	20~20,000	40,000	44,100
DTV 오디오	20~20,000	40,000	48,000

표본화 주파수를 나이퀴스트율보다 낮게 설정할 경우 신호의 중첩이 생겨 신호가 왜곡되는 현상이 나타나는데, 이를 에일리어싱(aliasing)이라 한다. 그림 7.3에서는 에일리어싱에 의한 신호의 왜곡을 보여준다. 실선으로 그려진 원래의 아날로그 고주파 신호 $x_2(t)$를 나이퀴스트율보다 낮은 표본화율을 사용하여 표본화 했을때 점선으로 그려진 $x_1(t)$처럼 저주파 신호로 해석되어 신호가 왜곡되는 현상이 나타난다.

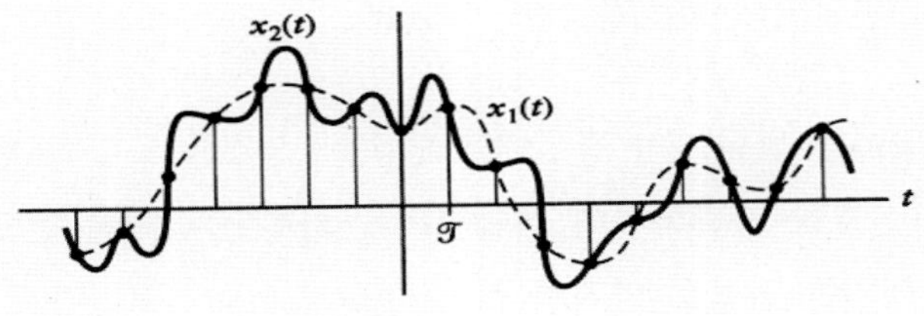

그림 7.3. 에일리어싱으로 인한 신호의 왜곡

다음으로 양자화 과정을 거치게 된다. 아날로그 신호의 값을 모두 표현할 수 없기 때문에 어느 정도 범위내의 값들은 하나의 대표값으로 근사화 하는 과정인 양자화를 한다. 예를 들어 그림 7.4과 같이 10V의 전압 범위를 3비트를 이용하여 양자화할 경우 0V이상 1.25미만의 아날로그 신호값은 0V를 대표값으로 사용한다. 즉, 0.1V도 0V로 나타나고 1.24V도 0V로 나타난다. 이 과정처럼 몇 비트를 사용하여 얼마나 세밀한 간격으로 아날로그 값을 양자화 하는지를 결정해야 하는데, 이를 결정하기 위해 필요한 지표인 분해능에 대해 알아보도록 하자.

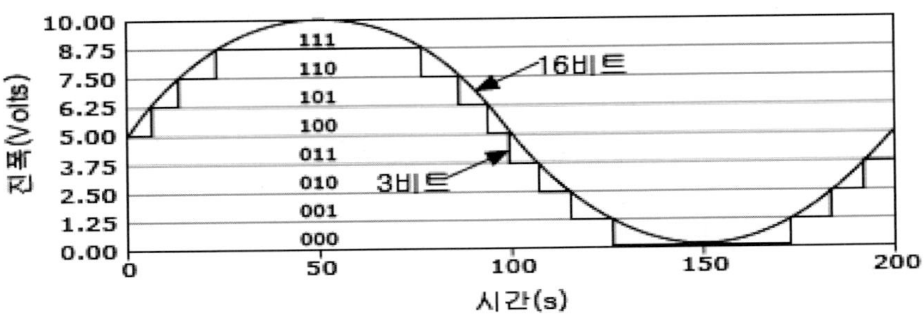

그림 7.4. 비트수에 따른 아날로그 신호 표현

그림 7.4는 10V의 전압 범위를 몇 개의 스텝으로 나누었는지에 따른 신호의 디지털화의 정확도를 나타낸다. 2^3개의 스텝를 사용한 경우 근사화 할 스텝은 0V부터 8.85V까지 1.25V 차이를 가진 스텝들(8개)밖에 사용하지 못하므로 많은 오차가 발생한다.

10V의 전압범위를 2^{16}개(65,536개)의 디지털 데이터로 표현하는 경우 나타낼 수 있는 최소 전압은 약 0.00015V (10/65536)이다. 즉 10V의 전압범위를 0.00015V 간격의 디지털 데이터로 변환할 수 있다. 이를 AD변환기의 분해능(resolution)이라고 한다. n비트 AD변환기에서 최하위 1비트의 아날로그 입력의 변화량의 백분율을 분해능이라 하며 분해능의 정확한 계산식은 다음과 같다.

$$\text{n비트 AD변환기의 분해능} : \frac{1}{2^n} \times 100\% \tag{7.1}$$

분해능이 매우 뛰어난 변환기의 경우에도 연속된 신호를 모두 표현하는 것은 불가능 하며, 아날로그 신호를 양자화하여 계단형의 근사화된 파형을 만드는 과정에서 생기는 오차에 의해 생기는 잡음을 양자화 잡음(Quantization noise)라고 한다. 양자화 잡음의 최대값은 최하위 1비트의 아날로그 입력 변화량의 절반이다. 이 양자화 잡음의 허용치는 사람의 눈이나 귀가 감지할 수 있는 변화량 이하로 해서 우리가 잡음을 직접 느낄 수 없도록 해야 한다. n비트 AD변환의 경우 SNR(Signal-to-Noise : 신호대 잡음비)은 1비트씩 커질 때 마다 약 6 dB(4배)정도씩 향상된다. 사용된 비트수 n에 따른 SNR은 식 (7.2)와 같다.

$$\text{SNR} = 6n + 1.8 \ \text{dB} \tag{7.2}$$

표 7.2. 비트수에 따른 SNR

샘플당 사용하는 비트수	대표값의 갯수	SNR(dB)
5	32	31.8
6	64	37.8
7	128	43.8
8	256	49.8
10	1024	61.8
16	65536	97.8

표 7.2는 비트수에 따른 SNR을 보여준다. 실제 기기에서 음성과 비디오는 8비트를 사용하고, CD 오디오는 16비트를 사용하며, 통신신호는 그 응용분야에 따라 8~12비트를 사용한다. 사용된 비트수가 많을수록 양자화 잡음은 현저히 줄어들지만, 데이터가 많아지기 때문에 저장 메모리를 많이 사용하거나 통신 용량을 많이 차지하는 단점이 있다. 이 때문에 합리적인 비트수를 선정하여 AD 변환하는 것 또한 중요한 과정이다.

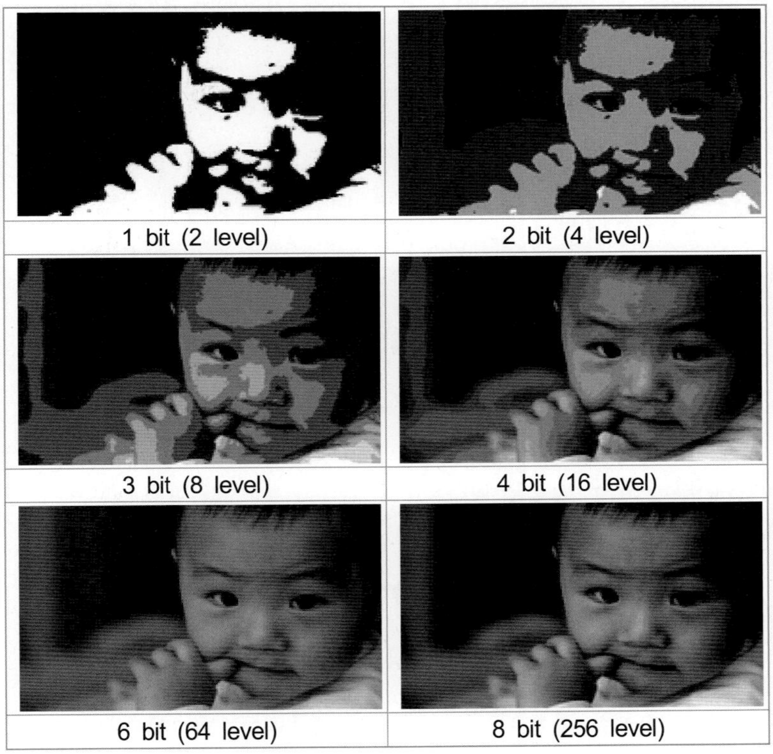

그림 7.5. 픽셀당 비트수에 따른 이미지 변화

그림 7.5를 예로 들어보자. 한 픽셀(pixel: 이미지를 이루는 가장 작은 단위인 이 네모 모양의 작은 점들)당 몇비트를 할당하는지에 따른 이미지의 변화를 나타낸다. 흑백 이미지의 경우 1비트를 할당할 경우 0과 1 즉, 흑색 또는 백색으로만 이미지를 표현할 수 있다. 또한, 2비트를 할당할 경우 00, 01, 10, 11으로 4가지 명암을 가진 색으로 이미지를 표현할 수 있다. 그림 7.5에서 보여지는 것처럼 1~4비트를 사용한 이미지의 경우 색깔의 명암차이(등고선)가 눈에 띄게 차이가 있다. 하지만 6비트 이상을 사용한 변환의 경우 양자화 잡음이 사람의 눈으로 인지할 수 없을 정도로 줄어든다. 그러므로, 컬러 이미지를 표현하는 경우 빛의 3원색인 R(Red), G(Green), B(Blue) 한 가지 색상당 8비트씩 사용하여 총 24비트(8bit × 3색)를 많이 사용한다.

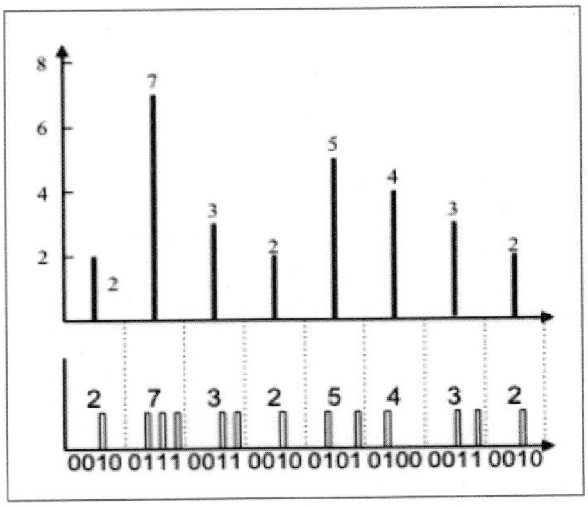

그림 7.6. 부호화

마지막으로, 양자화된 신호들을 전송 및 처리에 적합하도록 부호화 하는 과정을 거친다. 양자화된 신호들은 전송시에 잡음에 민감하므로 전송 및 처리에 적합하도록 부호화한다. 부호화는 이산화된 불연속적인 펄스열을 미리 정해놓은 수치로 대응하는 부호 펄스로 변환하는 과정이다. 즉, 그림 7.6의 2, 7, 3등의 숫자들을 각각의 숫자에 대응하는 부호 펄스 $(0010)_2$, $(0111)_2$, $(0011)_2$로 변환하는 것이다.

7.2. 8비트 AD변환기(ADC0804)

AD변환기용 IC를 응용하기 위한 예로 8비트 AD변환기인 ADC0804을 살펴본다. 그림 7.7은 ADC0804의핀 배치도를 보여준다.

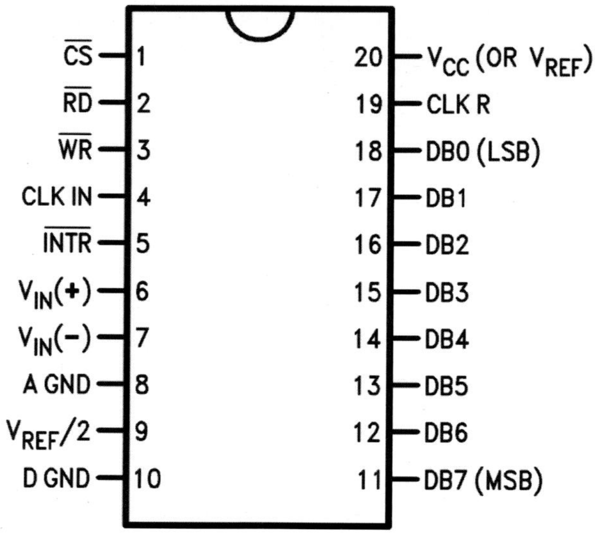

그림 7.7. ADC0804 핀 배치도

ADC0804의 입출력 단자들의 명칭과 기능은 표 7.3에서 설명하고 있다. 입력으로 차등 아날로그 신호를 받을 수 있으며, 차등신호가 아닌 일반 1개 선의 신호일 경우에는 $V_{IN}(-) = 0$, 즉 접지로 연결하고 $V_{IN}(+)$에만 신호를 연결한다. 2번 핀의 CLK IN에는 외부의 클럭을 연결할 수도 있지만, 외부에 저항과 커패시터를 연결하면 자체적으로도 클럭을 발생시킬 수 있다. 일반적으로 640KHz의 클럭을 사용한다. 정리하면 아날로그 입력을 $V_{IN}(+)$에 연결하면, DB[0~7]의 8비트 디지털 출력이 나온다.

표 7.3. ADC0804의 입출력 단자 기능

PIN		I/O	설명
번호	명칭		
1	CS	I	칩 선택
2	RD	I	Read
3	WR	I	Write
4	CLK IN	I	외부 클럭 입력 또는 외부 RC 소자를 연결하여 내부 클럭 사용할수 있는 핀
5	INTR	O	인터럽트 요구 (Interrupt request)
6	VIN(+)	I	차등 아날로그 입력 (Differential analog input) +
7	VIN(-)	I	차등 아날로그 입력 (Differential analog input) -
8	A GND	I	아날로그 접지 핀
9	$V_{REF}/2$	I	전체 스케일 리딩을 보정하기 위한 조정용 기준 전압 입력
10	D GND	I	디지털 접지 핀
11	DB7	O	데이터 비트 7
12	DB6	O	데이터 비트 6
13	DB5	O	데이터 비트 5
14	DB4	O	데이터 비트 4
15	DB3	O	데이터 비트 3
16	DB2	O	데이터 비트 2
17	DB1	O	데이터 비트 1
18	DB0 (LSB)	O	데이터 비트 0
19	CLK R	I	내부 클럭 사용할 때 RC 타이밍 저항 입력 핀
20	V_{CC} (or V_{REF})	I	+5V 전원 전압, 또는 V_{REF} 전압 사용 가능

예를 들어 $V_{REF(+)} = 5\,V$, $V_{REF(-)} = 0\,V$이고, 8비트의 디지털 출력 데이터가 $10010110_{(2)}(= 150_{(10)})$라 하면 아날로그 입력전압은 다음과 같다.

$$V_{IN} = \frac{5 \times 150}{256} = 2.93\,V \tag{7.3}$$

7.3. 디지털 아날로그 변환

실세계의 사물이나 물리적 기계에서 발생하는 신호는 대부분 아날로그 신호이다. 이 아날로그 신호를 컴퓨터(디지털 시스템)로 처리하려면 컴퓨터에서 취급할 수 있는 디지털 신호로 변환하여야 하는데 이러한 변환 동작을 수행하는 것이 AD변환기였다.

반대로 아날로그 전압에 의해 구동되는 시스템을 컴퓨터로 제어하고자 하면 컴퓨터의 2진수 출력을 아날로그 전압으로 변환하여야 하는데 DA변환기가 필요하다. DA변환기의 보편적인 예로 모뎀에 의해 이루어지는 처리를 들 수 있다. 모뎀은 컴퓨터데이터(디지털신호)를 전화회선을 통해 전송될 수 아날로그 신호로 변환하는 기능을 수행하는 회로가 바로 DA변환기이다.

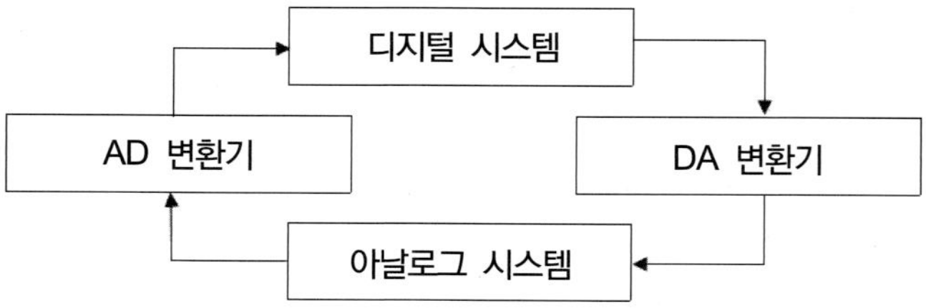

그림 7.8. 디지털 시스템과 아날로그 시스템의 인터페이스

7.4. 8비트 DA변환기(DAC0808)

DA변환기용 IC를 응용하기 위한 예로 8비트 DA 변환기인 DAC0808을 살펴본다. DAC0808의 핀 배치는 그림 7.9와 같다. DAC0808은 8개의 디지털 입력단자와 입력전원용 단자 V_{CC}와 V_{EE}가 있다. 입력전원용 단자 $V_{CC} = +15\,V$, $V_{EE} = -15\,V$를 인가해 주어야 한다. 4번핀 I_o는 출력단자이며 그림에서 표시되듯이 전류가 IC쪽으로 흘러들어가는 방향이라는 것에 주의해야 한다. 표 7.5에는 각 핀별 명칭 및 기능이 나타나 있다.

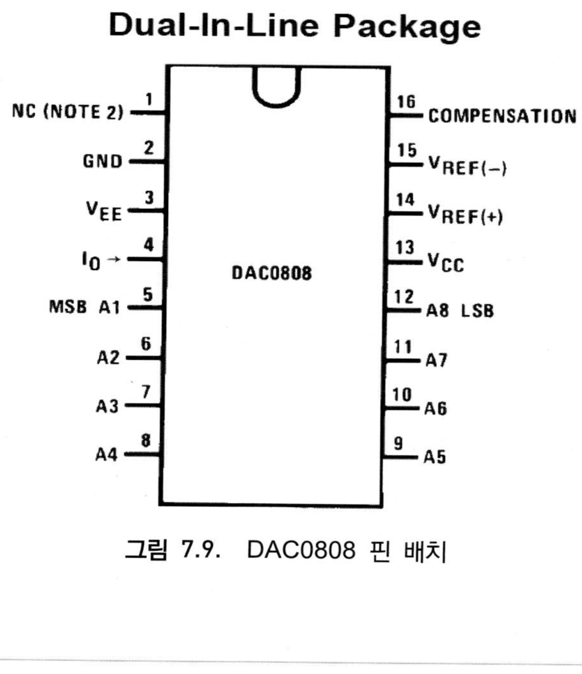

그림 7.9. DAC0808 핀 배치

표 7.5. DAC0808 핀의 명칭과 기능

명칭		핀번호	기능
전원	V_{CC}	13	V_{CC} = +15V, V_{EE} = −15V, GND = 0V의 직류입력전압 공급을 위한 전원용 단자
	V_{EE}	2	
	GND	2	
기준전압	$V_{REF(+)}$	14	DA 변환기의 전압범위(Full Scale Range)를 결정하는 중요한 기준전압이므로 매우 정밀하게 직류전압을 조정하여 입력
	$V_{REF(-)}$	15	
입력채널	A1	5	8비트의 디지털 입력 데이터로 A1이 최상위 비트, A8이 최하위 비트인 입력데이터이고, 8비트이므로 디지털 입력 데이터는 $00000000_{(2)}$에서 $11111111_{(2)}$(=$256_{(10)}$)까지 가능
	A2	6	
	A3	7	
	A4	8	
	A5	9	
	A6	10	
	A7	11	
	A8	12	
출력단자	I_o	4	8비트의 디지털 입력 데이터를 DA 변환한 아날로그 출력

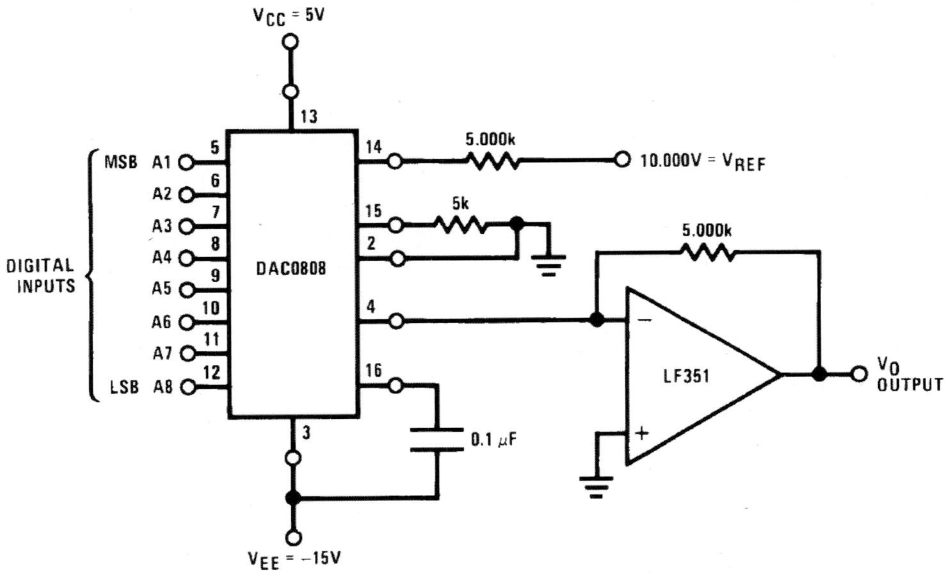

그림 7.10. DAC0808 기본회로 예시

그림 7.10은 DAC0808 기본회로를 보여준다. 유도하는 식은 생략하고, I_o는 아래의 식과 같이 나타난다. 여기에서 R_{14}는 V_{REF}전압과 14번 단자 사이에 연결된 저항이며, R_4는 연산 증폭기의 출력과 비반전 입력단과의 피드백저항이다.

$$I_o = \frac{V_{REF}}{R_{14}}(\frac{A1}{2^1}+\frac{A2}{2^2}+\frac{A3}{2^3}+\frac{A4}{2^4}+\frac{A5}{2^5}+\frac{A6}{2^6}+\frac{A7}{2^7}+\frac{A8}{2^8}) \tag{7.4}$$

$$V_o = \frac{R_4}{R_{14}}V_{REF}(\frac{A1}{2^1}+\frac{A2}{2^2}+\frac{A3}{2^3}+\frac{A4}{2^4}+\frac{A5}{2^5}+\frac{A6}{2^6}+\frac{A7}{2^7}+\frac{A8}{2^8}) \tag{7.5}$$

위의 기본 회로에서 $R_{14} = R_4 = 5kohm$이므로 간단하게 표현하면 다음과 같다.

$$V_o = V_{REF}(\frac{A1}{2^1}+\frac{A2}{2^2}+\frac{A3}{2^3}+\frac{A4}{2^4}+\frac{A5}{2^5}+\frac{A6}{2^6}+\frac{A7}{2^7}+\frac{A8}{2^8}) \tag{7.6}$$

위 식을 이용하여 디지털 입력신호가 아날로그 신호값으로 변환되는 과정을 살펴보자. 예를 들어 구성회로는 그림 7.10과 같이 $V_{REF} = 10V$이고, $R_{14} = R_4 = 5kohm$이며, 8비트 아날로그 신호가 $(00110110)_2$라고 가정하면 출력되는 아날로그 신호값은 수식 (7.6)의 과정을 통해 구할 수 있다.

$$\begin{aligned} V_o &= 10 \times (\frac{0}{2^1}+\frac{0}{2^2}+\frac{1}{2^3}+\frac{1}{2^4}+\frac{0}{2^5}+\frac{1}{2^6}+\frac{1}{2^7}+\frac{0}{2^8}) \\ &= 10 \times \frac{1+2+8+16}{2^7} \\ &= 2.109375\ V \end{aligned} \tag{7.7}$$

식 (7.4)~식 (7.6)의 과정을 통해 각각의 디지털 신호에 대응하는 아날로그 신호값을 표현할 수 있으며, 표 7.6에 몇 가지 디지털 신호와 대응되는 아날로그 신호값들이 나타나 있다. V_{REF}, R_{14}, R_4는 그림 7.10의 기본회로 예시와 같은 조건일때이다.

표 7.6. 기본회로 예시의 디지털 신호에 따른 아날로그 신호값

디지털 신호	아날로그 신호값(V)
00000000	0
…	…
00001000	0.3125
00001001	0.3515625
…	…
10000000	5
…	…
11111111	9.9609375

실험 7.1. AD변환기

실험목적

8비트 AD변환기(ADC0804)를 이용하여 아날로그 신호를 디지털 신호로 변환한다.

실험장비

직류전원 공급기	디지털 멀티미터	브레드보드	ADC0804
		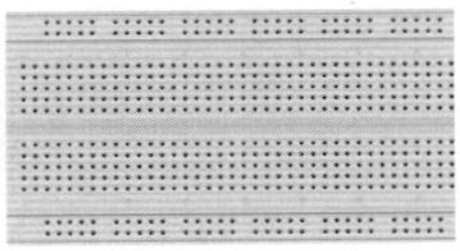	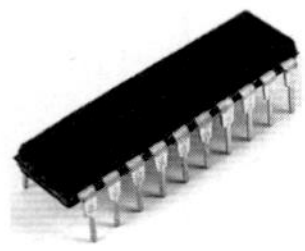

실험부품

부품명	상세정보
ADC0804LCN (DIP-20)	8비트 ADC 1개
LED	청색 LED 8개
반고정 가변 저항	반고정 가변 저항 10$K\Omega$ (6P-56) 1개
저항	1$K\Omega$ 2개, 1.5$K\Omega$ 8개, 10$K\Omega$ 1개
커패시터	0.1μF 2개, 10μF 1개, 150pF 1개

1. AD변환기 회로 구성하기

- 그림 7.11의 8비트 AD변환기 실험 회로를 구성하여라. 다이오드는 방향에 주의하고, 부호가 있는 커패시터는 부호의 방향이 맞도록 정확히 연결해야 한다.
- 전원공급기의 전원을 DC 5.12V로 정확히 맞춘다. $2^8 = 256$ 이므로 8비트는 256레벨이다. 그래서 최대 전압을 5.12V로 맞추면 $5120mV \div 256 = 20mV$ 이므로 하나의 단계가 20mV가 되어 측정이 용이하다.
- 20번 핀의 V_{CC}에 V_{REF} = 5.12V를 연결하고, LED에도 같은 전압을 인가한다. $V_{REF}/2$에는 V_{REF}를 같은 저항 2개를 사용하여 만든 2.56V를 인가한다.
- 핀 9번에는 인가전원의 안정을 위하여 커패시터를 병렬로 연결한다.

• 입력전압은 V_{REF} = 5.12V를 반고정 가변저항을 사용하여 DC전압을 0V부터 5.12V까지 가변하여 입력할 수 있도록 한다.
• 라인 스위치를 연결하여 ADC 칩이 동작하도록 한다.

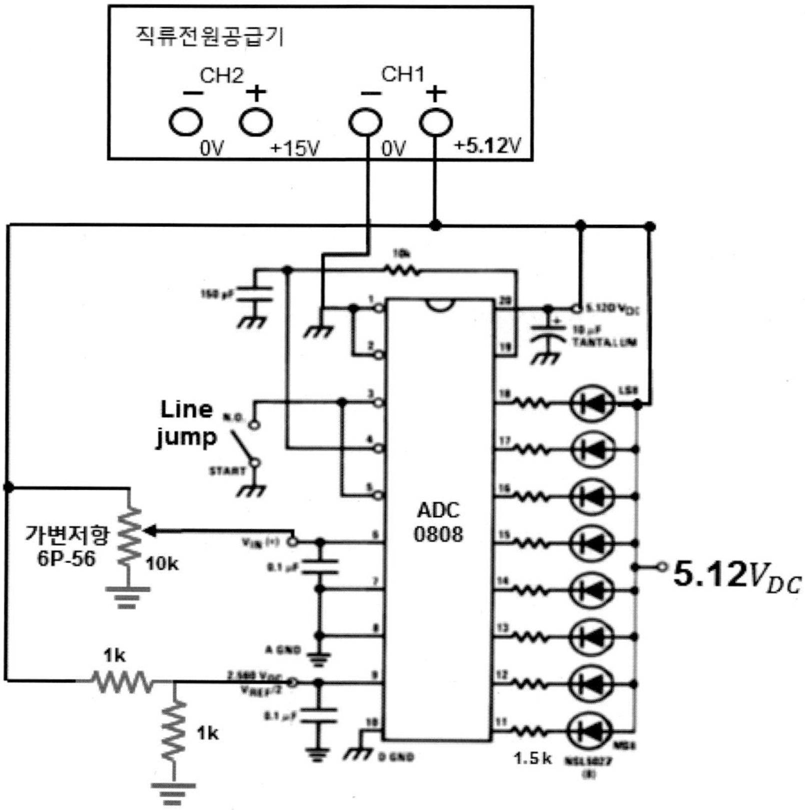

그림 7.11. ADC0804을 사용한 8 비트 AD변환기 실험 회로도

2. AD변환기 측정하기

• 핀 6과 연결된 가변저항을 최저로 놓고, 6번 핀의 입력전압을 멀티미터로 측정하여 표 7.7의 세 번째 행에 적어라. 이때의 LED 출력값을 읽어서 표 7.7의 네 번째 행에 적어라. D7~D0의 이진수를 10진수로 변환하고 20mV를 곱해서 V_{OUT}를 구한다. 마지막 행에는 $V_D = V_{IN} - V_{OUT}$ 구해서 차이값을 구해서 타당한지 살펴본다.
• 가변저항이 몇 번의 회전을 하면 최대 저항이 되는지 확인한다. 6P-56 가변저항은 3/4 회전을 하면 최대 저항이 된다. 가변저항(6P-56)을 1/8 회전, 2/8회전, 3/8회전, 4/8회전, 5/8회전, 6/8회전 하여 위의 실험단계를 반복하여라.

표 7.7. 8비트 ADC 실험 측정값

아날로그 입력			디지털 출력		입출력 차이
가변저항 조절	예상 저항값 R_{VAR}	측정 입력전압 V_{IN}	LED 비트 D7~D0	계산한 전압값 V_{OUT}	$V_D = V_{IN} - V_{OUT}$
0 회전 (저항 최소)	$0\,K\Omega$				
1/8 회전	$1.67\,K\Omega$				
2/8 회전	$3.33\,K\Omega$				
3/8 회전	$5\,K\Omega$				
4/8 회전	$6.67\,K\Omega$				
5/8 회전	$8.33\,K\Omega$				
6/8 회전 (저항 최대)	$10\,K\Omega$				

실험 7.2. DA변환기

실험목적

8비트 DA변환기(DAC0808)를 이용하여 디지털 신호를 아날로그 신호로 변환한다.

실험장비

직류전원 공급기	디지털 멀티미터	브레드보드	DAC0808
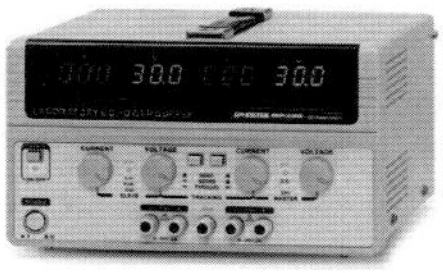	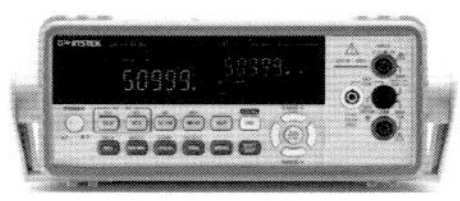	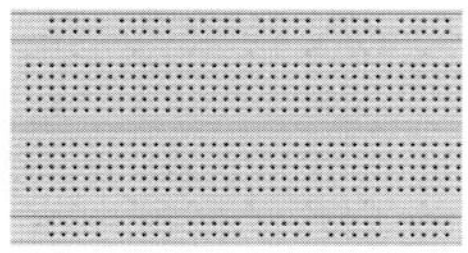	

실험부품

부품명	상세정보
DAC0808LICN (DIP-16)	8비트 DAC 1개
DIP 스위치	A6E-8101-N 8비트 DIP 스위치 1개
OP AMP	741 OP AMP 1개
저항	$1K\Omega$ 3개, $5K\Omega$ 1개
커패시터	0.1 μF 1개, 10 μF 2개

1. DA변환기 회로 구성하기

- DAC0808을 사용한 8비트 DA변환기 실험 회로도는 그림 7.12와 같다. 실험에 사용하는 DA변환기용 IC인 DAC0808에 디지털 8비트를 입력하기 위하여 8비트의 DIP 스위치를 사용한다. DIP 스위치 한쪽을 5V로 연결하여 스위치가 ON이 되면 5V가 DAC 해당 입력 핀에 인가되도록 한다. 8비트의 DIP 스위치의 ON과 OFF를 조정함으로써 A1~A8의 디지털 입력에 1 또는 0을 입력할 수 있다.
- DAC0808과 연산증폭기 741을 가동하는데 필요한 전원은 V_{CC} = +15V, V_{EE} = −15V, V_{REF} = +10V, V_{CC2} = 5V이다. 그러나 전원공급기에서는 +15와 −15V 두 개만 공급하기 때문에 V_{REF} = +10V와 V_{CC2} = 5V는 V_{CC} = +15V를 저항 3개를 사용

하여 분주하여 사용한다. 15V를 $1k\Omega$와 $2k\Omega$으로 전압분배하면 +10V를 만들 수 있고, $2k\Omega$와 $1k\Omega$으로 전압분배하면 +5V를 만들 수 있다. 다만, 전원의 안정화를 위하여 10 μF의 커페시터를 저항회로로 만든 V_{REF}와 V_{CC2}에 추가한다.

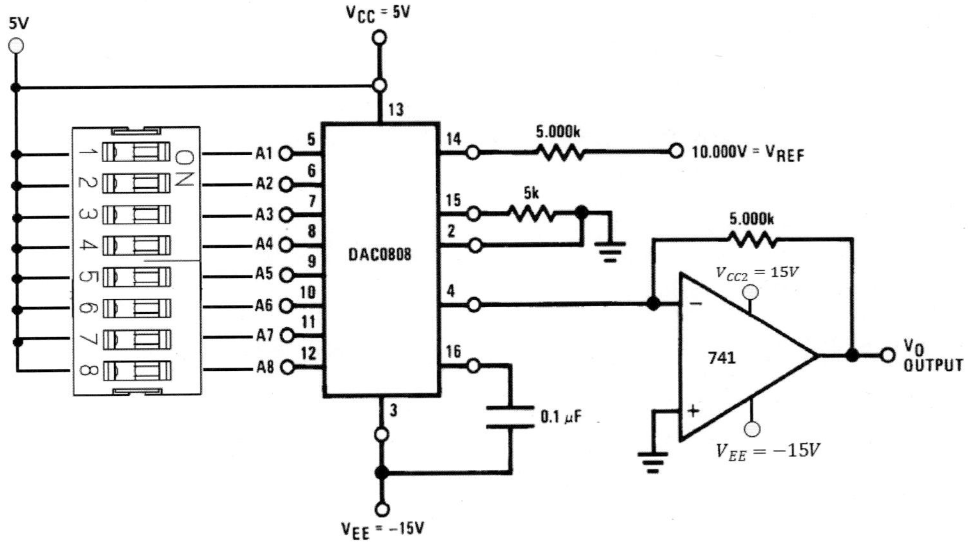

그림 7.12. DAC0808을 사용한 8비트 DA변환기 실험 회로도

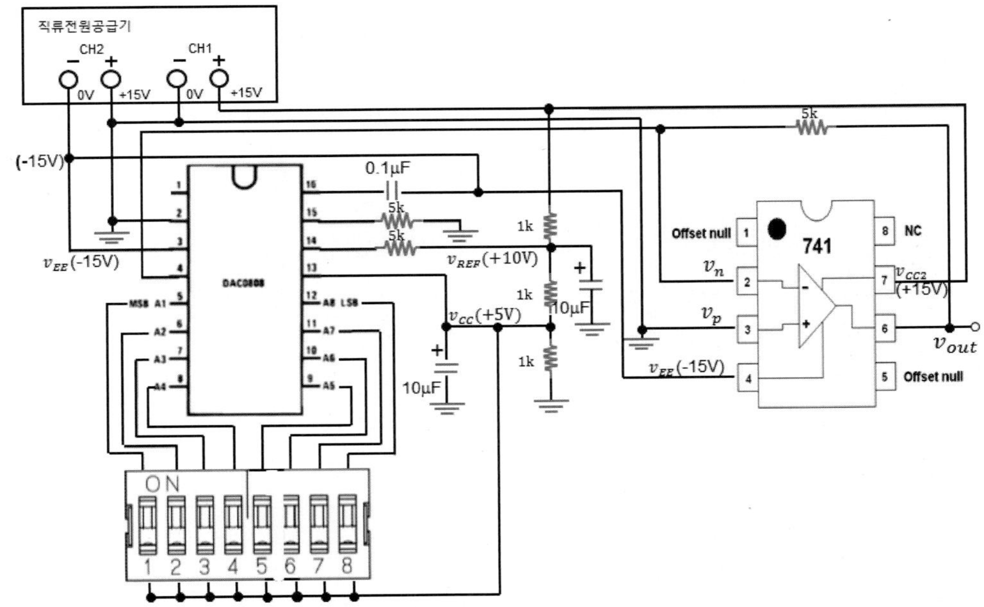

그림 7.13. DAC0808을 사용한 8 비트 DA변환기 실험 연결도

- 그림 7.13의 DAC0808을 사용한 8비트 DA변환기 실험 연결도를 자세히 살펴보고 실험 회로를 구성하여라. 부호가 있는 커패시터는 부호의 방향이 맞도록 정확히 연결해야 한다.
- 전원공급기는 CH2의 − 단자와 CH1의 + 단자를 연결하여 접지로 사용한다. 그래서 CH2의 + 단자에서 +15V가 출력하게 하고 CH1의 − 단자에서 −15V를 출력하게 하여 사용한다.
- 전원을 연결하고 DAC0808 칩의 2, 3, 13, 14번의 전압을 확인하고 741 연산증폭기 칩의 4번과 7번의 전압을 확인하라.

2. DA변환기 측정하기

- DIP 스위치 A1~A8을 OFF 상태로 만들어 DAC 입력에 00000000이 입력되도록 한다. 이 때 입력값을 계산하여 표 7.9의 두 번째 열에 적는다. 멀티미터로 연산증폭기 출력 전압을 측정하여 세 번째 열에 적는다. 마지막 열에는 $V_D = V_{IN} - V_{OUT}$ 구해서 차이값을 구해서 타당한지 살펴본다.
- 전압값 V_{IN}은 식 (7.8)을 이용하여 계산한다.

$$V_{IN} = 10 \times \left(\frac{A1}{2^1} + \frac{A2}{2^2} + \frac{A3}{2^3} + \frac{A4}{2^4} + \frac{A5}{2^5} + \frac{A6}{2^6} + \frac{A7}{2^7} + \frac{A8}{2^8} \right) \quad (7.8)$$

- DIP 스위치 A1~A8을 0100 0000, 0110 0000, 1000 0000, 1100 0000, 1111 1111로 변화시키면서 위의 실험단계를 반복한다.

표 7.8. 8비트 ADC 실험 측정값

디지털 입력		아날로그 출력	입출력 차이
DIP SWITCH A1~A8	계산한 전압값 V_{IN}	측정 출력 전압 V_{OUT}	$V_D = V_{IN} - V_{OUT}$
0000 0000			
0100 0000			
0110 0000			
1000 0000			
1100 0000			
1111 1111			

제8장 아두이노 실행하기

목적

- 아두이노의 특징과 종류를 소개한다.
- 아두이노 관련 모듈을 소개한다.
- 아두이노 IDE와 드라이버를 설치하고, 스케치를 작성한 후 실행하는 방법을 소개한다.

8.1. 아두이노 소개

아두이노(Arduino)는 오픈 소스를 기반으로 한 단일 보드 마이크로 컨트롤러이다. 아트멜(ATMEL)사의 AVR MCU(Micro Controller Unit)를 기반으로 제작한 보드가 가장 일반적이고, 최근에는 Cortex-M3를 이용한 제품(Arduino Due)도 있으며, 소프트웨어 개발을 위한 통합 개발 환경(IDE)을 제공하고 있다. Arduino는 주로 다수의 스위치나 센서로부터 값을 읽어서, LED나 모터와 같은 외부 전자 장치들을 제어함으로써 환경과 상호작용이 가능한 제품을 만드는 것을 목적으로 사용된다. 또한, 플래시, 프로세싱, Max/MSP와 같은 소프트웨어를 연동할 수 있다.

아두이노의 가장 큰 장점은 마이크로 컨트롤러를 쉽게 동작시킬 수 있다는 것이다. 일반적으로 AVR 프로그래밍은 WinAVR로 컴파일하여, ISP장치를 통해 MCU 장비에 업로드를 해야 하는 등 번거로운 과정을 거쳐야 하는데 비해, 아두이노는 컴파일된 펌웨어를 USB를 이용하여 아두이노 보드에 쉽게 업로드 할 수 있다. 또한, 아두이노는 다른 모듈에 비해 비교적 저렴하고, 마이크로소프트 윈도우를 비롯해 애플의 맥 OS X, 리눅스와 같은 여러 OS를 모두 지원한다. 아두이노 보드의 회로도가 CCL에 따라 공개되어 있으므로, 누구나 직접 보드를 만들고 수정할 수 있다.

아두이노(Arduino)가 인기를 끌면서 이를 비즈니스에 활용하는 기업들도 늘어나고 있다. 장난감 회사 레고(LEGO)는 자사의 로봇 장난감과 아두이노를 활용한 로봇 교육 프로그램을 학생과 성인을 대상으로 북미 지역에서 운영하고 있다. 자동차 회사 포드는 아두이노를 이용해 차량용 하드웨어와 소프트웨어를 만들어 차량과 상호작용 할 수 있는 오픈XC라는 프로그램을 선보이기도 했다.

8.2. 아두이노 특징

아두이노(Arduino)는 지금까지 PC나 휴대 전화, 스마트 폰 등 완성된 IT 제품밖에 접한 적이 없었던 사람들, 혹은 마이크로 컨트롤러 프로그래밍을 취미로 하는 사람들에게 획기적인 컴퓨터 시스템이다. 특징으로는 다음과 같다.

쉬운 설치 및 개발환경 구성

일반적인 마이컴 개발 환경은 초보자가 구성하기에는 매우 복잡하고 어려운 작업이다. 반면에, 아두이노의 개발환경 설정은 상대적으로 간단하게 이루어진다. 다운로드 받은 자료를 임의의 폴더에 압축을 풀거나 설치 파일을 다운받아서 설치한 뒤, 장치에 대한 디바이스 드라이버만 설정해 주면 개발환경 설정이 끝난다.

- 아두이노 IDE: http://arduino.cc/en/Main/Software

다양한 I/O 장치들을 연결하여 원하는 시스템 구성

아두이노(Arduino) 보드는 컴퓨터 본체(IC 칩)가 노출된 상태로 되어있다. 컴퓨터의 다리(터미널 또는 핀)에 스위치나 LED, 센서 등을 연결하여 사용할 수 있다. 또한, 미리 스위치 및 LED 램프 등의 회로를 아두이노에 연결하여 사용이 편리하도록 쉴드(shield) 장비도 판매되어 다양한 용도로 확장이 가능하다.

광범위한 Arduino 커뮤니티

아두이노(Arduino)를 구성하는 소프트웨어와 하드웨어의 대부분이 GPL 라이센스 하에 2차 저작물을 공식적으로 인정하고 있다. 따라서, 많은 사람들이 아두이노를 사용하여 작품을 만들고 인터넷에 공개하고 있다. 아두이노를 사용하여 무엇을 할 수 있는지, 어떤 것이 만들어져 있는지, 작품 예를 보는 것만으로도 활용의 범위를 키울 수 있다.

- 아두이노 Forum: http://forum.arduino.cc
- 아두이노 Project HUB: http://create.arduino.cc/projecthub

쉬운 Firmware 설계

아두이노(Arduino)는 메모리의 크기가 작기 때문에 PC에서 사용되고 있는 OS와 같은 큰 소프트웨어는 포함되어 있지 않다. 그러나 아두이노의 내부 구조를 자세히 몰라도, 하고 싶은 일을 신속하게 실현할 수 있는 많은 라이브러리가 제공되기 때문에 사용이 용이하다.

저전압으로 구동 가능

아두이노(Arduino)는 건전지 4개 (6V)로 동작이 가능하기 때문에 PC나 개별 전원이 없는 장소에서도 동작시킬 수 있으며, 장난감이나 장치에 통합하여 사용이 가능하다.

8.3. 아두이노 종류

아두이노는 다양한 제품군을 가지고 있으므로 용도에 맞게 사용해야 한다. 아두이노 UNO는 초심자가 사용하기 편한 제품이며, 아두이노 Mega 2560, 아두이노 NANO 제품들이 있다. 표 8.1은 아두이노 보드의 종류를 보여준다.

표 8.1. 아두이노 보드 종류

Arduino UNO Rev3	Arduino Leonardo with Headers

ATmega328을 기반으로 둔 기초 입문자용	Arduino UNO와 비슷하지만, 마우스나 키보드로 PC에 인식가능

Arduino YUN	Arduino DUE

WIFI와 linux 컴퓨터를 포함한 Arduino. IOT프로젝트에 적합	Arduino Mega 버전보다 더 큰 메모리와 더 큰 프로세스(ARM Cortex-M3) 탑재
Arduino Mega 2560 Rev3	**ArduinoEsplora**

많은 컴포넌트들을 컨트롤 할 수 있고, 복잡한 프로젝트에 적합. ATmega2560에 기반을 둠	쉽게 사용가능하고, 쉽게 쓸 수 있는 컨트롤러
Arduino Micro	**Arduino Robot w/o Power Supply**

Arduino Leonardo의 축소판으로 작은 프로젝트에 적합	최초의 바퀴 달린 Arduino, 로보틱스 시작으로 가장 적합
Arduino LilyPad USB - ATmega32U4	**LilyPad Arduino SimpleSnap**

웨어러블 프로젝트를 위한 Arduino 보드, 옷에 장착가능	충전 가능한 Lithium Polymer 베터리가 장착된 패드로, 단추형 연결 형태를 취함

Arduino Ethernet Rev3 WITHOUT PoE	Arduino Mega ADK Rev3
 Arduino UNO와 WizNet W5100 TCP/IP Ethernet를 결합한 형태	 ATmega2560에 기반을 둔 초소형 보드
Arduino Leonardo without headers	Arduino Micro without Headers
 Arduino UNO와 비슷하지만, 마우스나 키보드로 피시에 인식가능	 Arduino Leonardo의 축소판으로 작은 프로젝트에 적합
Arduino FIO	Arduino Mini 05
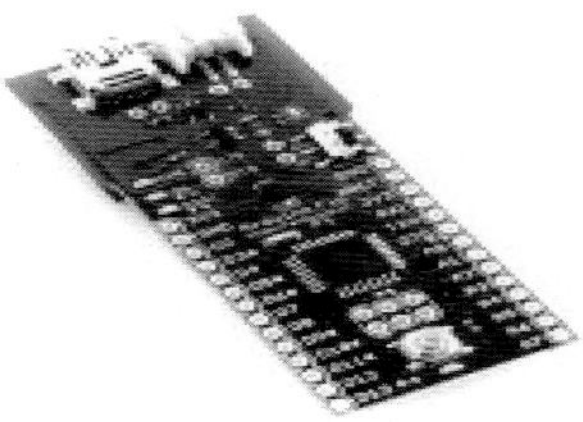 ATmega328V에 기반을 둔 초소형 보드로 3.3V와 8MH에 운영	 매우 작은 초소형 컨트롤러보드
LilyPad Arduino Main Board	Arduino Mini 05 without Headers
 웨어러블, 전자섬유 프로젝트를 위한 Arduino 초소형 보드	 브레드 보드나, 소형 프로젝트를 위해 제작된 소형 보드

<table>
<tr><th>Arduino UNO SMD Rev3</th><th></th></tr>
<tr><td>
ATmega328(SMD)에 기반을 둔 보드로,
기초입문자용</td><td></td></tr>
</table>

아두이노 우노(Arduino Uno)

아두이노 우노(Arduino Uno) 보드는 가장 보편적으로 사용하는 보드이며, ATmega328 기반의 MCU 보드이다. 이 보드는 14개의 디지털 I/O 핀과 6개의 아날로그 핀, 16Mhz Clock, USB 클라이언트 연결 단자, 파워 잭, 리셋 버튼 등으로 구성된다. USB 케이블 연결만으로 전원 인가 및 스케치 업로드가 가능하다. 그림 8.1은 아두이노 Uno 보드를 보여주며, 아두이노 Uno 보드의 특징은 표 8.2에 정리되어 있다.

표 8.2. Arduino Uno의 특징

Microcontroller	ATmega328P
Operating Voltage	5V
Input Voltage (recommended)	7-12V
Input Voltage (limits)	6-20V
Digital I/O Pins	14 (of which 6 provide PWM output)
PWM Digital I/O Pins	6
Analog Input Pins	6
DC Current per I/O Pin	20 mA
DC Current for 3.3V Pin	50 mA
Flash Memory	32 KB (ATmega328) of which 0.5 KB used by bootloader
SRAM	2 KB (ATmega328P)
EEPROM	1 KB (ATmega328P)
Clock Speed	16 MHz

그림 8.1. Arduino Uno 보드

아두이노 메가 2560(Arduino Mega 2560)

아두이노 메가 2560(Arduino Mega 2560)은 아두이노 UNO의 확장 버전으로 기본 보드에 많은 입출력(I/O) PIN을 가지고 있어 다수의 모듈을 붙이거나 통신 포트를 사용할 때 유리한 보드이다. 또한, 멀티미디어나 영상 같은 처리도 일부 가능해 복잡한 시스템을 구성할 때 사용하는 보드입니다. 아두이노 메가 2560은 ATmega2560 칩을 기본으로 만들어진 Arduino MEGA ADK 호환 보드이다. 이 보드는 안드로이드 장치와 연결할 수 있도록 USB 호스트 인터페이스를 갖고 있다. 이 보드는 또한 54개의 디지털 I/O 핀, 16개의 아날로그 핀, 4개의 UART, 16Mhz Clock, USB 클라이언트 연결 단자, 파워 잭, 리셋 버튼 등으로 구성된다. 그림 8.2는 아두이노 메가 2560 보드를 보여주며, 아두이노 메가 2560 보드의 특징은 표 8.3에 정리되어있다.

그림 8.2. Arduino Mega 2560 보드

표 8.3. Arduino Mega 2560의 특징

Microcontroller	ATmega2560
Operating Voltage	5V
Input Voltage (recommended)	7-12V
Input Voltage (limits)	6-20V
Digital I/O Pins	54 (of which 15 provide PWM output)
Analog Input Pins	16
DC Current per I/O Pin	20 mA
DC Current for 3.3V Pin	50 mA
Flash Memory	256 KB of which 8 KB used by bootloader
SRAM	8 KB
EEPROM	4 KB
Clock Speed	16 MHz
USB Host Chip	MAX3421E

8.4. 아두이노 관련 모듈

아두이노(Arudino)의 관련 센서 모듈은 다양하지만 주로 사용되는 센서 모듈에 대해서 알아보기로 한다. 발광 다이오드는 가장 기본적인 출력용 모듈로 사용되며, 버튼 스위치는 가장 기본적인 입력용 모듈로 사용된다. 표 8.4는 9가지 센서 모듈을 보여준다.

표 8.4. 센서 모듈

모듈	이미지	설명
발광 다이오드 (5PI LED)	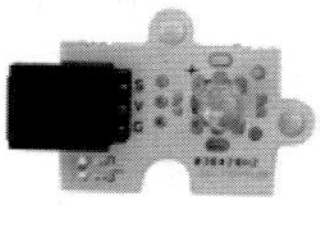	전원을 인가하면 빛을 발산하는 가장 기본적인 출력용 모듈.
스위치 (Button Switch)	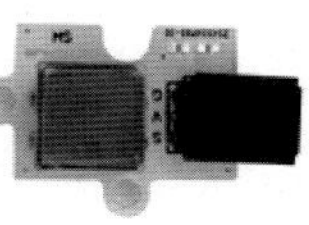	버튼의 상태에 따라 입력 신호의 상태가 변하는 가장 기본적인 입력용 모듈

모듈	이미지	설명
조이스틱 (Joystick)	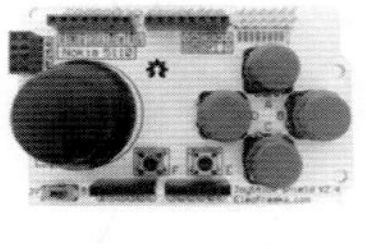	Stick에는 X, Y축 2개의 가변저항과 1개의 Button Switch가 들어있으며 추가적으로 4개의 Button Switch가 있어 Button Switch모듈보다 활용도가 다양한 입력용 모듈
조도 센서 (CDS Sensor)	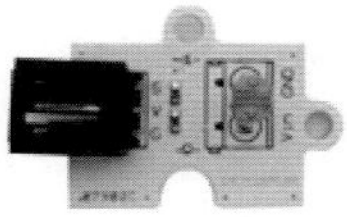	빛의 세기에 따라 입력되는 값이 변화하는 조도센서의 종류 중 일반적으로 사용되는 모듈
온습도 센서 (Temp/Humid Sensor)	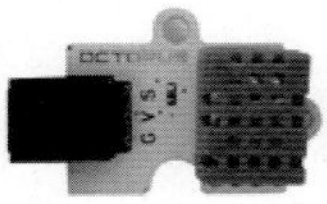	온도와 습도 값을 동시에 측정 할 수 있는 온/습도 센서 모듈
적외선 센서 (PSD Sensor)	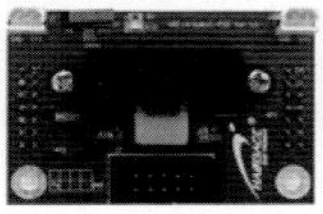	적외선으로 거리를 측정 할 수 있는 적외선 거리측정 센서 모듈
초음파 센서 (Ultrasonic Sensor)		초음파로 거리를 측정 할 수 있는 초음파 거리측정 센서 모듈
3축 자이로센서 (3X-Gyro Sensor)	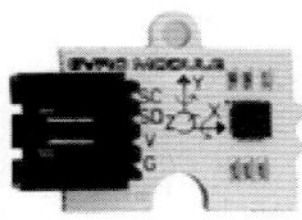	3축에 대한 각속도를 측정 할 수 있는 자이로 센서 모듈
DC 모터 (DC motor)	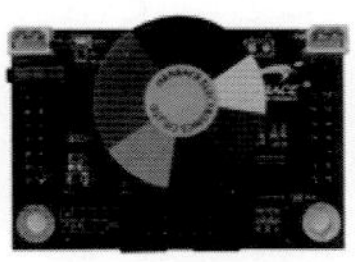	보드에 모터 드라이브가 내장되어 있어 양 방향 회전 및 속도 조절이 가능한 모듈

8.5. 아두이노 통합개발환경(Arduino IDE) 설치

아두이노(Arduino)를 사용하기 위해서는 이를 설계하기 위한 개발 환경이 필요하게 되는데 Arduino 개발자 홈페이지에서 통합개발환경(IDE) 소프트웨어를 제공하고 있다. 아두이노 소프트웨어(IDE)를 설치하기 위해서는 그림 8.3과 같이 아두이노 공식 홈페이지에 접속하자. 윈도우즈 사용자의 경우 윈도우즈용 설치 이미지를 클릭하여 Arduino IDE를 다운받은 후 압축을 풀어서 Arduino IDE를 설치한다.

- 아두이노 공식 홈페이지: http://aduino.cc/en/Main/Software

그림 8.3. Arduino IDE Download

우선 다운로드 페이지에서 최신 버전의 IDE 프로그램을 다운 받는다. 윈도우즈용 설치파일은 인스톨러(.exe) 패키지와 ZIP 패키지 중에서 선택할 수 있지만, 드라이버를 포함하여 아두이노 소프트웨어(IDE)를 사용하는 데 필요한 모든 것을 설치해주는 인스톨러 패키지를 권한다. Mac OS와 Linux용 설치파일도 제공하고 있다. 다음으로 Arduino 통합개발환경(IDE) 소프트웨어를 다운로드 받아서 개발용 PC에 다음과 같이 설치를 진행한다.

- 설치할 항목을 선택한다.

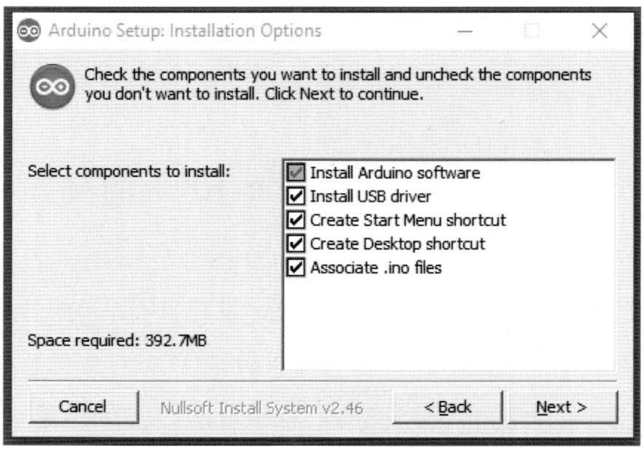

- 설치할 디렉토리를 선택한다.

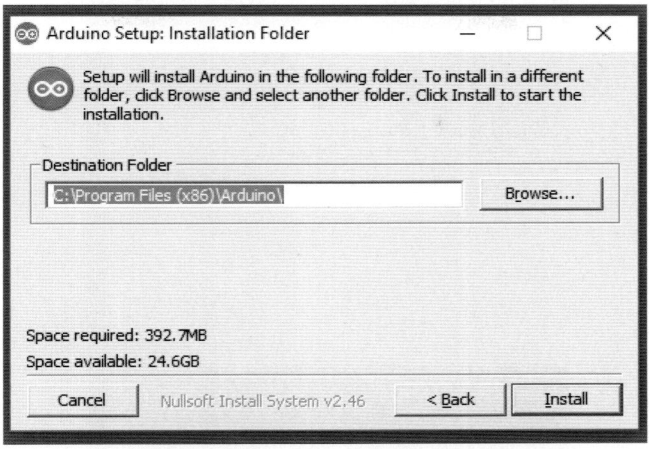

- 아두이노 소프트웨어 (IDE) 실행에 필요한 모든 파일의 설치를 진행한다.

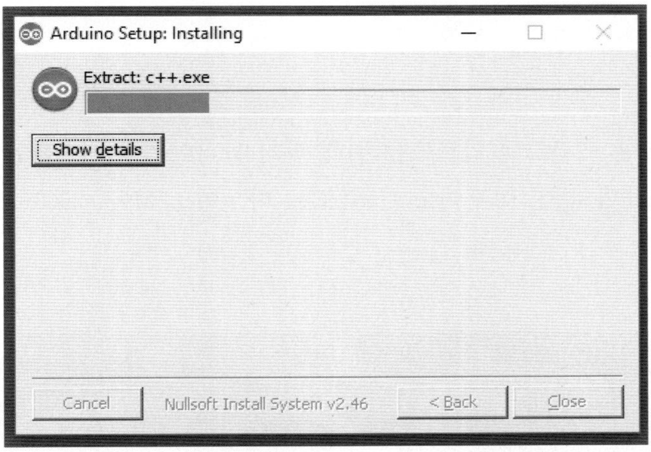

아두이노 스케치(Arduino Sketch)

아두이노(Arduino)는 AVR 설계에 필요한 코드 작성, 컴파일, 다운로드 등 모든 기능을 하나의 소프트웨어에서 제공하는 통합개발환경(IDE)을 제공하고 있다. 그림 8.4는 Arduino 통합 개발환경(IDE)을 실행하면 나타나는 IDE 기본화면을 보여준다. 아두이노 통합개발환경을 스케치(Sketch)라고 부른다.

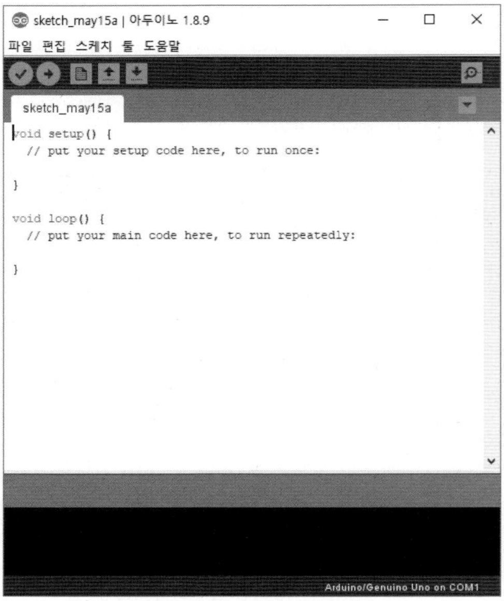

그림 8.4. 아두이노 IDE

8.6. 아두이노 환경 설정 및 드라이버 설치

아두이노 보드에 프로그램 업로드를 위해 장치 드라이버를 설치하는 과정을 설명한다. 우선, 그림 8.5와 같이 아두이노 Uno 또는 아두이노 Mega 2560 보드와 케이블을 준비한다.

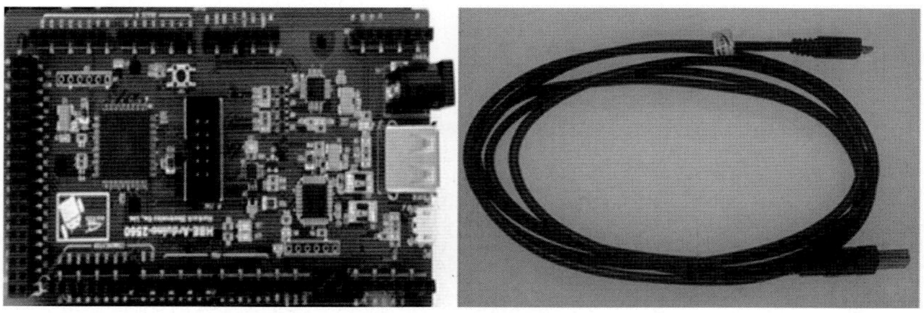

그림 8.5. Arduino Mega 2560과 USB A(M) - Micro 5pin(M) 케이블

다음으로, 그림 8.6과 같이 아두이노 Mega 2560과 PC를 USB A-Micro 5pin 케이블로 연결한다.

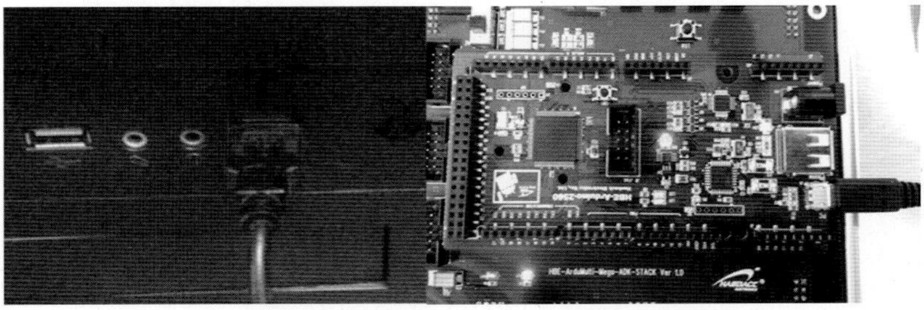

그림 8.6. PC USB Port와 Arduino Mega 2560을 케이블로 연결

드라이버가 자동으로 설치된다면 지금 단계는 건너뛰어도 된다. 연결 후 **제어판 → 시스템 → 장치관리자**에서 다음과 같이 기타장치에 Arduino Mega ADK가 있을 경우 설치가 정상적으로 되지 않은 것이다. 이럴 경우 Arduino Mega ADK 에 마우스를 올린 뒤 오른쪽 버튼을 클릭한다.

그림 8.7. 장치관리자

아래 그림과 같이 창이 활성화되면 드라이버 소프트웨어 업데이트를 클릭한다.

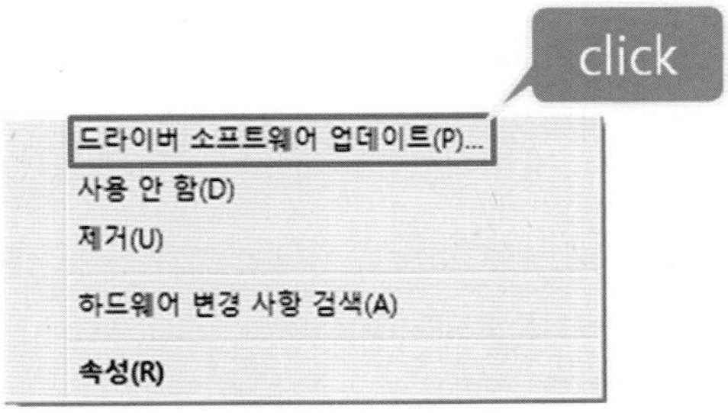

그림 8.8. 드라이버 소프트웨어 업데이트

아래 그림과 같이 창이 활성화되면 드라이버 소프트웨어 찾아보기를 클릭한다.

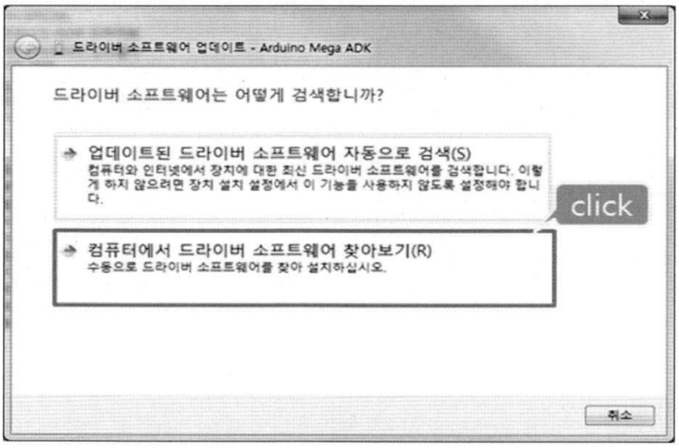

그림 8.9. 컴퓨터에서 드라이버 SW 찾아보기

찾아보기 클릭 후 C:\Arduino\drivers 폴더를 찾아 선택하고 다음을 클릭한다. IDE를 Arduino 홈페이지에서 설치파일을 다운받아 설치한 경우에는 다음 경로로 들어가서 설치하면 된다. “C:\Program Files\Arduino\drivers”

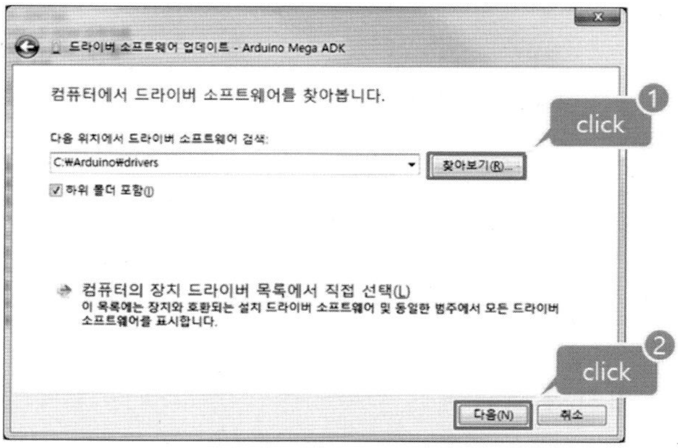

그림 8.10. 드라이버 소프트웨어 검색

아래 그림과 같이 창이 활성화되면 설치를 클릭한다.

그림 8.11. 드라이버 소프트웨어 설치

아래 그림과 같이 driver 설치가 완료되면 닫기를 클릭한다.

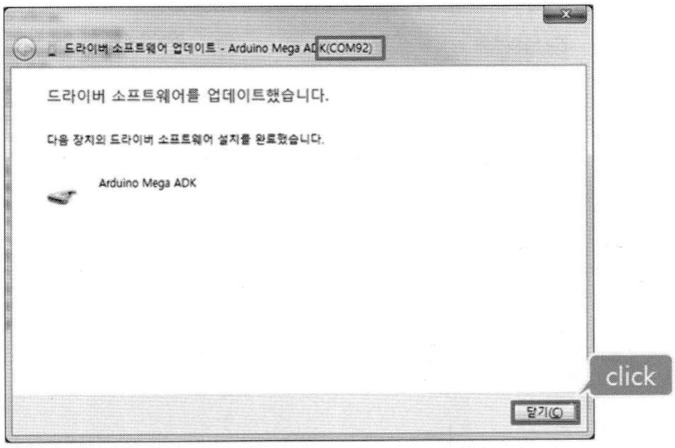

그림 8.12. 드라이버 소프트웨어 설치 완료

상단의 빨간색 네모박스에 있는 COMxx(xx:포트번호)는 프로그램을 다운로드 할 때 사용한다. COMxx는 **제어판 → 시스템 → 장치관리자 → 포트(COM & LPT)** 에서 확인 할 수 있다.

8.7. 예제 프로그램 작성 및 컴파일

아두이노 통합개발환경(IDE)을 이용하여 간단한 예제를 작성하고 컴파일한 후 이를 아두이노에 프로그램하는 과정을 소개한다. 우선, 아두이노(Arduino) 폴더에서 Arduino.exe 파일을 실행하면 아래 그림과 같은 IDE 개발창이 나타난다.

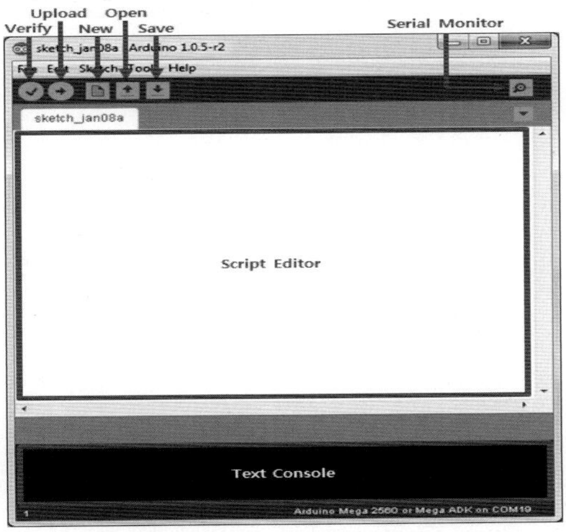

그림 8.13. Arduino IDE 기본창

위의 Arduino IDE 기본 창에서 스크립트 편집기에 코드를 작성한 후 "스케치 저장" 버튼을 눌러 스케치를 저장하고, "컴파일" 버튼을 눌러 컴파일을 하면 된다. 이때 작성된 코드에 오류가 있으면 아래쪽 텍스트 콘솔에 오류 메시지가 출력된다. 아무런 오류가 없으면 "업로드" 버튼을 눌러 보드에 업로드하면 된다. 이번에는 Arduino IDE에서 기본으로 제공해주는 Blink 스케치를 이용하여 아두이노 보드에서 실행시켜 보자.

- LED Blink 스케치를 연다: 파일(File) > 예제(Examples) > 01.Basics > Blink.

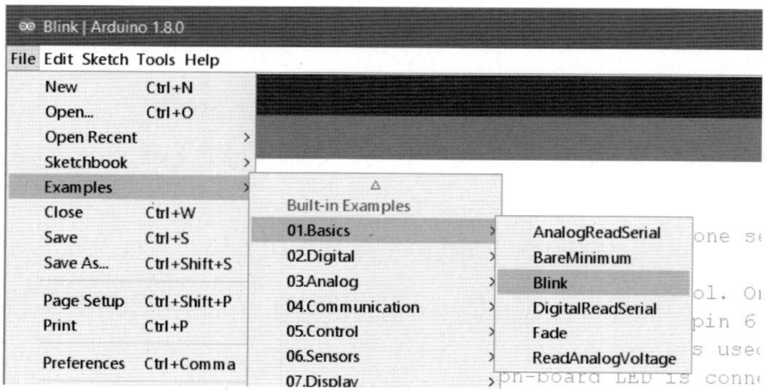

그림 8.14. Blink 스케치 열기

그림 8.14와 같이 Blink 예제를 선택하면 Arduino IDE는 그림 8.15와 같이 새로운 창에 스케치가 로드되어 나타난다.

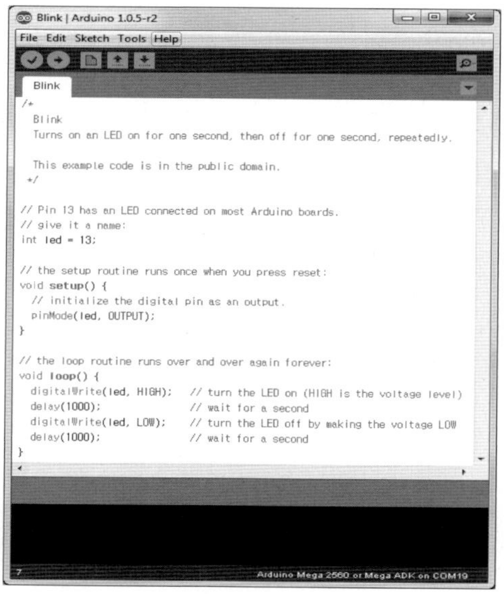

그림 8.15. Blink 스케치

아두이노 보드 및 포트 설정하기

스케치가 로드되었으면 아두이노 보드에 업로드를 진행한다. 먼저 Arduino IDE에서 사용할 보드를 선택해야 한다. 다음으로, 선택한 아두이노 보드에 맞게 Arduino IDE는 컴파일 및 업로드를 진행하게 된다. 아두이노 우노(Arduino Uno) 보드를 사용하는 경우 보드와 포트를 선택하는 절차는 다음과 같다.

- 아두이노 IDE의 툴(Tools) > 보드(Board) 메뉴에서 사용 중인 아두이노 보드 타입을 선택한다. 아두이노 우노 보드를 사용 중인 경우 Arduino UNO 보드를 선택한다.

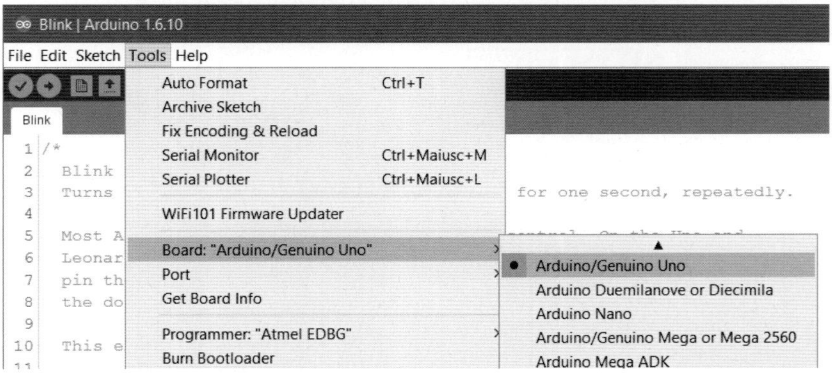

그림 8.16. 아두이노 UNO 보드 타입 선택

- 아두이노 IDE의 툴(Tools) > 포트(Port) 메뉴에서 사용 중인 아두이노 포트 타입을 선택한다. 일반적으로 COM3 또는 그 이상의 포트 번호에 해당한다. 그림 8.17에서는 COM6가 선택되었다.

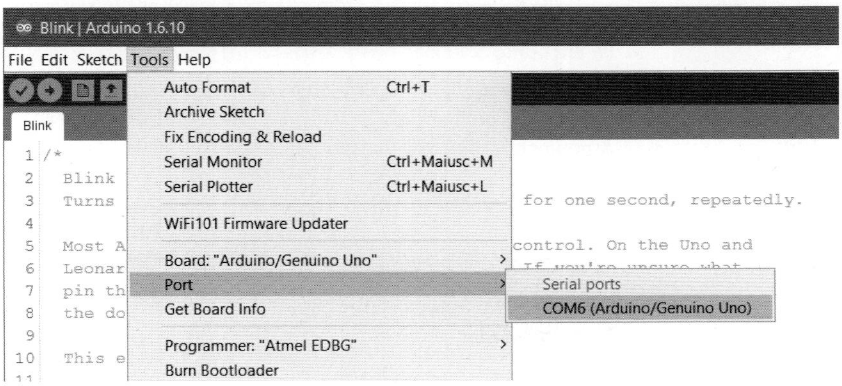

그림 8.17. 아두이노 포트 선택

• 사용할 시리얼 포트가 없는 경우 장치관리자에서 확인할 필요가 있다. 포트 번호는 컴퓨터 → 관리→ 장치관리자 → 포트 순으로 확인해 보면 알 수 있다. 포트번호를 확인했다면 그림 8.19와 같이 시리얼 포트를 다시 선택한다.

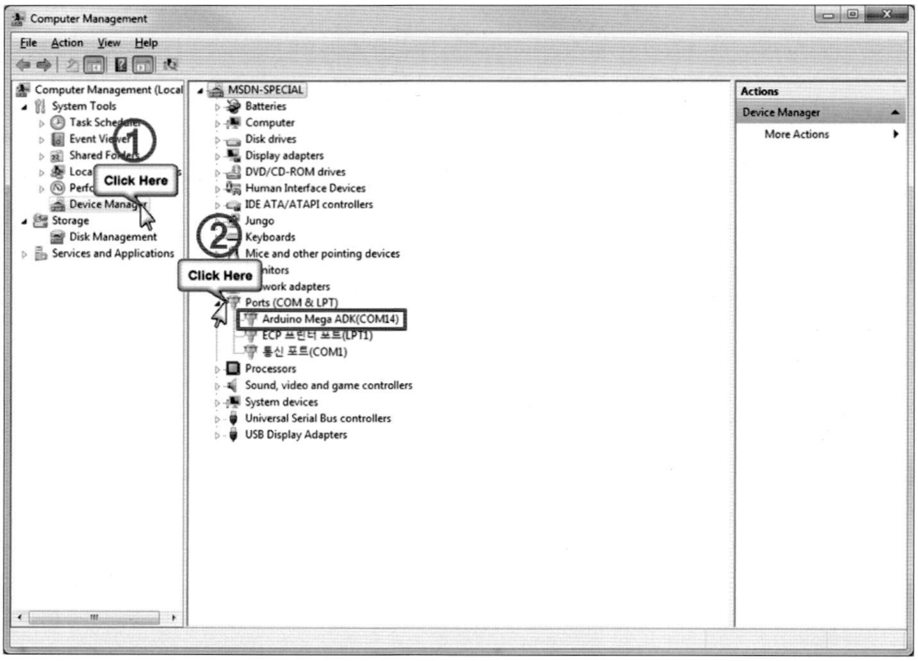

그림 8.18. 장치관리자에서 아두이노 시리얼 포트 확인

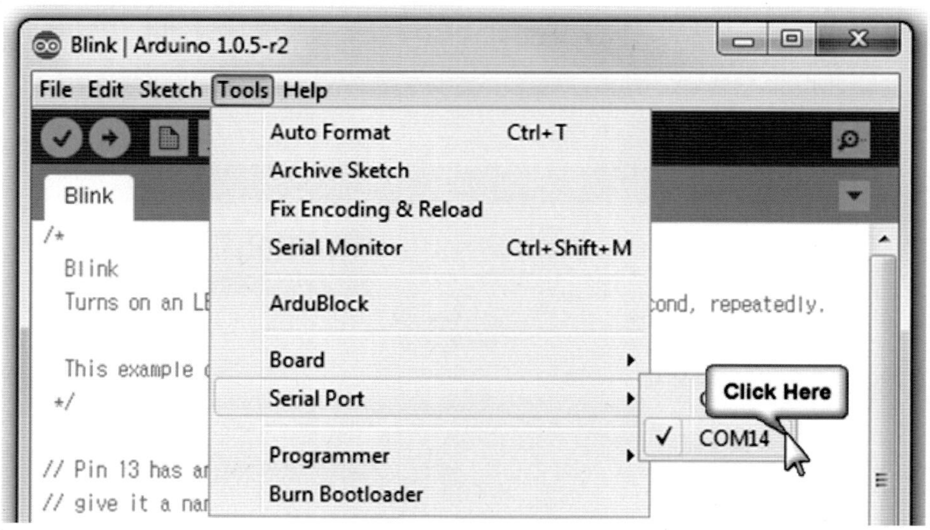

그림 8.19. Arduino 시리얼포트 선택

프로그래머 설정하기

아두이노 보드와 포트를 선택한 후 스케치를 컴파일하기 위해서는 프로그래머를 선택해야 한다. 스케치를 컴파일하기 위해 프로그래머는 "AVRISP mkII"를 선택한다.

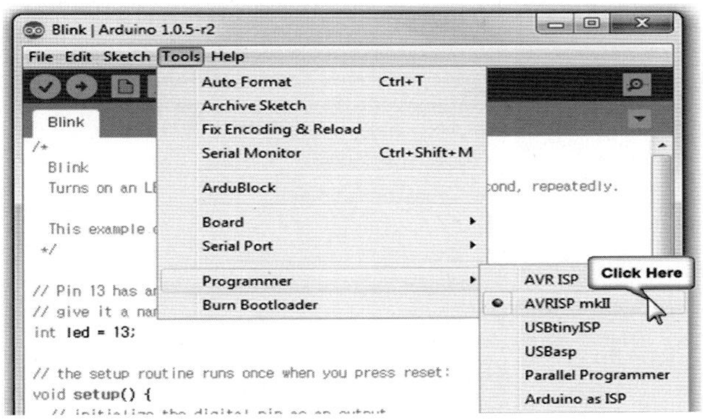

그림 8.20. Arduino 프로그래머 선택

스케치 저장 위치 변경하기

Arduino IDE에서는 새로운 스케치를 작성하고 저장할 때 컴퓨터의 어떤 폴더에 저장해도 상관은 없으나 Arduino IDE에서 지정해준 폴더에 저장하면 저장된 스케치가 Arduino IDE의 스케치북 메뉴에 자동으로 표시되므로 스케치북 관리가 매우 편리해진다. Arduino 스케치북 기본 폴더는 "C:\Users\Administrator\Documents\Arduino"이며, 여기서 경로에 포함된 "Administrator"는 사용자 계정명이다. 스케치가 저장되는 경로를 바꾸고 싶으면 다음과 같이 변경하면 된다.

- Arduino IDE에서 File > Preference 메뉴를 선택한다.

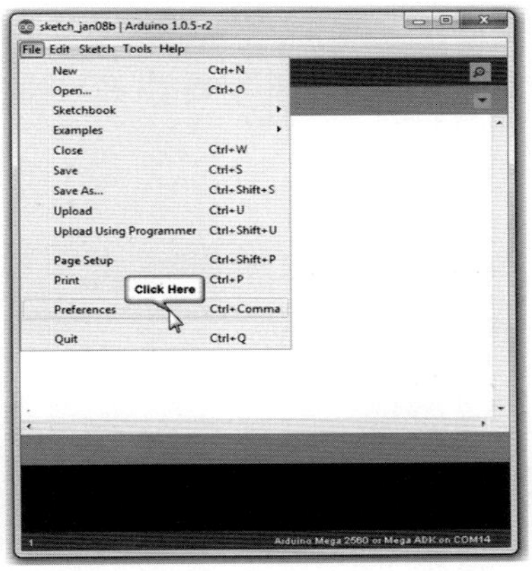

그림 8.21. Arduino IDE 환경설정 1

- 여기서는 Arduino IDE를 설치한 경로 내에 스케치북이 위치하도록 수정한다. 다음과 같이 "C:\<Arduino IDE 설치 경로>\Arduino"경로를 입력하고 확인을 누르면, 스케치북의 저장 위치가 변경되게 된다.

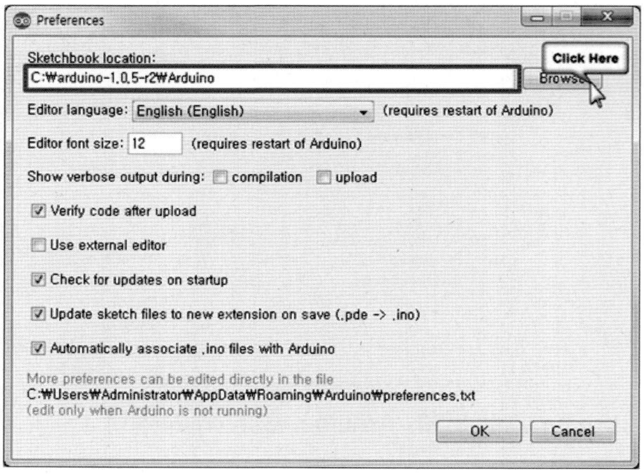

그림 8.22. Arduino IDE 환경설정 2

스케치북 경로가 바뀌면 스케치북 경로 내에 "libraries"라는 폴더가 새롭게 생성된다. 이 폴더는 Arduino IDE에서 제공하는 라이브러리 외에 추가로 스케치에 적용할 라이브러리들을 사용할 수 있게 등록해주는 폴더이다. 사용법은 추후 사용되는 예제들에서 설명하기로 한다.

스케치 업로드 및 디버깅 하기

아두이노 보드에 스케치를 업로드 하기 위해서는 그림 8.23과 같이 아두이노 IDE의 "업로드(Upload)" 버튼을 선택한다. 업로드가 완료된 경우 "업로딩 완료" 메시지가 출력된다. 오류는 일반적으로 선택한 보드나 시리얼 포트에 문제가 있거나 보드와 컴퓨터가 연결되지 않았을 경우에 발생한다.

그림 8.23. 프로그램 업로드

스케치에 아무 이상이 없다면 텍스트 콘솔에는 컴파일 완료 메시지가 뜰 것이다. 스케치에 문제가 발생했다면 텍스트 콘솔창에 n번째 줄의 어떤 부분이 오류가 발생했으며 그 부분이 왜 오류가 났는지 출력된다. 또한, 그림 8.24과 같이 스케치 에디터에 오류가 생긴 부분에 노란색으로 블록이 생겨난다.

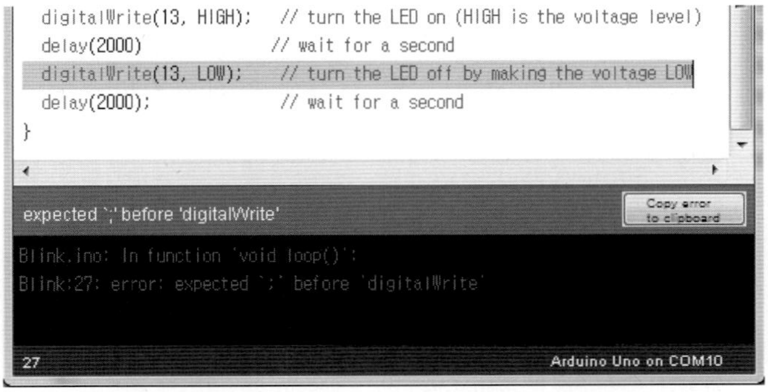

그림 8.24. Blink 스케치 에러 확인

아두이노 보드에 업로드가 완료되면 Arduino 보드의 LED를 확인해 본다. LED는 1초 간격으로 켜졌다 꺼졌다 할 것이다.

Blink 예제 수정하기

다음으로 Blink 예제를 수정해보자. Blink 스케치의 21번째 줄과 23번째 줄의 delay(1000); 구문을 delay(2000); 으로 수정한다.

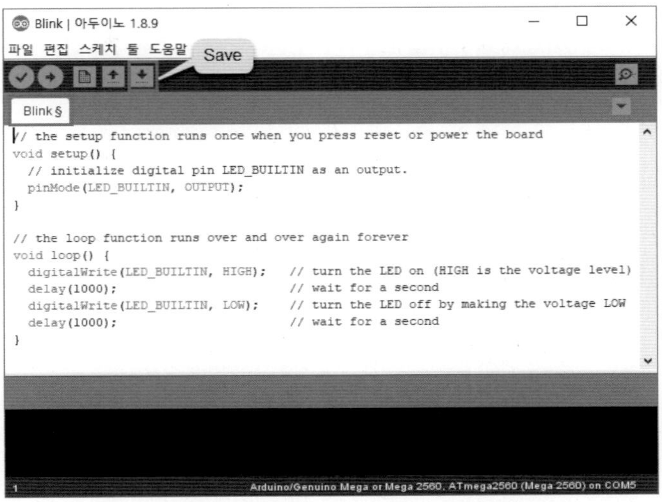

그림 8.25. Blink 스케치 수정하기

Blink 스케치의 코드만 수정하고 저장하지 않으면 Arduino IDE 창의 맨 위에 있는 스케치 이름 뒤에 '§' 기호가 붙는다. 이 표시는 스케치가 수정되었다는 의미이며, 스케치를 저장하게 되면 사라진다. Blink 스케치를 수정하였으므로 " Blink§"로 바뀐 것을 확인할 수 있다. 위의 그림에서 "저장" 버튼을 누르면 스케치의 저장 여부를 묻는 대화상자가 나타나며 이때 앞에서 설정한 "C:\<Arduino IDE 설치 경로>\Arduino" 경로를 지정해주면 스케치가 저장된다. Blink 스케치와 같이 Arduino IDE에서 제공되는 기본 예제들은 읽기 전용으로 설정되어 있어서 예제를 불러와서 사용자가 원하는 대로 수정을 하면 수정된 예제를 새로운 곳에 저장하여야 한다. 저장이 완료되면 아래 그림과 같이 Arduino IDE에서 스케치북을 쉽게 불러올 수 있게 된다.

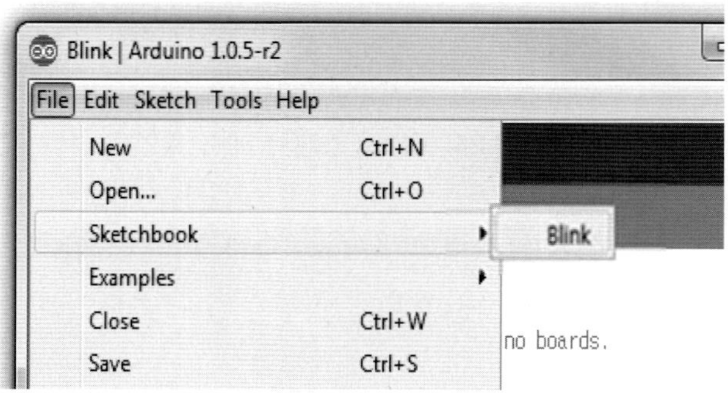

그림 8.26. Arduino IDE 스케치북

수정된 스케치를 Arduino 보드에 업로드 해보자. 이번에는 2초마다 LED가 켜졌다 꺼졌다 하는 것을 확인할 수 있을 것이다.

실험 8.1. 아두이노 IDE 실행

실험목적

아두이노 Uno, 아두이노 Mega 2560를 사용하여 LED Blink 예제를 실행한다.

실험장비

Arduino UNO	Arduino MEGA2560	USB Cable

1. Blink 예제 프로그램 실행하기

- 아두이노 IDE 아이콘을 더블클릭하여 아두이노 IDE를 실행한다.

- LED Blink 스케치 열기

파일(File) > 예제(Examples) > 01.Basics > Blink 를 선택한다.

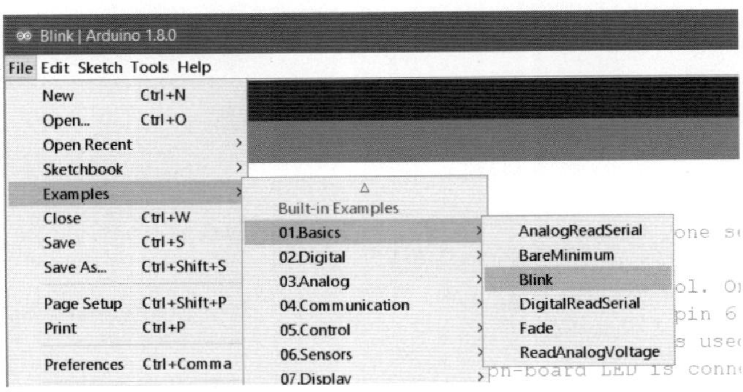

그림 8.27. Blink 스케치 열기

기본 스케치 생성을 완료하면 Arduino IDE는 새로운 창에 스케치가 로드되어 나타난다.

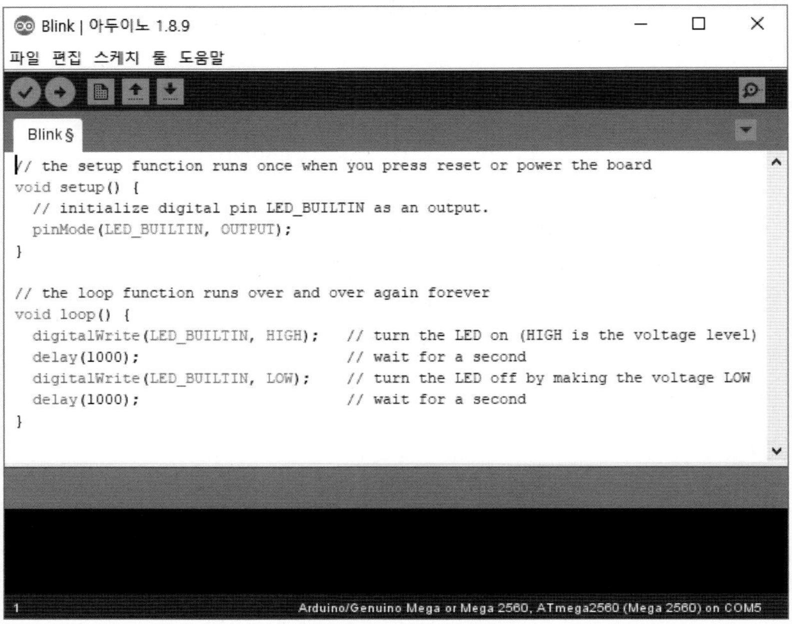

그림 8.28. Blink 스케치

• 아두이노(Arduino) 보드 설정하기

아두이노 IDE의 툴(Tools) > 보드(Board) 메뉴에서 사용중인 아두이노 보드 타입을 선택한다. 아두이노 우노를 사용중인 경우 그림 8.29과 같이 Arduino Uno 보드를 선택한다.

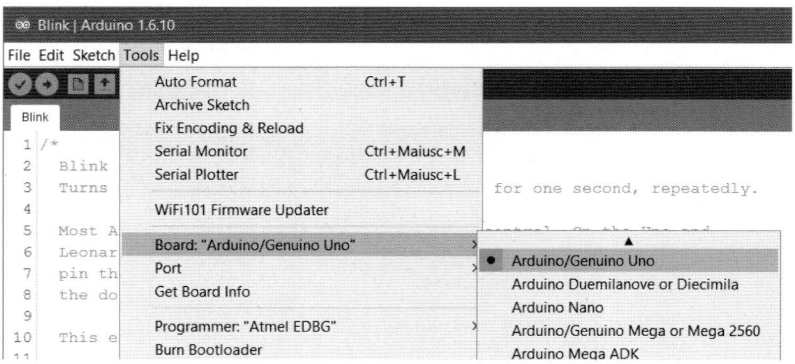

그림 8.29. 아두이노 UNO 보드 타입 선택

- 아두이노 메가 2560을 사용중인 경우 그림 8.30과 같이 Arduino MEGA 2560 보드를 선택한다.

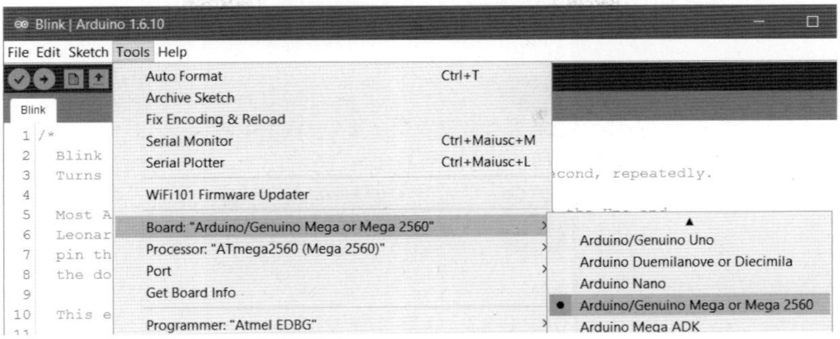

그림 8.30. 아두이노 MEGA2560 보드 타입 선택

- 아두이노 포트 설정하기

아두이노 IDE의 툴(Tools) > 포트(Port) 메뉴에서 사용 중인 아두이노 포트 타입을 선택한다.

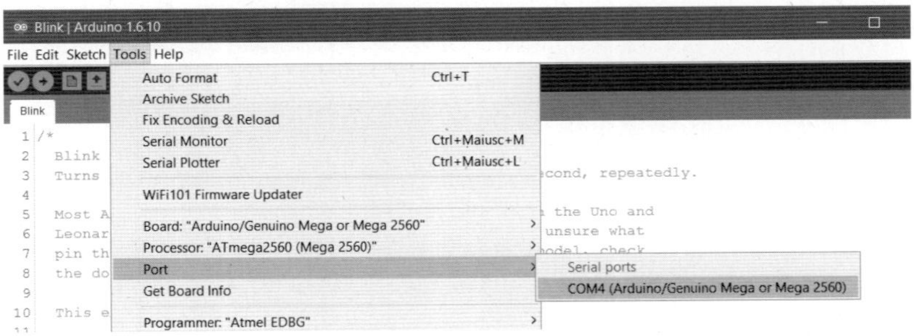

그림 8.31. 아두이노 포트 선택

- 아두이노 프로그래머는 "AVRISP mkII"를 선택한다.

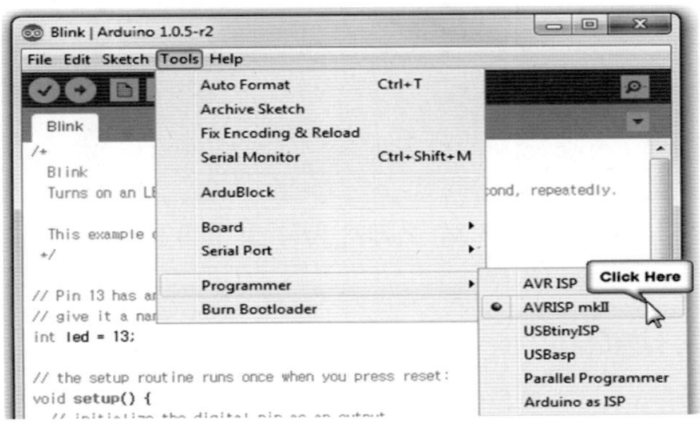

그림 8.32. Arduino 프로그래머 선택

• 스케치 업로드 하기

아두이노 IDE의 “업로드(Upload)” 버튼을 선택하여 스케치를 업로드 한다. Arduino 보드에 업로드가 완료되면 LED는 1초 간격으로 켜졌다 꺼졌다 한다.

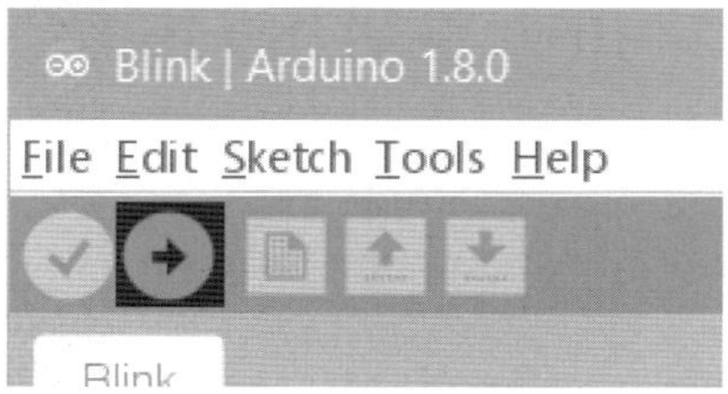

그림 8.33. 프로그래 업로드

• 스케치 수정하기

Blink 예제의 loop() 함수에서 delay(1000); 구문을 delay(2000); 으로 수정한다. 프로그램 수정이 완료되면 아래 그림과 같이 저장 버튼을 클릭하여 저장할 위치를 선택하고 저장해준다. 파일 저장이 완료되면 Verify 버튼을 눌러 컴파일을 실행한다.

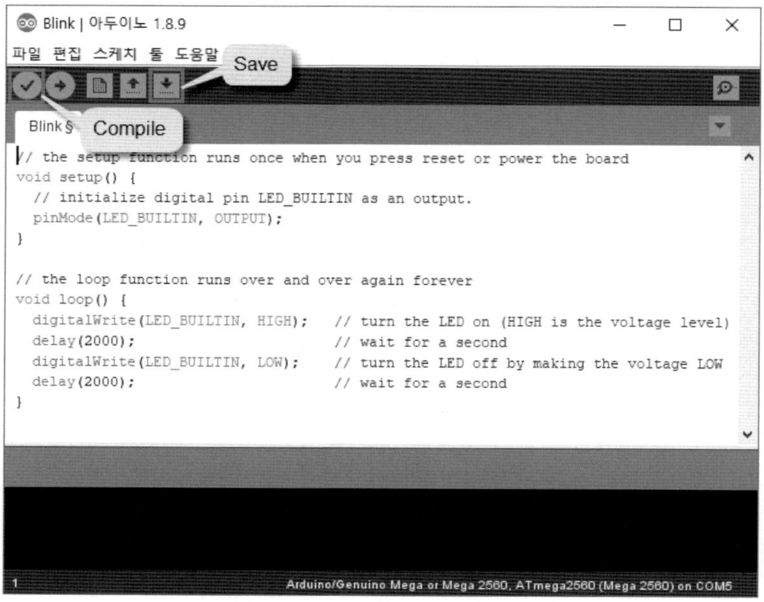

그림 8.34. 스케치 저장 및 컴파일

• 수정된 스케치 실행하기

수정된 스케치를 Arduino 보드에 업로드 해보자. 이번에는 2초마다 LED가 켜졌다 꺼졌다 하는 것을 확인할 수 있을 것이다.

제9장 아두이노 기본 문법

목적

- 아두이노의 기본 문법을 이해한다.
- 아두이노의 제어 구조를 이해한다.
- 아두이노의 지원 함수를 이해하고 활용한다.

9.1. 아두이노 스케치

아두이노(Arduino)에서 일반적으로 프로그램을 스케치(Sketch)라고 부른다. 초기에 주로 아티스트와 디자이너가 사용했기 때문에 아이디어를 빠르고 쉽게 실현할 수 있는 방법이라는 의미로 스케치라는 용어가 사용되었다. 따라서, 스케치(sketch)와 프로그램(program)이라는 용어는 같은 의미로 사용된다. 이 절에서는 아두이노 프로그램의 기본구조와 C언어의 기본구조를 설명하기로 한다.

아두이노(Arduino)는 위에서 언급한 스케치라는 프로그램에 코드를 작성한다. Arduino의 가장 기본 구조는 다음의 3개로 구분되며, 명령구문(structure), 변수(variables)와 상수(constant), 함수(function)이다. Arduino는 C/C++ 기반으로 만들어진 언어이며, 내장된 컴파일러는 개조된 WinAVR 공개버전이다. Arduino의 명령은 표준 C++과 문법이 동일하며, 입출력 전용명령만 조금 상이하다.

Arduino의 구문(Structure)

Arduino 스케치(프로그램)는 다음과 같이 초기화 구문인 setup() 구문과 실제 구동 구문인 loop() 구문으로 구성된다. C 문법에서 제어장치는 소스로 만든 응용 코드로 작동하며, 응용 코드는 소스가 의도한 모든 것을 가지고 있다. 반면에, Arduino의 실행 코드는 전원을 켰을 때 한 번만 실행하면 되는 것이 아니고, 전원을 끄기 전까지는 명령 구문의 집합을 순서대로 무한히 반복하는 loop()의 구조를 사용한다. 만일, 실행 코드가 단 1번만 작동하고 프로그램의 실행이 멈춘다면, 로봇의 프로그램인 경우 한발만 옮기고 더이상 움직이지 않는 결과가 나오게 되는 것이다. 그밖에, 설계자의 의도에 따라 주변의 상태를 검출하여 방향을 바꾸거나 새로운 동작을 하려면, 읽어낸 주변 상태의 조건에 따라서 실행할 몇 개의 실행코드를 준비하고, 입력포트에서 검출된 물리적인 상태를 판단하고 분기처리를 하는 구문을 준비하면 된다.

표 9.1. Arduino 문법 및 일반적인 C 문법

Arduino 문법	일반적인 C 문법

리셋(전원인가 or 리셋 스위치)
setup()
{
  명령 구문 1
  명령 구문 n
}
loop()
{
  명령 구문 1
  명령 구문 n
}
	void setup()
	{
	}
	Int main()
	{
	  *리셋(전원인가 or 리셋 스위치)
	  setup(); // 초기 1회 실행
	  while(1) // 무한 반복
	  {
	    명령구문;
	  }
	}

다음은 두 개의 분기 조건을 처리하는 Arduino의 흐름도이다.

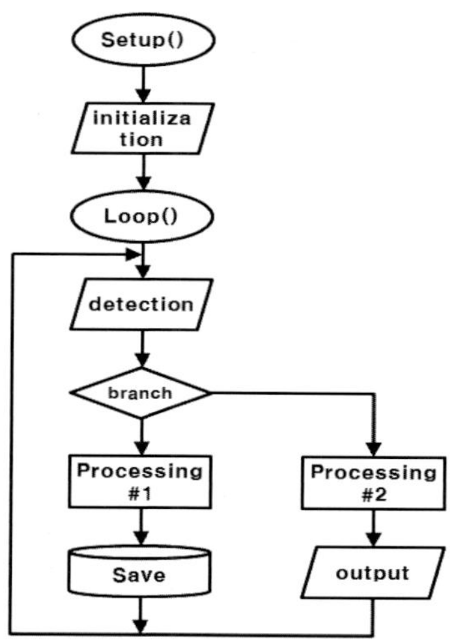

그림 9.1. Arduino 흐름도

Arduino의 흐름도에서 초기화는 생략할 수도 있으며 분기 이후의 처리방법은 설계방법에 따라 달라질 수 있다.

- void setup()

setup()은 Arduino 기판을 준비(초기화)하는 구문이다. Arduino가 리셋 (전원인가, 업로드 완료, 리셋스위치 작동 등) 후에 단 1번만 실행되며, setup()은 언제나 loop()의 위에 있어야 한다. 변수의 초기화, 입출력 핀의 방향(pin Modes), 직렬포트(serial communication) 초기화, 라이브러리의 시작, 타이머, 인터럽트 등을 설정할 수 있다.

- void loop()

setup()의 다음에는 loop() 구문이 오며, loop()는 반복 실행 구문이다. loop() 구문의 마지막 명령줄까지 모두 실행되고 나면 loop()의 처음부터 반복하여 실행한다. loop()는 전원을 끌 때까지 무한히 반복해서 코드를 실행한다. 실행코드의 예를 들면 입력을 읽거나 판단하여 출력을 제어한다.

"void"는 loop()에서 함수를 호출할 때, 자동적으로 함수 안에서 반환되는 변수가 없음을 말하며, ()안에 변수가 없음은 입력되는 변수들이 없다는 것을 말한다. 보통 void 함수로 선언된 함수는, 함수에서 처리할 변수는 모두 지역변수이거나, 외부로 나가거나 외부에서 들어오는 변수는 모두 광역변수(global variable)를 사용한다는 것을 의미한다.

다음은 Blink 예제의 스케치를 통해 setup()과 loop()의 순서와 사용방법 등을 이해하고자 한다.

- 스케치: Blink.ino

```
int led = 13;

void setup() {
  pinMode(led, OUTPUT);
}

void loop() {
  digitalWrite(led, HIGH);
  delay(1000);
  digitalWrite(led, LOW);
  delay(1000);
}
```

9.2. 아두이노 제어 구문

Arduino의 제어 구문은 그림 9.1의 “분기”에 해당하는 구문이다. 이러한 제어 구문은 loop() 함수 내에서 다양한 제어를 위해 사용되며 if, for, switch, while 등의 구문이 사용된다. 제어 구문의 중요한 사항은 조건이다. 조건에 맞으면 다음 구문을 실행하거나 실행하지 않고 넘어가기도 한다. Arduino의 제어 구문은 프로그램 작성에 필수요소이므로 사용법을 소개한다.

1. if

정해진 조건이 맞는지 확인한다. 구조는 다음과 같다.

```
if (Variable > 50) {
  // 여기에 실행할 명령을 넣는다. 예 LED 를 켠다.
}
```

변수 Variable 이 50보다 큰가를 검사한다. 만일 그렇다면, 프로그램이 실행된다. 다시 설명하면 ( )안의 조건문이 만족되면 { }안의 명령구문(statments)을 실행한다. 조건이 아니라면 { }안의 명령을 실행안하고 넘어간다. { }와 달리 실행문이 한 줄인 경우 세미콜론(;)으로 정의된 조건 구문이 오면, 조건이 맞을 때 if 구문 뒤의 명령구문을 실행한다.

```
if (x > 50) digitalWrite(LEDpin, HIGH);
```

줄이 바뀌어도 세미코론(;)으로 정의된 조건 구문이 오면, 조건이 맞을 때 세미콜론이 있는 줄까지 실행한다. 즉 C는 명령구문의 줄은 실행과 전혀 관계가 없으며, 브라켓 { }이나 세미콜론(;)이 구문을 구분하는 기준이다.

```
if (x > 50)
  digitalWrite(LEDpin, HIGH);
```

if 구문의 조건에는 다음의 연산자(operator)를 한 개 이상 사용할 수 있다.

```
x == y;  // x가 y와 같으면 실행
x != y;   // x가 y와 틀리면 실행
x < y;   // x가 y보다 작으면 실행
x > y;   // x가 y보다 크면 실행
x <= y;  // x가 y보다 작거나 같으면 실행
x >= y;  // x가 y보다 크거나 같으면 실행
```

2. if 와 else

기본적인 if 구문의 코드를 확장하여 여러 개의 조건 분기를 함께 한다. 예를 들면, 아날로그 입력이 500보다 작은가를 시험한다면, 다른 처리는 500보다 큰 것으로 된다. 코드는 다음과 같다.

```
if(pinInput < 500) {
  // if() 구문의 분기조건을 만족하면 이곳을 실행한다.
}
else {
  // if() 구문의 분기조건을 만족하지 않으면 이곳을 실행한다.
}
```

3. if 와 else if

if 구문의 처리 이후에 단순히 else의 조건이 1개가 아닌 경우에, 추가로 조건 분기를 한번 더 하려고 한다면, else if 구문을 사용한다. 즉, else if는 2개 이상의 조건으로 분기를 확장할 수 있다.

```
if (pinInput < 500) {
  // 변수 pinInput 값이 500 보다 작으면 A를 실행
}
else if (pinInput >= 1000) {
  // 변수 pinInput 값이 1000 보다 크거나 같다면 B를 실행
}
else {
  // 변수 pinInput 값이 1000 보다 작다면 C를 실행
}
```

4. for

{ }로 된 명령 구문들이 들어있는 구간을 반복하는 구문이다. 일반적으로 반복이 끝날 때까지 카운터를 증가 혹은 감소시키는 반복명령이며, for 반복구문은 다음과 같이 3개의 부분으로 되어 있다.

```
for (initialization; condition; increment) { // for (초기값; 반복조건; 증가값)
  // 반복해서 처리할 명령 구문;
}
```

for 구문에서 사용되는 반복 카운터의 초기값은 처음에 1번만 사용된다. 반복구문용 카운터는 for 구문 실행 시 실행 초기에 초기값으로 되고, for를 매번 반복할 때마다 ( )안의 반복조건을 점검한다. 반복조건이 맞는다면, { } 안의 명령 구문을 실행한다. 그다음은 카운터 값을 증가(or 감소)값만큼 변경시킨다. 위 순서를 ( )안의 조건에 맞을 때까지 반복한다. 만일 반복조건이, 조건이 아닌 상태로 변경되었다면, 여기에서 for 반복구문은 끝나게 된다.

for 구문에는 어떤 반복 명령도 사용할 수 있으며, 가끔은 어레이 명령과 데이터/포트 수집을 혼합하여 사용하는 것도 가능하다. 예를 들면 for의 반복조건으로 (i=0; digiatlREAD(3)==HIGH; i++) 이라고 했다면 반복조건으로 디지털입력 포트 3번을 읽어서 그 값이 HIGH이면 { }의 실행을 반복한다는 뜻이다.

5. switch

switch 구문은 말 그대로 우리가 일상에서 쓰고 있는 스위치와 같다. 거실에 불을 켜려면 특정 스위치를 눌러야 하는 것처럼 특정한 조건에 따라서 프로그램이 동작하게 만드는 조건문이 switch 이다. if 구문과 비슷하지만 두 구문이 각각 장점이 있기 때문에 쓰임새에 맞게 사용되고 있다. 다음은 switch 구문을 사용한 예이다.

```
switch(i) {
  case 1:
    // 처리할 명령구문;
    break;
  case 2:
    // 처리할 명령구문;
    break;
  case 3:
    // 처리할 명령구문;
    break;
  default:
    // 처리할 명령구문;
    break;
}
```

switch 구문의 ( )안에 조건을 비교할 대상을 넣는다. ( )안의 대상과 case 구문 다음의 값이 같을 경우 그에 해당하는 동작을 수행한다. 여기서 각 case마다 있는 break는 제어문 중의 하나이며, 이 break를 만나면 해당 제어문을 빠져나가는 의미이다. 마지막의 default는 if 구문에서 else와 같은 역할을 한다. 앞서 비교한 조건이 각 case에 해당하지 않는 경우에 default에 해당하는 동작을 수행하게 된다.
위 switch 구문을 if 구문으로 작성한 것은 다음과 같다.

```
if(i==1) {
  // 처리할 명령구문;
}
else if(i==2) {
  // 처리할 명령구문;
}
else if(i==3) {
  // 처리할 명령구문;
}
else {
  // 처리할 명령구문;
}
```

이렇게 switch 구문과 if 구문은 동작이 비슷한데 차이점은 무엇인가? 첫 번째는 switch 구문에서는 비교 연산이 올 수 없다. 즉 if (i < 5) 와같이 case i < 5: 는 사용될 수가 없다. 다음으로 가독성의 차이가 있는데 switch 구문이 코드를 읽기에 좀 더 편한 점이 있다.

만약 switch 문에 break 문을 사용하지 않는다면 어떻게 동작하게 될 것인가? 아래 switch 구문에서 i가 1인 경우 왼쪽의 switch 구문에서는 case 1의 처리 구문만 실행하고 switch 구문을 빠져나오게 된다. 하지만 오른쪽의 경우 case 1의 처리 구문을 실행한 후 조건문을 빠져나가지 못해 case 2의 처리 구문도 실행하고 빠져나오게 된다. break 명령은 switch 구문에서 매우 중요하므로 사용 시 유의하기 바란다.

``
switch(i) {
  case 1:
    // 처리할 명령구문;
    break;
  case 2:
    // 처리할 명령구문;
    break;
  case 3:
    // 처리할 명령구문;
    break;
  default:
    // 처리할 명령구문;
    break;
``
	``
	switch(i) {
	  case 1:
	    // 처리할 명령구문;
	  case 2:
	    // 처리할 명령구문;
	    break;
	  case 3:
	    // 처리할 명령구문;
	    break;
	  default:
	    // 처리할 명령구문;
	    break;
	}
	``

6. while

for 구문과 같이 조건이 만족할 동안 { } 내의 명령 구문들을 반복 실행하는 구문이다. while 구문은 다음과 같이 사용되며 ( ) 안에 있는 것이 조건문이다.

```
while(i < 3) {
  // 반복해서 처리할 명령구문;
}
```

for 구문과 달리 초기값은 설정할 수 없으며 초기값을 사용할 때에는 while 문을 실행하기 전에 초기값을 지정하여야 한다. 또한, 증가값이 없으므로 증가값을 사용하려면 반복구문에 증가값을 처리하는 명령을 넣어야 한다.

다음은 for 문과 while 문을 사용하여 똑같은 반복이 되도록 작성한 코드이다. 비교해보고 참고하기 바란다.

```
for(int i=0; i<3; i++) {
  // 반복해서 처리할 명령구문;
}
```

```
int i=0;
while(i < 3) {
  // 반복해서 처리할 명령구문;
  i++;
}
```

7. do while

while 구문과 달리 처리할 명령 구문 먼저 실행한 후 조건을 비교하여 반복 실행하는 구문이다. while 구문은 다음과 같이 사용되며 ( ) 안에 있는 것이 조건문이다. 조건이 맞지 않더라도 명령 구문은 한번 실행되게 된다.

```
do {
  // 반복해서 처리할 명령구문;
} while (i < 3)
```

8. break

현재 실행 중인 조건문 또는 반복문에서 빠져나오는 기능을 하는 명령 구문이다. 조건문인 switch 구문에서는 그 역할을 설명하였다. 반복문에서는 어떻게 사용되는지를 다음 코드로 나타낸다.

```
while(1) {
  // 반복해서 처리할 명령구문;
  if(i < 3) break;
}
```

for 구문이나 while 구문 같은 반복문에서 조건값에 맞지 않으면 무한 루프에 빠지게 되는데 위와 같은 if() 구문을 사용해서 또 다른 조건을 만들어 해당 반복문을 빠져나올 수 있다.

9. continue

현재 실행 중인 반복문에서 continue를 만나면 뒤에 남아있는 부분은 건너뛰고 다시 반복문의 처음으로 되돌아가서 반복문을 수행하게 되는 명령 구문이다. 반복문에 사용되는 코드는 다음과 같다.

```
while(1) {
  // 반복해서 처리할 명령구문;
  i++;
  if(i > 3) continue;
  k++;
}
```

위 코드를 보면 while 구문 안에서 먼저 i 변수를 1 증가시키고 i 가 3이 됐는지 비교하고, 다시 k 변수를 1 증가시킨다. 그러나 i 변수가 3 이상이 되면 continue를 만나서 k++; 명령은 건너뛰고 while 문의 처음으로 돌아간다. 따라서 i 가 3 이상이 되면 더이상 k는 증가하지 않게 된다.

10. return

현재 실행 중인 함수를 종료하고, 원하는 경우 함수 종료 시 해당 값을 반환하는 기능을 한다. 함수 실행 중 return을 만나면 뒤에 남아있는 부분은 건너뛰고 함수가 종료되므로 함수의 종료 시점을 정할 수 있는 유용한 기능을 가진 명령 구문이다.

보통 반환되는 값이 없는 함수는 void를 앞에 붙이게 되는데 이러한 함수인 경우에는 다음과 같이 사용된다.

```
void test() {
  // 명령구문 1;
  return;
  // 명령구문 2;
}
```

위 코드를 보면 함수 test() 안에서 먼저 명령 구문 1을 수행하고 return을 만나서 함수를 종료하게 되어, 명령구문 2는 결국 실행되지 않게 된다.

```
int test() {
  If(i<3) return 1;
  else return 0;
}
```

위 코드를 보면 함수 test() 안에서 i 값을 비교하여 i가 3보다 작으면 함수가 종료되면서 1이 반환되고 3보다 크면 0이 반환된다. 이러한 return 구문은 ADC나 센서값을 읽어오는 함수에서 읽어온 값을 반환할 때 많이 사용되며, 스위치같이 스위치가 눌렸는지 판별할 때 1 또는 0을 반환하는 함수에도 자주 쓰이니 사용법을 잘 알아두기 바란다.

11. goto

프로그램의 표시지점까지 점프하는 구문이다. 아무 조건 없이 goto 다음에 오는 표시지점(label)으로 점프를 하여 표시지점부터 다시 실행하게 된다. goto 문은 실제 프로그램 작성에서 매우 유용한 역할을 하지만, 프로그램이 순차적으로 실행되지 않고 임의로 점프하여 실행되므로 프로그램 가독성이 매우 떨어져 프로그램 수정이 어렵게 되므로 사용 시 유의해야 한다. goto 구문의 사용방법은 다음과 같다.

```
Label :
// 명령구문;
goto label;
i++;
```

9.3. 변수 및 추가 문법

Arduino의 변수(variable)

아두노에서는 다양한 유형의 변수를 사용해서 값을 효율적으로 표현할 수 있다. Arduino에서는 int (integer, 16비트 값) 데이터 유형이 숫자 값에 주로 사용되기는 하지만 다음 표 9.2의 데이터 유형들이 있으니 적합한 데이터 유형을 결정하여 사용하면 된다.

표 9.2. Arduino 데이터 유형

변수유형	크기	범위	용도
int	2	-32768~32767	양수 및 음수 값을 나타낸다.
unsigned int	2	0~65535	int와 유사하지만 양수 값만 나타낸다.
long	4	-2147483648 ~2147483647	매우 큰 범위의 양수 및 음수 값을 나타낸다.
unsigned long	4	0~4294967295	매우 큰 범위의 양수 값을 나타낸다.
float	4	-3.4028235E+38 ~3.4028235E+38	소수점이 있는 숫자를 나타내며, 실제 측정치의 근삿값을 구하는데 사용된다.
double	4	float과 같음	Arduino에서는 double 과 float가 이름만 다를 뿐 동일한 데이터유형이다.
boolean	1	false(0) 또는 rue(1)	true 및 false 값을 나타낸다.
char	1	-128~127	하나의 문자를 나타낸다. -128부터 127사이의 부호 있는 값을 나타낼 수도 있다.
byte	1	0~255	char과 유사하지만 부호 없는 값에만 사용된다.
기타유형	용도		
string	일반적으로 텍스트를 포함할 때 사용되는 문자 배열을 나타낸다.		
void	리턴 되는 값이 없는 함수 선언에서만 사용된다.		

성능이나 메모리 효율성이 필요하지 않은 경우 범위가 적당하고, 소수 값을 사용하지 않아도 된다면 int를 사용하여 선언된 변수를 숫자 값에 사용하는 것이 좋다. 대부분의 Arduino 예제들은 int형을 사용한다.

음수가 필요한 경우도 있기 때문에 숫자 유형에는 signed와 unsigned라는 두 가지 변형이 있다. unsigned 형은 항상 양수이며 signed 형은 부호가 있는 변수로 양수와 음수 둘 다 나타낼 수 있다. 일반적으로 signed든 unsigned든 아무것도 붙지 않으면 signed형 변수이다. unsigned 형은 주로 signed 값의 범위가 원하는 변수 범위와 맞지 않을 경우 사용한다. 부호 없는 변수의 최댓값이 부호 있는 변수의 최댓값보다 2배 크다. boolean 유형에는 true와 false 두 가지 값을 사용할 수 있다. 이 유형의 값은 대개 스위치의 상태(눌려진 상태인지 아닌지)를 검사하는 것과 유사한 상황에서 사용된다. 비슷한 유형으로 Arduino의 코드 중 핀의 출력 상태를 나타내는 방법으로 true와 false 대신에 HIGH와 LOW를 사용한다.

float과 double 유형에는 실수값이 사용된다. 소수점을 포함한 데이터가 사용될 때

쓰이며 측정치의 근사값을 구하는데 사용된다. 주로 센서값 계산 등에 사용된다.

string 유형은 문자열 변수로 Arduino의 프로그램에서 많이 사용된다. string 유형은 실제로는 char 형의 배열 형태로 선언되어 사용된다. 문자열 선언 시 입력한 문자열 끝에 문자열의 끝을 의미하는 널 문자(Null-Terminating Character)가 포함되어 저장된다.

```
char Str1[15];
char Str2[8] = {'a', 'r', 'd', 'u', 'i', 'n', 'o'};
char Str3[8] = {'a', 'r', 'd', 'u', 'i', 'n', 'o', '₩0'};
char Str4[ ] = "arduino";
char Str5[8] = "arduino";
char Str6[15] = "arduino";
```

Further Syntax

1. ;(semicolon)

먼저 ;(semicolon)은 명령의 끝에 사용한다. 예를 들면 아래와 같이 사용하게 된다.

```
int a=13;
```

2. { }

{ }(중괄호)는 C 프로그래밍 언어의 중요한 부분이다. 이는 몇몇 다른 구조에서 사용되는데, 처음 사용하는 사용자들에게 가끔 혼란을 가져다주기도 한다. 열기 중괄호 "{"는 닫는 중괄호 "}"가 반드시 따라와야 한다. for, while, if 문은 아래와 같이 중괄호 사용 시에는 중괄호 안에 모든 내용을 실행하며, 중괄호를 생략하게 되면 ";"으로 구분되는 1개의 명령만 실행한다.

```
if(x>50) {
  //조건부가 참일 때 실행 -> 중괄호 안을 모두 실행
}
else
  //조건부가 거짓일 때 실행 -> 1 줄만 실행
```

3. // 와 /* */

주석은 프로그램에 관한 내용을 다른 사람에게 알리는데 사용하는 것이다. 이는 컴파일러에 의해 무시되며, chip의 공간을 차지하지 않는다. 이를 사용하는 목적은 프로그램의 이해 또는 기억 및 작동 방법을 다른 사람에게 알릴 수 있도록 하기 위한 것이다. 주석을 표시하는 방법은 두 가지가 있다. 첫째 "//"는 한 라인, "/* */"는 여러 라인을 주석으로 사용한다. 여러 라인을 주석으로 처리하기 위해서는 "/*"와 "*/"사이에 내용을 적어 사용하면 된다.

4. #define

#define은 전처리기 지시자에 의해서 처리되는 기능을 총칭하며, 일반적으로 매크로(Macro)라고 한다. C언어에서의 #define으로 정의되는 매크로는 크게 매크로 상수와 매크로 함수로 나뉘게 되는데, 이 #define의 단점이라면, 너무 많이 사용하면 느려지기 때문에 매크로 상수와 같은 경우는 const로 대체하는 것이 좋다. 다음은 #define 매크로를 사용하는 방법이다.

```
#define 상수명 값
ex) #define LEDPIN 13
```

5. #include

#include는 프로그램에서 외부 라이브러리를 포함하는 데 사용된다. 이것은 표준 C 라이브러리의 큰 그룹과 Arduino를 위해 특별히 작성된 라이브러리에 대한 프로그래머 액세스를 제공한다. 참고로 #include와 유사한 #define은 세미콜론(;)이 없다. 이를 추가할 경우 컴파일러는 오류 메시지를 출력한다.

산술 연산자

1. = (assignment operator)

먼저 = (assignment operator)은 왼쪽에 있는 변수에 오른쪽에 있는 값을 저장한다. 이는 대입 연산자라고 한다. 아래와 같은 경우에는 a에 13을 저장하게 된다.

```
a = 13;
```

2. + (addition)

+ (addition)는 두 피연산자의 값을 더한다. 아래와 같은 경우에 4와 3을 더한 값을 a에 저장한다.

```
a = 4 + 3;
```

3. - (subtraction)

- (subtraction)는 왼쪽의 피연산자 값에서 오른쪽의 피연산자 값을 뺀다. 아래와 같은 경우에 4에서 3을 뺀 값을 a에 저장한다.

```
a = 4 - 3;
```

4. * (multiplication)

* (multiplication)는 두 피연산자의 값을 곱한다. 아래와 같은 경우에 4와 3을 곱한 값을 a에 저장한다.

```
a = 4 * 3;
```

5. / (division)

/ (division)는 왼쪽의 피연산자 값을 오른쪽의 피연산자 값으로 나눈다. 아래와 같은 경우에 4를 3으로 나눈 값을 a에 저장한다.

```
a = 4 / 3;
```

6. % (modulo)

% (modulo)는 왼쪽의 피연산자 값을 오른쪽의 피연산자 값으로 나누었을 때의 나머지를 반환한다. 아래와 같은 경우에 4를 3으로 나눈 나머지 값을 a에 저장한다.

```
a = 4 % 3;
```

비교 연산자

1. == (equal to)

== (equal to)는 왼쪽에 있는 변수값과 오른쪽에 있는 변수값이 같은지 비교한다. 같으면 참(true), 다르면 거짓(false)이 된다. 아래와 같은 경우에는 a와 b가 같으면 if문을 실행한다.

```
if(a == b) {
  // action
}
```

2. != (not equal to)

!= (not equal to)는 왼쪽에 있는 변수값이 오른쪽에 있는 변수값과 다른가를 비교한다. 아래와 같은 경우에는 a와 b가 다르면 if문을 실행한다.

```
if(a != b) {
  // action
}
```

3. 〈 (less than)

< (less than)는 왼쪽에 있는 변수값이 오른쪽에 있는 변수값보다 작은가를 비교한다. 아래와 같은 경우에는 a가 b보다 작으면 if문을 실행한다.

```
if(a < b) {
  // action
}
```

4. 〉 (greater than)

> (greater than)는 왼쪽에 있는 변수값이 오른쪽에 있는 변수값보다 큰가를 비교한다. 아래와 같은 경우에는 a가 b보다 크면 if문을 실행한다.

```
if(a > b) {
  // action
}
```

5. <= (less than or equal to)

<= (less than or equal to)는 왼쪽에 있는 변수값이 오른쪽에 있는 변수값보다 작거나 같은가를 비교한다. 아래와 같은 경우에는 a가 b보다 작거나 같으면 if문을 실행한다.

```
if(a <= b) {
  // action
}
```

6. >= (greater than or equal to)

>= (greater than or equal to)는 왼쪽에 있는 변수값이 오른쪽에 있는 변수값보다 크거나 같은가를 비교한다. 아래와 같은 경우에는 a가 b보다 크거나 같으면 if문을 실행한다.

```
if(a >= b) {
  // action
}
```

논리 연산자

1. && (and)

&& (and)는 왼쪽과 오른쪽이 모두 참일 경우에 1을 반환한다. 아래와 같은 경우에는 a와 b가 참이면 if문을 실행한다.

```
if(a && b) {
  // action
}
```

2. || (or)

|| (or)는 왼쪽이나 오른쪽이 참, 즉 하나이상이 참일 경우 1을 반환한다. 아래와 같은 경우에는 a 또는 b가 참이면 if문을 실행한다.

```
if(a || b) {
   // action
}
```

3. ! (not)

! (not)은 변수가 참이면 0, 거짓이면 1을 반환한다. 아래와 같은 경우에는 a가 거짓이면 if문을 실행한다.

```
if(!a) {
   // action
}
```

포인터 접근 연산자

1. * (dereference operator)와 & (reference operator)

먼저 *(dereference operator)는 참조연산자로 해당 변수의 저장된 값을 참조한다. 그리고 &(reference operator)는 주소 연산자로 해당 변수의 주소값을 참조한다. 아래와 같이 예를 들어보자.

```
int a, b=20, *c, *d;
c = &a;    // c 에 a 의 주소 값을 저장한다.
*c = 30;    // c 에 저장된 값의 주소에 30 을 저장한다.
            // 이는 a 에 30 을 저장한 것과 같다.
d = &b;    // d 에 b 의 주소 값을 저장한다.
```

비트 연산자

1. & (bitwise and)

& (bitwise and)는 왼쪽과 오른쪽 값을 비트별 and 연산하여 반환한다.

2. | (bitwise or)

| (bitwise or)는 왼쪽과 오른쪽 값을 비트별 or 연산하여 반환한다.

3. ^ (bitwise xor)

^ (bitwise xor)는 왼쪽과 오른쪽 값을 비트별 xor 연산하여 반환한다. 아래의 표는 a와 b의 값에 따라 and, or, xor한 결과값이다.

표 9.3. and, or, xor 연산 결과값

입력 값		출력 값		
a	b	and	or	xor
0	0	0	0	0
0	1	0	1	1
1	0	0	1	1
1	1	1	1	0

예를 들어 다음과 같이 8bit의 값을 and, or, xor 연산을 해보자. a는 0x55, b는 0xAF라 하면 a & b 연산한 값은 0x05이고, a | b 연산한 값은 0xFF이며, a ^ b 연산한 값은 0xFA가 된다.

4. ~ (bitwise not)

~ (bitwise not)은 비트별 값을 0이면 1, 1이면 0으로 변환하여 반환한다. a를 0x5A라 하면, ~a 연산한 값은 0xA5가 된다.

5. << (bit shift left)

<< (bit shift left)는 각각의 비트를 좌측으로 이동한다. a는 0x5A일 때 a << 1 연산한 값은 0xB4가 되고, a<<3 연산을 할 경우에 주의하여야 할 것은 a의 변수 형태이다. 이 때 a의 변수형태가 16bit 이상일 경우에는 0x2D0이 되고, 8bit일 경우에는 0xD0이 된다.

6. >> (bit shift right)

>> (bit shift right)는 각각의 비트를 우측으로 이동한다. a가 0x5A일 때 a >> 2 연산

한 값은 0x16이 된다.

복합 연산자

1. ++ (increment)

++ (increment)는 변수의 값을 1 증가시킨다.

2. -- (decrement)

-- (decrement)는 변수의 값을 1 감소시키다.

3. += (compound addition)

+= (compound addition)는 좌측변수와 오른쪽의 값을 더하여 좌측변수에 저장한다.

4. -= (compound subtraction)

-= (compound subtraction)은 좌측변수에서 오른쪽의 값을 뺀 후 좌측변수에 저장한다. 아래와 같이 ++, --, +=, -= 연산자에 대해 예를 들어보자.

```
a++; -> a += 1; -> a = a + 1;    // a 값을 1 증가하여 a에 저장
a--; -> a -= 1; -> a = a - 1;    // a 값을 1 감소하여 a에 저장
```

5. *= (compound multiplication)

*= (compound multiplication)은 좌측의 변수와 오른쪽의 값을 곱하여 좌측변수에 저장한다.

6. /= (compound division)

/= (compound division)은 좌측의 변수에서 오른쪽의 값을 나눈 후 좌측변수에 저장한다. 아래와 같이 *=, /= 연산자에 대해 예를 들어보자.

```
a *= b; -> a = a * b;           // a와 b를 곱한 값을 a에 저장
a /= b; -> a = a / b;           // a에서 b를 나눈 값을 a에 저장
```

7. &= (compound bitwise and)

&= (compound bitwise and)는 왼쪽의 변수와 오른쪽의 값을 & 연산하여 좌측변수에 저장한다.

8. |= (compound bitwise or)

|= (compound bitwise or)은 왼쪽의 변수와 오른쪽의 값을 | 연산하여 좌측변수에 저장한다. 아래와 같이 &=, |= 연산자에 대해 예를 들어보자.

```
a &= b; -> a = a & b;        // a 와 b 를 & 연산한 값을 a 에 저장
a |= b; -> a = a | b;        // a 와 b 를 | 연산한 값을 a 에 저장
```

9.4. 상수

상수

1. HIGH | LOW

HIGH, LOW는 pin이 취할 수 있는 유일한 두 가지 값이다. HIGH의 의미는 핀의 입력 또는 출력 설정에 따라 차이가 있다. pin 설정을 입력으로 하고 pin을 읽으면 3V (V_{DD} = 5V) 이상의 전압이 핀에 존재하는 경우 HIGH로 인식한다. 또한, 입력 설정 상태에서 출력 값을 HIGH로 했을 경우 내부 풀업저항을 설정한다. pin 설정을 출력으로 하고 출력 값을 HIGH로 설정할 경우 pin은 5V가 된다.

LOW는 입력 또는 출력 설정에 따라 다른 의미가 있다. pin 설정을 입력으로 하고 pin을 읽으면 전압이 1.5V (V_{DD} = 5V) 이하인 경우 LOW로 인식한다. pin 설정을 출력으로 하고 출력값을 LOW로 설정하였을 경우 pin은 0V가 된다.

2. INPUT | OUTPUT | INPUT_PULLUP

INPUT, OUTPUT, INPUT_PULLUP은 pin 설정에 관한 것이다. pin 설정을 INPUT으로 하면 pin은 입력으로 설정되고, high-impedance 상태가 되며, 센서값을 읽기에 유용하지만 LED를 동작시킬 수는 없다. 이때 이 pin에 종종 pull-up 및 pull-down 저항을

연결해야 하는 경우가 있다. OUTPUT으로 하면 해당 pin은 출력으로 설정되고, low-impedance 상태가 된다. 이는 LED의 동작에 유용하나 센서값을 읽기에는 사용하지 않는다. INPUT_PULLUP으로 하면 해당하는 pin은 입력으로 설정하고, MCU의 내부에서 pull-up 저항을 연결한다.

3. true | false

Arduino 언어에는 참과 거짓을 표현하는데 사용되는 두 상수 true, false가 있다. false는 0으로 정의된다. 그리고 true는 보통 1로 정의하지만, 더 넓은 정의가 될 수 있다고 한다. 0이 아닌 모든 정수는 논리적 의미에서 true이다. true와 false는 HIGH, LOW, INPUT & OUTPUT과 달리 소문자로 되어있다.

4. 정수형 상수

정수형 상수는 123처럼 프로그램에서 직접 사용할 수 있다. 표현할 수 있는 범위는 단어의 길이에 따라 정해진다. 일반적으로 정수형 상수는 10진수 정수로 처리한다. 그러나 특별한 표기법에 따라 다른 형태의 숫자를 입력할 수 있다. 정수형 상수는 4가지로 표현된다. 2진수, 8진수, 10진수 그리고 16진수로 표현된다. Decimal은 10진수이다. 10진수는 우리가 일반적으로 쓰는 수를 의미한다. 2진수는 0과 1로 표현하여 사용하는 수이다. 이는 숫자 앞에 B를 써서 표현한다. 8진수는 0~7로 표현하여 사용하는 수이다. 이는 숫자 앞에 0을 붙인다. 16진수는 0~9 그리고 A~F까지 표현하여 사용하는 수이다. 이는 숫자 앞에 0x를 붙인다. 아래 표는 2진수, 8진수, 10진수, 16진수를 표현한 것이다.

표 9.4. 정수형 상수 표현방법

	2진수	8진수	10진수	16진수
123	B1111011	0173	123	0x7B
203	B11001011	0313	203	0xCB

5. 부동 소수점형 상수

부동 소수점형 상수는 코드를 더 알아보기 쉽도록 하는데 사용된다. 부동 소수점형 상수는 과학적 표기법으로 다양하게 표현될 수 있다. 'E'와 'e'는 모두 유효한 지수의 지표로 사용할 수 있다. 아래 표는 부동 소수점형 상수 표기 방법이다.

표 9.5. 부동 소수점형 상수 표현방법

일반적 표현	또 다른 표현	부동 소수점형 상수
10	10	10.0
234000	2.34 * 10^5	2.34E5
0.000067	6.7 * 10^-5	6.7E-5

데이터 타입

1. void

void 키워드는 함수 선언에 사용된다. 이 함수는 자신을 호출한 함수에 반환할 정보가 없음을 나타낸다. 아래와 같이 사용할 수 있다.

```
void setup() {
    //...
}
void loop() {
    //...
}
```

2. boolean

boolean은 true 또는 false 두 가지 값 중 하나를 갖는다. 각 boolean 변수는 메모리의 byte를 차지한다.

3. char

char는 문자 값을 저장하는 메모리의 1byte를 차지하는 데이터 형식이다. 'A'처럼 문자형 리터럴은 작은 따옴표로 작성된다. 여러 문자열은 "ABC"처럼 큰 따옴표로 나타낸다. 이러한 문자는 변수에 저장할 때, 숫자로 저장된다. ASCII 표에서 특정 인코딩을 확인할 수 있다. 이는 문자의 ASCII 값으로 문자의 연산을 수행하는 것이 가능하다는 의미이다. 문자 데이터 유형은 −128에서 127까지의 숫자를 인코딩하여 아스키 코드로 표현한 것이다.

4. unsigned char

unsigned char는 메모리의 1byte를 차지하는 부호 없는 데이터 형식이다. byte의 데이터 형식과 동일하다. 0에서 255까지의 수로 표현된다. byte는 0에서 255까지의 8bit 부호 없는 수를 저장한다.

5. int

int는 정수 저장에 대한 기본 데이터 유형이다. 이 유형은 MCU에 따라 저장 범위가 다르다. Arduino 우노 및 기타 ATmega 기반 MCU에서의 int는 -215에서 215-1까지의 범위를 갖는 16비트 값으로 저장한다. Arduino due에서의 int는 -231에서 231-1까지의 범위를 갖는 32비트 값으로 저장한다.

6. unsigned int

unsigned int는 int형과 거의 같으며, 부호가 없는 수를 표시한다. Arduino 우노 및 기타 ATmega 기반 MCU에서는 0에서 216-1까지의 범위를 갖는 2byte 값이다. 그리고 due에서는 0에서 232-1까지의 범위를 갖는 4byte 값이다.

7. word

word는 0에서 65535까지의 부호가 없는 16bit 값을 저장한다.

8. long

long은 -231에서 231-1까지의 범위를 갖는 32bit 값을 저장한다.

9. unsigned long

unsigned long은 0에서 232-1까지의 범위를 갖는 32bit 값이다.

10. short

short는 16bit 데이터 형으로 -215에서 215-1까지의 범위를 갖는 2byte 값으로 저장한다.

11. float

float은 부동소수점 숫자 데이터 형식으로 소수점이 있는 숫자이다. 정수보다 큰 해상도를 가지고 있기 때문에 부동소수점 숫자는 종종 아날로그 및 연속 값에 근접하는데 사용된다. -3.4028235e+38에서 3.4028235e+38까지의 범위를 갖는 4byte 값으로 저장된다. float은 정확하지 않으며 비교하면 이상한 결과를 얻을 수 있다. 예를 들어 "6.0 / 3.0" 은 2.0과 동일하지 않을 수 있다. float은 integer 연산보다 훨씬 느리므로 동작시간이 중요한 경우에는 사용을 피해야 한다.

12. double

double은 Arduino 우노 및 기타 ATmega 기반 MCU에서는 float과 동일하다. 그리고 due에서는 8byte로 저장된다.

Conversion

1. char( )

char()는 char형으로 값을 변환한다. char형이 아닌 다른 형의 값을 char형으로 변환하여 반환된다. char 범위를 벗어나는 값은 버린다. 즉, int형을 char형으로 변환하면 맨 하위의 한 바이트만 변환되고 나머지는 버린다.

2. byte( )

byte()는 byte형으로 값을 변환한다. byte형이 아닌 다른 형의 값을 byte형으로 변환하여 반환한다.

3. int( )

int()는 int형으로 값을 변환한다. int형이 아닌 다른 형의 값을 int형으로 변환하여 반환한다. int보다 크기가 작은 char나 byte를 int로 변환하면 최하위 바이트만 채워지고, 나머지는 부호에 맞는 값이 들어간다. 0보다 클 경우에는 0으로 채워지고, 0보다 작을 경우에는 1로 채워진다.

4. word( )

word()는 word형으로 값을 변환한다. word형이 아닌 다른 형의 값을 word형으로 변환하여 반환한다.

5. long( )

long()는 long 형으로 값을 변환한다. long 형이 아닌 다른 형의 값을 long 형으로 변환하여 반환한다.

6. float( )

float()는 float 형으로 값을 변환한다. float 형이 아닌 다른 형의 값을 float 형으로 변환하여 반환한다.

Variable Scope & Qualifiers

1. variable scope

variable scope는 C 프로그래밍 언어에서 변수의 범위라는 속성이 있다. 전역변수는 프로그램의 모든 함수에서 볼 수 있고, 지역변수는 선언된 함수에서만 볼 수 있다. 크고 복잡한 프로그램을 작성할 때, 지역변수는 하나의 함수에서만 변수에 접근할 수 있는 유용한 방법이다. 하나의 함수가 실수로 다른 함수에 의해 사용되는 변수를 수정할 때 발생할 수 있는 프로그램 오류를 방지할 수 있다.

```
int gPWMval; //global variables

void setup() {
  // ...
}

void loop() {
  int i;  // local variables I -> loop only
  float f; // local variables f -> loop only
  // ...
  for(int j=0; j<100; j++) {
    // local variables j -> for-loop only
  }
}
```

2. static

static 키워드는 오로지 하나의 함수에서 볼 수 있는 변수를 만드는 데 사용된다. 그러나 함수가 호출될 때마다 생성 및 파기되는 지역변수와 달리, 함수 호출 및 종료 시에도 데이터는 보존되고 지속된다. static으로 선언된 변수는 함수가 처음 호출될 때 초기화된다.

3. volatile

volatile은 변수 정성자라는 키워드이며, 일반적으로 변수의 데이터 형 이전에 사용된다. 동시에 실행되는 스레드 등이 나타나는 코드에서 제어할 수 없는 무언가에 의해 변경될 수 있을 때마다 변수는 volatile로 선언해야 한다.

4. const

const 키워드는 상수를 의미한다. 이것은 변수를 읽기 전용으로 만드는 변수 정성자이다. 이 키워드의 의미는 변수로써 사용될 수 있지만, 그 값을 변경할 수 없음을 의미한다. const 변수에 값을 할당하려고 하면 컴파일러 오류가 발생한다.

Utilities

1. sizeof( )

sizeof() 연산자는 가변형의 바이트 수 또는 배열이 차지하는 바이트 수를 반환한다.

9.5. 아두이노 지원 함수

Digital I/O

1. pinMode( )

pinMode() 함수는 특정 핀을 입력 또는 출력으로 설정한다. 디지털 값을 읽거나(입력) 쓰도록(출력) 핀을 설정한다. 함수는 pinMode(pin, mode)의 형태로 사용한다. 여기서 pin은 mode를 설정하고자 하는 핀의 번호를 의미하며, mode는 INPUT, OUTPUT, INPUT_PULLUP이 있다.

2. digitalWrite( )

digitalWrite()는 데이터를 출력하기 위한 함수이다. 디지털 핀에 HIGH 또는 LOW

를 쓴다. 함수는 digitalWrite(pin, value)의 형태로 사용한다. pinMode()함수에 의해 OUTPUT으로 설정되어 있을 경우에는 value 값에 따라 설정된다. 그 값이 HIGH일 경우에는 5V (V_{DD} = 5V), LOW일 경우 0V가 된다.

3. digitalRead( )

digitalRead()는 데이터 입력 값을 읽어오는 함수이다. 지정된 디지털 핀으로부터 HIGH 또는 LOW 값을 읽는다. 함수는 digitalRead(pin)의 형태로 사용한다.

Analog I/O

1. analogRead( )

analogRead(uint8_t pin) 함수는 지정된 아날로그 핀에서 변환된 값을 읽는다. 아두이노 Mega 2560에는 16채널의 10bit ADC 변환기가 포함되어 있다. 10bit ADC는 0에서 5V 사이의 입력 전압을 0에서 1023 사이의 정수값으로 표현한 것을 의미한다. 단위(1)당 "5V/1024" 단위 또는 0.0049V(4.9mV)의 해상도를 얻을 수 있다. 이 함수는 약 100us의 시간이 걸린다. 최대 읽기 속도는 1초에 약 10000회이다. 이 함수는 아날로그 핀에서만 사용할 수 있다.

2. analogWrite( ) - PWM

analogWrite(uint8_t pin, int value) 함수는 지정된 핀에 PWM 파형을 출력합니다. pin은 출력할 핀 번호이고 value는 PWM의 듀티(duty) 사이클을 설정하는 값이다. 듀티 사이클은 0~255까지이다. PWM 신호의 주파수는 490Hz이다. 아두이노 Mega 2560의 경우 핀2~핀13과 핀44~핀46이 PWM을 지원한다. 그리고 이 함수는 아날로그 핀 및 analogRead() 함수와는 관련이 없다.

고급 I/O

1. tone( )

tone(uint8_t pin, unsigned int frequency, unsigned long duration = 0) 함수는 지정된 핀에 50% 듀티 사이클과 지정된 주파수를 가지는 구형파를 출력한다. pin은 구형파를 출력할 핀 번호이며, frequency는 구형파의 주파수이고, duration는 구형파의 출력

지속시간(ms)이다. 톤을 재생할 수 있는 피에조(piezo) 부저나 스피커를 연결하여 사용할 수 있다. 지속시간을 지정하지 않으면 noTone() 함수가 호출될 때까지 출력이 계속된다.

tone() 함수를 이용해 구형파 출력 시 동시에 하나의 구형파만 출력이 가능하다. tone() 함수는 신호 출력을 위해 타이머를 사용한다. PWM 신호를 출력하는 디지털 핀 중 3번과 11번 핀 역시 동일한 타이머를 사용하므로 tone() 함수를 사용할 경우에는 3번과 11번 핀에 PWM 신호를 출력할 수 없다.

2. noTone( )

noTone(uint8_t pin) 함수는 tone() 함수에 의해 시작된 구형파의 출력을 멈추게 하는 함수이다. 여러 핀으로 tone() 함수를 사용하기 위해 현재 사용중인 핀에 대하여 noTone() 함수를 호출하고 다른 핀에 대하여 tone() 함수를 호출하여야 한다.

3. shiftOut( )

shiftOut(uint8_t dataPin, uint8_t clockPin, uint8_t bitOrder, uint8_t value) 함수는 지정한 데이터 값을 비트 단위로 출력하는 함수이다. 출력 순서는 bitOrder 설정에 따라 MSB(most significant bit), LSB(least significant bit)부터 출력이 가능하며, dataPin으로 비트가 출력된 후에는 clockPin으로 펄스(HIGH 값 → LOW 값 순서)가 출력되어 데이터 비트가 출력되었음을 알린다. 연결된 장치가 상승에지(rising edge)에서 동기화되는 장치라면 클록 핀은 데이터가 전송되기 전에 digitalWrite(clockPin, LOW) 함수를 호출하여 LOW 상태로 만든 후 전송을 시작해야 한다. dataPin과 clockPin은 shiftOut() 함수를 사용하기 이전에 pinMode() 함수를 통해 출력으로 설정되어야 한다. shiftOut() 함수는 바이트 단위의 출력 함수이므로 255 이상의 값을 출력하기 위해서는 바이트 단위로 나누어 함수를 호출해야 한다.

shiftOut() 함수는 소프트웨어를 통한 통신 함수의 구현이며, 하드웨어를 통한 구현은 SPI(Serial Peripheral Interface) 라이브러리를 통해 제공된다. SPI 라이브러리는 속도면에서 빠르기는 하지만 SPI를 위한 전용 핀(50, 51, 52번)을 사용해야만 하는 단점이 있다.

4. shiftIn( )

uint8_t shiftIn(uint8_t dataPin, uint8_t clockPin, uint8_t bitOrder) 함수는 비트 단위

로 데이터를 입력받으며, bitOrder 설정에 따라 MSB(most significant bit), LSB(least significant bit)부터 입력을 받을 수 있다. clockPin이 HIGH 상태로 바뀐 후 입력이 이루어지며, 입력이 완료되면 clockPin은 LOW 상태로 바뀐다. shiftIn() 함수는 shiftOut() 함수와 마찬가지로 소프트웨어를 통해 구현된 통신 함수이다.

5. pulseIn( )

unsigned long pulseIn(uint8_t pin, uint8_t value, unsigned long timeout = 1000000L) 함수는 지정한 핀으로부터 HIGH 또는 LOW 펄스를 읽어 들인다. value를 HIGH로 지정하면 지정한 핀이 HIGH 상태로 바뀐 후 다시 LOW 상태로 바뀔 때까지의 시간을 마이크로초 단위로 반환한다. 지정한 타임아웃 시간 이전에 펄스가 감지되지 않으면 0을 반환한다. pulseIn() 함수는 10us에서 3분 정도 길이의 펄스를 측정하기 위해 사용할 수 있다.

Time

1. millis( )

millis() 함수는 현재의 프로그램이 시작한 이후의 ms 단위의 시간을 반환한다. 이 값은 약 50일 이후에 다시 0으로 된다.

2. micros( )

micros() 함수는 현재의 프로그램이 시작한 이후의 us 단위의 시간을 반환한다. 이 값은 약 70분 이후 다시 0으로 된다.

3. delay( )

delay() 함수는 일정 시간을 지연한다. 함수는 delay(ms)의 형태로 사용되면 ms의 milliseconds 시간만큼 프로그램을 일시 중지한다.

4. delayMicroseconds( )

delayMicroseconds() 함수는 일정 시간을 지연한다. 함수는 delayMicroseconds(us)의 형태로 사용되면 us의 micorseconds 시간만큼 프로그램을 일시 중지한다.

Math

1. min( )

min() 함수는 두 숫자 중에서 최소값을 반환한다. 함수는 min(x, y)의 형태로 사용되며 x와 y 값을 비교하여 작은 수를 반환한다.

2. max( )

max() 함수는 두 숫자 중에서 최대값을 반환한다. 함수는 max(x, y)의 형태로 사용되며 x와 y 값을 비교하여 큰 수를 반환한다.

3. abs( )

abs() 함수는 숫자의 절대값을 계산하여 반환한다. 함수는 abs(x)의 형태로 사용되며 값이 0보다 크거나 같으면 x값을 반환하고, 0보다 작으면 -x값을 반환한다.

4. constrain( )

constrain() 함수는 지정된 범위의 값을 반환한다. 함수는 constrain(x, a, b)의 형태로 사용되며 x값을 비교하여 a에서 b까지 범위의 값을 반환한다. x가 a 값보다 작으면 a, b보다 크면, b, a와 b사이의 값이면 x를 반환한다.

5. map( )

map() 함수는 입력 값을 현재 지정한 범위에서 다시 지정된 범위의 값으로 환산하여 반환한다. 입력 값은 현재 지정한 범위를 제한하지 않는다. 함수는 map(value, fromLOW, fromHIGH, toLOW, toHIGH)의 형태로 사용된다. 이는 fromLOW에서 fromHIGH의 값을 toLOW에서 toHIGH의 값으로 변환한다. value값이 fromLOW와 fromHIGH값의 범위를 벗어나도 그 벗어난 크기에 비례하게 변환되어 반환된다.

6. pow( )

pow() 함수는 거듭제곱한 숫자 값을 계산한다. 함수는 pow(x, exponent)의 형태로 사용되며 $x^{exponent}$로 계산되어 반환한다.

7. sqrt( )

sqrt() 함수는 숫자의 제곱근을 계산한다. 함수는 sqrt(x)의 형태로 사용되며 $\sqrt{x}$ 로 계산되어 반환한다.

삼각 함수

1. sin( )

sin() 함수는 라디안 각도의 사인 값을 계산한다. 결과는 -1에서 1사이에 있다. 함수는 sin(rad)의 형태로 사용되며 radians의 값을 입력하고 -1에서 1사이의 결과값을 반환한다.

2. cos( )

cos() 함수는 라디안 각도의 코사인 값을 계산한다. 결과는 -1에서 1사이에 있다. 함수는 cos(rad)의 형태로 사용되며 radians의 값을 입력하고 -1에서 1사이의 결과값을 반환한다.

3. tan( )

tan() 함수는 라디안 각도의 탄젠트 값을 계산한다. 결과는 -∞에서 ∞사이에 있다. 함수는 tan(rad)의 형태로 사용되며 radians의 값을 입력하고 -∞에서 ∞사이의 결과값을 반환한다.

Random numbers

1. randomSeed( )

randomSeed(unsigned int seed)는 의사(Pseudo) 난수 생성기를 초기화하는 함수이다. 의사 난수열은 매우 긴 숫자열로 시작 위치가 동일하면 동일한 순서의 값을 얻게 된다. 따라서 의사 난수의 시작점이 되는 시드 결정이 중요하다. 시드는 외부 회로가 연결되지 않은 아날로그 핀으로부터 무작위 값을 입력받아 사용하는 것이 가장 간단한 방법이다. 예를 들어, 아날로그 핀 A0에 회로가 연결되지 않은 경우 analogRead(A0)의 반환값을 시드(seed)로 사용할 수 있다. 반대로 디버깅을 위해서는 동일한 순서의 의사 난수 값이 필요할 수 있으며, 이 경우 시드 값을 고정된 값으로 설정함으로써 가능하다.

2. random( )

random(long min, long max) 는 의사 난수를 생성하는 함수이다. 난수의 생성 범위는 min~max-1까지의 값이 되며 min 값을 지정하지 않을 경우 최소값은 0으로 설정된다.

비트 조작 함수

1. lowByte( )

lowByte() 함수는 하위바이트 값을 반환한다. 함수는 lowByte(x)의 형태로 사용되며 x와 0xff의 and 연산한 값을 반환한다.

2. highByte( )

highByte( ) 함수는 상위바이트 값을 반환한다. 함수는 highByte(x)의 형태로 사용되며 x를 오른쪽으로 8번 쉬프트 한 후 다시 0xff와 and 연산한 값을 반환한다.

3. bitRead( )

bitRead() 함수는 숫자의 비트 값을 읽어 반환한다. 함수는 bitRead(value, bit)의 형태로 사용되며 value 값의 bit번째 비트 값을 읽어 반환한다. bit는 최하위 비트가 0부터 시작한다.

4. bitWrite( )

bitWrite() 함수는 숫자 변수의 지정 비트에 값을 저장한다. 함수는 bitWrite(value, bit, w)의 형태로 사용되며 value 변수의 bit번째 비트에 w를 저장한다.

5. bitSet( )

bitSet() 함수는 숫자 변수의 지정 비트를 1로 저장한다. bitSet(value, bit)의 형태로 사용되면 value 값의 bit번째 비트에 1을 저장한다.

6. bitClear( )

bitClear() 함수는 숫자 변수의 지정 비트를 0으로 저장한다. bitClear(value, bit)의 형태로 사용되면 value 값의 bit번째 비트에 0을 저장한다.

7. bit( )

bit() 함수는 지정 비트를 1로 저장한다. bit(bit)의 형태로 사용되며 bit번째의 비트를 1로 저장하여 반환한다.

외부 인터럽트

1. attachInterrupt( )

attachInterrupt() 함수는 인터럽트가 발생할 때 호출할 인터럽트 서비스 루틴(ISR)을 지정한다. 함수는 attachInterrupt(pin, ISR, mode)의 형태로 사용되며 pin은 핀번호를 의미하고 ISR은 인터럽트 발생시 호출될 인터럽트 서비스 루틴이다. 그리고 mode는 LOW, HIGH, CHANGE, RISING, FALLING으로 설정한다.

```
int pin = 13;
int pin_interrupt = 10
int state = LOW;

void setup() {
  pinMode(pin, OUTPUT);
  attachInterrupt(pin_interrupt, blink, CHANGE);
}

void loop() {
}

void blink() {
  state = !state;
  digitalWrite(pin, state);    // pin 핀이 state 값에 따라 HIGH/LOW 값이
된다.
}
```

2. detachInterrupt( )

detachInterrupt() 함수는 지정된 인터럽트를 해제한다. 함수는 detachInterrupt(pin)의 형태로 사용되며 pin의 핀번호에 해당하는 인터럽트를 해제한다.

인터럽트

1. interrupts( )

interrupts() 함수는 noInterrupts() 함수에 의해 금지된 인터럽트의 발생을 허용한다. 인터럽트를 허용하게 되면 인터럽트에 의한 작업이 우선 처리되어 작업의 순서와 시간에 변화가 발생하므로 중요한 작업을 위해 인터럽트는 일시적으로 금지할 수 있다.

2. noInterrupts( )

noInterrupts() 함수는 인터럽트의 발생을 금지시킨다. interrupts() 함수를 통해 인터럽트 발생을 다시 허용할 수 있다.

Serial

Serial은 Arduino 보드나 컴퓨터와 기타 장치 사이의 통신에 사용된다. 모든 Arduino 보드는 하나의 직렬포트 Serial(UART 또는 USART)을 가지고 있다. USB를 통해 디지털 핀 0(RX), 1(TX) 뿐만 아니라 컴퓨터와도 통신한다. 이 함수를 사용하는 경우 디지털 입출력 핀 0과 1을 사용할 수 없다.

Arduino 보드와 통신하기 위한 Arduino 환경에 내장된 시리얼 모니터 기능을 사용할 수 있다. Arduino IDE에서 도구 모음의 시리얼 모니터 버튼을 클릭하고 Serial.begin()에서 설정한 것과 동일한 통신 속도를 선택한다.

Arduino 메가는 3개의 추가 시리얼 포트를 가지고 있다. Serial1은 핀 19(RX)와 18(TX), Serial2는 핀 17(RX)과 16(TX), Serial3는 핀 15(RX)와 14(TX) 이다. 이러한 시리얼 포트는 아두이노 Mega 보드의 USB 시리얼 어댑터가 연결되지 않은 장치와 통신하기 위해 사용한다. 외부 TTL 시리얼 장치(3.3V 시리얼 장치)와 통신하기 위해 장치의 접지와 Arduino 보드의 접지, 장치의 RX 단자와 Arduino 보드의 TX 단자, 장치의 TX 단자와 Arduino 보드의 RX 단자를 각각 연결하여 사용한다. (RS232 시리얼 포트에 직접 이 핀을 연결하지 말아야 한다. 이는 +/− 12V에서 동작하므로 Arduino 보드가 손상될 수 있다.)

1. if(Serial)

지정된 시리얼 포트가 준비되어 있는지를 확인하여 준비되었으면 true, 그렇지 않으면 false를 반환한다.

2. available( )

시리얼 포트에서 읽을 수 있는 바이트(문자) 수를 가져온다. 이것은 수신 버퍼에 저장되어 있는 데이터이다. 수신된 데이터는 64바이트까지만 수신 버퍼에 저장된다.

3. begin( )

시리얼 데이터 전송을 위한 전송 속도와 옵션을 설정한다. begin(unsigned long baud) 또는 begin(unsigned long baud, byte config) 형태로 사용한다. Baud는 전송 속도이다. 컴퓨터와 통신하기 위해서 일반적으로 300, 600, 1200, 2400, 4800, 9600, 14400, 19200, 28800, 38400, 57600, 115200의 속도 중 하나로 설정한다. 그러나 다른 속도로 설정하여 사용할 수도 있다. config는 데이터 비트 수, 패리티 비트, 정지 비트 등을 설정한다. 시리얼 통신에 필요한 옵션 값을 설정하기 위해 그림 9.2에 따라 상수로 정의된다. config의 디폴트 값은 SERIAL_8N1로 설정되어 있다.

①②③
SERIAL_8N1

① Data bit : 5, 6, 7, 8
② Parity bit: N(None), E(Even), O(Odd)
③ Stop bit: 1, 2

그림 9.2. 시리얼 통신 옵션 설정

4. end( )

시리얼 통신을 종료한다. 시리얼 통신이 종료되면 RX 및 TX로 사용된 핀은 입출력 핀으로 사용할 수 있다. 시리얼 통신을 다시 시작하기 위해서는 begin 함수를 호출하면 된다.

5. find( )

bool find(char *target) 함수는 주어진 길이의 target 문자열을 찾을 때까지 시리얼 버퍼에서 데이터를 읽어낸다. target 문자열이 있으면 true를 시간이 초과하면 false를 반환한다.

6. findUntil( )

bool findUntil(char *target, char *terminator) 함수는 주어진 길이의 target 문자열이나 terminator 종료 문자열을 찾을 때까지 시리얼 버퍼에서 데이터를 읽어낸다. target 문자열이나 terminator 종료 문자열이 있으면 true를 시간이 초과하면 false를 반환한다.

7. flush( )

시리얼 통신의 송신 버퍼에 있는 데이터가 전송이 완료할 때까지 대기한다.

8. parseFloat( )

시리얼 버퍼에서 첫 번째 유효한 실수를 반환한다. 현재 수신 버퍼가 비어있거나 실수가 발견되지 않으면 0을 반환한다.

9. parseInt( )

시리얼 버퍼에서 첫 번째 유효한 정수를 반환한다. 현재 수신 버퍼가 비어있거나 정수가 발견되지 않으면 0을 반환한다.

10. peek( )

수신 버퍼에 저장된 첫 번째 바이트 데이터를 반환한다. 단, 데이터는 수신 버퍼에서 제거되지 않으므로 여러 번 peek 함수를 호출하여도 똑같은 문자가 반환된다. 수신 버퍼가 비어있는 경우 -1을 반환한다.

11. print( )

print(value) 함수는 사람이 읽을 수 있는 ASCII 텍스트 데이터를 시리얼 포트에 출력한다. 숫자는 각 자리의 ASCII 문자를 사용하여 출력한다. 실수도 마찬가지로 기본

소수점 2자리까지 ASCII 숫자로 출력한다. 바이트는 단일 문자로 전송된다. 문자와 문자열은 그대로 전송된다.

```
Serial.print(78)              // "78"
Serial.print(1.23456)         // "1.23"
Serial.print('N')             // "N"
Serial.print("Hello world")  // "Hello world"
```

print(value, format) 함수에서 두 번째 매개 변수는 사용하는 format을 지정한다. 정수의 경우 출력형식을 BIN(2진법), OCT(8진법), DEC(10진법), HEX(16진법) 중 선택할 수 있으며 실수의 경우 소수점 이하 자릿수를 지정할 수 있다.

```
Serial.print(78, BIN)         // "1001110"
Serial.print(78, OCT)         // "116"
Serial.print(78, DEC)         // "78"
Serial.print(78, HEX)         // "4E"
Serial.print(1.23456, 0)      // "1"
Serial.print(1.23456, 2)      // "1.23"
Serial.print(1.23456, 4)      // "1.2345"
```

12. println( )

print( ) 함수와 동일하게 사용되며, 이는 문자 출력 후 캐리지 리턴(ASCII 13 또는 \r)과 개행 문자(ASCII 10 또는 \n)를 추가로 출력한다.

13. read( )

수신된 시리얼 데이터를 읽는다. 수신 버퍼에서 첫 번째 문자를 읽어 반환하고 수신 버퍼가 비어 있으면 -1을 반환한다.

14. readBytes( )

readBytes(*buffer, length) 함수는 수신된 시리얼 데이터를 읽어 버퍼에 저장한다. length에 지정된 바이트 수의 문자를 읽었거나 시간 초과가 발생하면 종료하며, 입력받은 문자의 수를 반환한다.

15. readBytesUntil( )

readBytesUntil(character, buffer, length) 함수는 수신된 시리얼 데이터를 읽어 버퍼에 저장한다. length에 지정된 바이트 수의 문자를 읽었거나 시간 초과가 발생한 경우와 character 문자가 발견하면 종료하며, 입력받은 문자의 수를 반환한다.

16. setTimeout( )

setTimeout(ms) 함수는 readBytesUntil() 또는 readBytes()를 사용하는 경우 시리얼 데이터를 기다리는 최대 밀리 초(ms)를 설정한다. 디폴트 값은 1000ms이다.

17. write( )

시리얼 포트에 이진 데이터를 출력한다. write(val) 함수는 단일 바이트 val을 전송하고, write(*str) 함수는 문자열 str을 전송한다. 그리고 write(*buf, len) 함수는 len의 크기만큼 buf의 데이터를 전송한다.

18. serialEvent( )

데이터가 수신되면 함수가 호출된다. read() 함수 등을 사용하여 수신 데이터를 읽어온다.

제10장 디지털 LED 제어

목적

- 디지털 입력과 출력 함수를 이해한다.
- 아두이노를 이용하여 LED 제어를 구현한다.
- 아두이노와 스위치를 이용하여 LED 제어를 구현한다.

10.1. 디지털 핀의 구성

아두이노를 제어하는 방식은 디지털과 아날로그로 방식으로 구분된다. 스위치와 같이 ON/OFF의 형태로 제어하는 핀을 디지털 핀이라고 부른다.

그림 10.1. Arduino Uno의 디지털 핀

아두이노 UNO의 경우 총 14개의 디지털 입출력 핀을 제공한다. 0번과 1번은 컴퓨터와 통신하는 용도로 사용되므로 주로 2번부터 13번 사이의 핀을 사용하는게 좋다. 디지털 입출력 핀의 용도를 정리하면 다음과 같다.

- 디지털 입출력 핀 : 0번 - 13번 핀
- PWM 핀 : 3번, 5번, 6번, 9번 - 11번 핀. PWM (pulse width modulation) 핀은 쉽게 말하면 디지털 핀인 동시에 아날로그와 같은 출력을 낼 수 있는 핀을 말함.
- 시리얼 핀 : 0번(RX), 1번(Tx) 핀
- LED 핀 : 13번 핀은 아두이노에 내장되어 있는 LED에 연결되어 있다.

아두이노 Mega 2560의 경우 총 54개의 디지털 입출력 핀을 제공한다. 디지털 입출력 핀의 용도를 정리하면 다음과 같다.

그림 10.2. Arduino Mega 2560의 디지털 핀

- 디지털 입출력 핀 : 0번 - 53번 핀
- PWM 핀 : 2번 - 13번 핀, 44번 - 46번 핀. PWM (pulse width modulation) 핀은 쉽게 말하면 디지털 핀인 동시에 아날로그와 같은 출력을 낼 수 있는 핀을 말함. 8bit의 PWM 출력을 하며 analogWrite() 함수를 이용한다.
- 시리얼 핀 : Serial 0 - 0번(RX), 1번(TX), Serial 1 – 19번(RX), 18번(TX), Serial 2 – 17번(RX), 16번(TX), Serial 3 – 15번(RX), 14번(TX)
- 외부 인터럽트 핀 : 2번(Interrupt 0), 3번(Interrupt 1), 21번(Interrupt 2), 20번(Interrupt 3), 19번(Interrupt 4), 18번(Interrupt 5). attachInterrupt()함수를 참조할 것.
- LED 핀 : 13번 핀은 아두이노에 내장되어 있는 LED에 연결되어 있다. 핀이 HIGH가 되면 LED가 ON이 된다.

10.2. 디지털 입출력 함수

디지털 입출력이란 컴퓨터 컨트롤에 있어서 디지털 발신형 센서나 단말의 마이콘 등의 사이에서 단속적 숫자량으로 신호가 입출하는 것이다. Arduino는 쉽게 디지털 입력 및 출력을 할 수 있도록 함수를 제공하고 있다.

pinMode(pin, mode)

pinMode() 함수는 특정 핀을 입력 또는 출력으로 설정한다. 디지털 값을 읽거나(입력) 쓰도록(출력) 핀을 설정한다. 여기서 pin은 모드를 설정하려는 핀 번호를 의미하며, mode는 INPUT, OUTPUT, INPUT_PULLUP이 있다.

digitalRead(pin)

digitalRead() 함수는 지정한 디지털 핀에서 HIGH 또는 LOW값을 읽어온다. pin은 읽으려는 디지털 핀 번호이다.

- 예제코드

이 코드는 디지털 핀 7을 입력으로 선언하고 입력 핀으로부터 값을 읽어서 val변수에 저장한다.

```
int inPin = 7;                  // 디지털 입력핀을 7로 정함
int val = 0;                    // 읽은 값을 저장할 변수

void setup( ) {
    pinMode(inPin, INPUT); // 디지털 핀 7을 입력으로 설정
}

void loop( ) {
    val = digitalRead(inPin); // 입력 핀으로부터 읽기
}
```

digitalWrite(pin, value)

digitalWrite() 함수는 HIGH 또는 LOW값을 디지털 핀에 출력한다. 특정 핀이 pinMode() 함수에 의해 OUTPUT으로 설정되면, 그 핀의 전압은 HIGH일 때 5V(또는

3.3V보드에서 3.3V), LOW일 때 0V(ground)로 설정된다.

pinMode()함수로 OUTPUT을 설정하지 않고 LED를 핀에 연결하면, digitalWrite()함수는 내부 풀업 저항을 활성화시키게 되고, digitalWrite(HIGH)가 불릴 때 LED 불빛이 흐리게 나타난다.

- **예제코드**

이 코드는 디지털 핀 13을 OUTPUT으로 만들고 HIGH와 LOW를 전환합니다.

```
void setup( ) {
    pinMode(13, OUTPUT);  // 디지털 핀 13 을 출력으로 설정
}

void loop( ) {
    digitalWrite(13, HIGH);    // 디지털 핀 13 을 ON 으로 함
    delay(1000);               // 1 초 기다림
    digitalWrite(13, LOW);     // 디지털 핀 13 을 OFF 로 함
    delay(1000);               // 1 초 기다림
}
```

10.3. LED 제어

LED는 Light-emitting diode의 약자로서, 발광다이오드라 부른다. 이는 빛을 발산하는 반도체 소자를 말하며, 방출하는 빛의 색깔은 크리스탈 도핑(Crystal Doping)의 양과 종류에 따라 적색, 녹색 또는 황색 등이 될 수 있다.

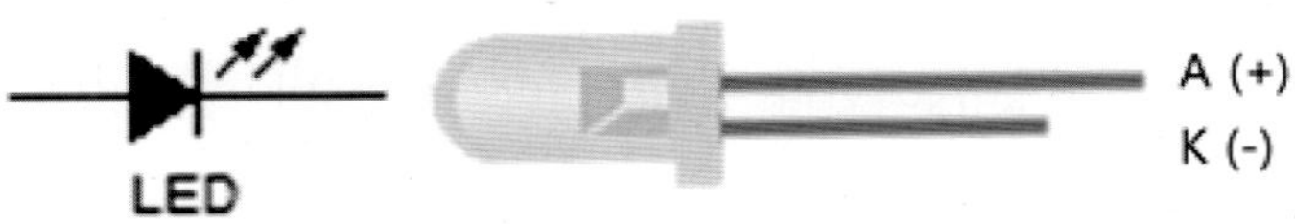

그림 10.3. LED의 심볼 및 형상

LED는 2개의 다리가 연결되어 있다. 하나는 (+)극성의 애노우드(Anode)이고 다른 하나는(-)극성의 캐소우드(Cathode)이다. 이러한 (+)극성과 (-)극성을 맞게 연결해주면 빛을 발산하고 반대로 연결해주면 동작하지 않는 특성을 가지고 있다.

LED는 일반 백열전구에 비하여 소비전력은 1/5밖에 안되고, 반응시간은 백만배나

빠르며, 수명은 반영구적으로 향상되어 정밀 반도체 장비 검사기기, 자동차 계기판 등의 전자 표시판, 전광판, 산업기기 표시기 및 각종 교통안전 신호기 등등에 많이 사용되고 있다.

스케치 작성

LED의 ON/OFF 상태가 1초에 한 번씩 바뀌는 스케치를 작성해보자. LED는 13번 핀을 사용하고, digitalWrite() 함수를 이용하자.

- 스케치: 5pi_LED.ino

```
// Sketch for LED control
// 5PI LED : 13 Pin

#define LED     13              // LED Pin define

void setup() {
     pinMode(LED, OUTPUT);   // Setting OUTPUT mode
}

void loop() {
     digitalWrite(LED, HIGH);  // LED On
     delay(1000);              // Dealy 1 Sec
     digitalWrite(LED, LOW);  // LED Off
     delay(1000);              // Delay 1 Sec
}
```

스케치 설명

- 입출력 핀 정의

스케치에서 사용할 핀을 정의한다. LED는 디지털 13번 핀을 사용한다.

```
#define LED     13             //LED Pin define
```

- setup() 함수 : 초기화

5PI LED와 연결된 디지털 13번 핀을 출력 모드로 설정한다.

```
pinMode(LED, OUTPUT);      //Setting OUTPUT mode
```

- loop() 함수: LED 반복 제어

LED와 연결된 디지털 출력 핀에 HIGH (LED ON) 값을 출력하고 1초 지연한다. 그리고 다시 LOW (LED OFF) 값을 출력하고 1초를 지연한다.

```
digitalWrite(LED, HIGH);   //LED On
delay(1000);
digitalWrite(LED, LOW);    //LED Off
delay(1000);
```

10.4. 스위치를 이용한 LED 제어

푸쉬버튼 스위치(Push button switch)는 버튼을 눌러 회로를 접속하는 스위치이다. 스위치에는 여러 종류가 있지만 여기서는 푸쉬버튼 스위치의 회로에 따라 동작되는 방법을 알아보자. 아래 그림은 풀업 저항(pull-up resistor), 풀다운 저항(pull-down resistor)에 따른 회로이다.

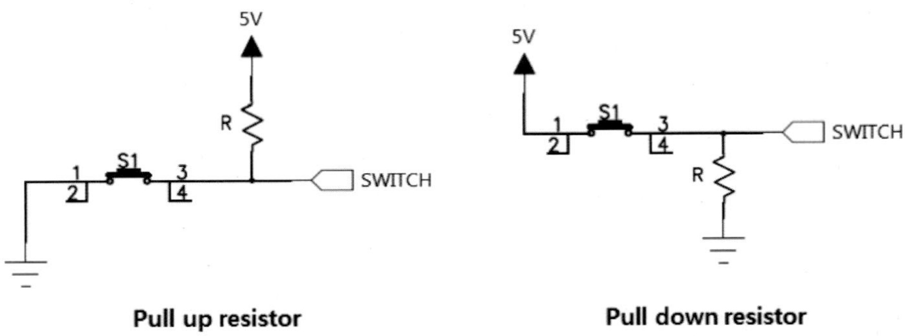

그림 10.4. 회로 구성에 따른 스위치 동작

그림 10.,4와 같이 풀업 저항 회로의 경우 스위치의 값은 평상시에 HIGH(5V)이며, 스위치를 누르면 LOW(0V)가 된다. 그리고 풀다운 저항 회로의 경우 스위치의 값은 풀업 저항 회로와 반대로 평상시에 LOW(0V)이며, 스위치를 누르면 HIGH(5V)가 된다.

스케치 작성

버튼 스위치(Button Switch)를 누를 때마다 LED의 ON/OFF 상태가 바뀌는 스케치를 작성해보자. 버튼 스위치는 12번 핀, LED는 13번 핀을 사용하고, digitalRead() 함수와 digitalWrite() 함수를 이용하자.

- 스케치: 5pi_LED_Button_Switch.ino

```
// Sketch for LED Control using button switch
// 5PI LED : 13 Pin
// SWITCH : 12 Pin

#define LED        13                    // LED Pin define
#define SWITCH     12                    // Switch Pin define

int flag = 0;

void setup() {
    pinMode(LED, OUTPUT);                // Setting OUTPUT mode
    pinMode(SWITCH, INPUT_PULLUP);       // Setting INPUT mode
}

void loop() {
    if(digitalRead(SWITCH)==0)           // Swtich Read
        flag^=1;                         // Bitwise xor operation
    if(flag)
        digitalWrite(LED, HIGH);         // LED   On
    else
        digitalWrite(LED, LOW);          // LED   Off
    delay(300);                          // Delay 0.3 Sec
}
```

스케치 설명

- 입출력 핀 정의

스케치에서 사용할 핀을 정의한다. LED는 디지털 13번 핀을 사용하고, 스위치는 디지털 12번 핀을 사용한다.

```
#define LED        13                    // LED Pin define
#define SWITCH     12                    // Switch Pin define
```

- setup() 함수: 초기화

5PI LED와 연결된 디지털 13번 핀을 출력 모드로 설정하고, 버튼 스위치(Button

Switch)와 연결된 디지털 12번 핀을 입력 모드로 설정한다. 버튼 스위치에는 풀업 저항이 없으므로 "INPUT_PULLUP"를 사용해야 한다.

```
pinMode(LED, OUTPUT);              // Setting OUTPUT mode
pinMode(SWITCH, INPUT_PULLUP);  // Setting INPUT mode
```

- loop() 함수: 스위치를 이용한 LED 제어

버튼 스위치(Botton Swtich)를 누를 때마다 'flag'의 상태가 0에서 1로 또는 1에서 0으로 변하면서 LED를 점멸시키게 된다.

```
if(digitalRead(SWITCH)==0)           // Swtich Read
  flag^=1;                           // Bitwise xor operation
if(flag)
  digitalWrite(LED, HIGH);           // LED On
else
  digitalWrite(LED, LOW);            // LED Off
delay(300);
```

표 10.1은 XOR 연산을 보여준다.

표 10.1. XOR 연산결과

입력값		출력값
0	1	1
1	1	0

실험 10.1. LED 제어 (UNO)

실험목적

Arduino Uno, 5PI LED를 사용하여 1초마다 점멸되도록 설계한다.

실험장비

Arduino Uno	Bread Bord	5PI LED	Resistor ($1K\Omega$)
	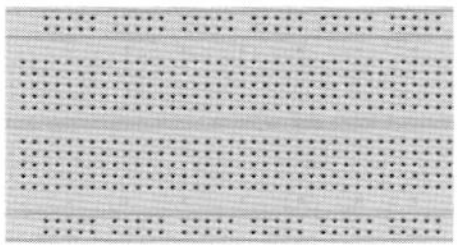		

1. 회로 구성하기

- 브레드보드에 5PI LED와 $1K\Omega$ 저항을 그림 10.5과 같이 연결한다.

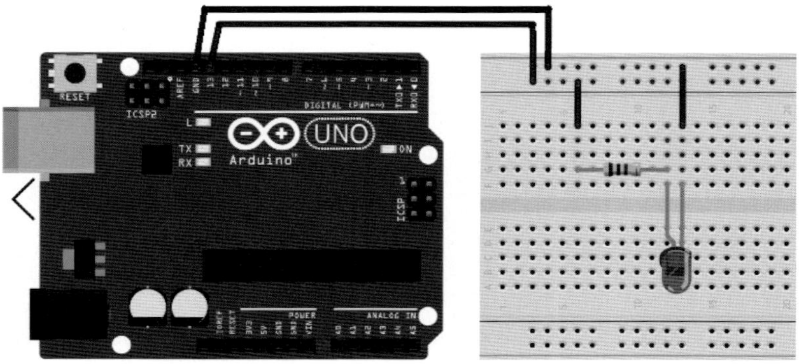

그림 10.5. 아두이노 우노와 브레드 보드 연결

- 아두이노 우노(Arduino Uno) 모듈과 브레드보드를 표 10.2과 같이 연결한다. 빨간색 전선은 13번 핀에 연결하고, 검정색 전선은 그라운드(GND) 핀에 연결한다.

표 10.2. 모듈 연결 핀 정보

Arduino UNO	Bread Board
13	S
GND	GND

2. 아두이노 실행하기

- 아두이노 IDE 아이콘을 더블클릭하여 아두이노 IDE를 실행한다.

- 아두이노 설정

아래 그림과 같이 도구에서 보드 및 시리얼 포트를 설정한다. 보드는 Arduino/Genuino Uno, 시리얼 포트는 장치관리자에서 확인한 COM포트 번호로 설정한다.

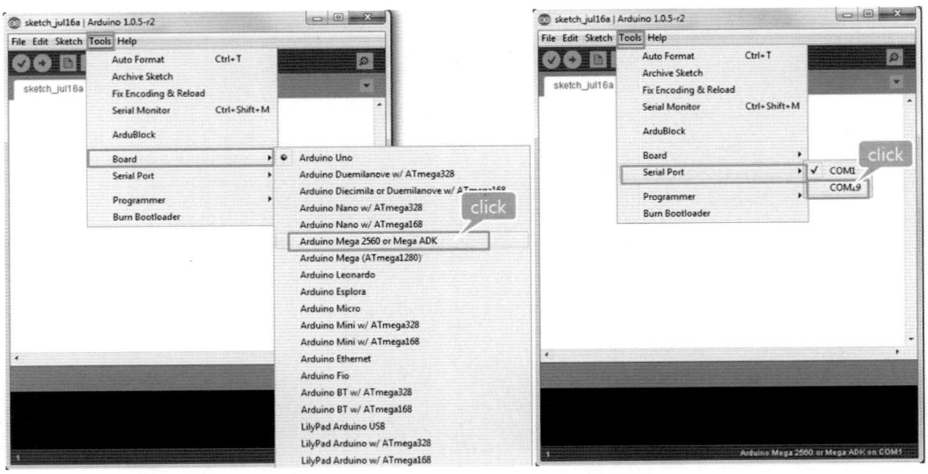

그림 10.6. 보드 및 시리얼 포트 설정

포트 설정을 완료한 뒤 Arduino IDE의 아랫부분에 표시되어 있는 설정값을 확인한다. 설정이 잘못되어 있다면 다시 설정해 준다.

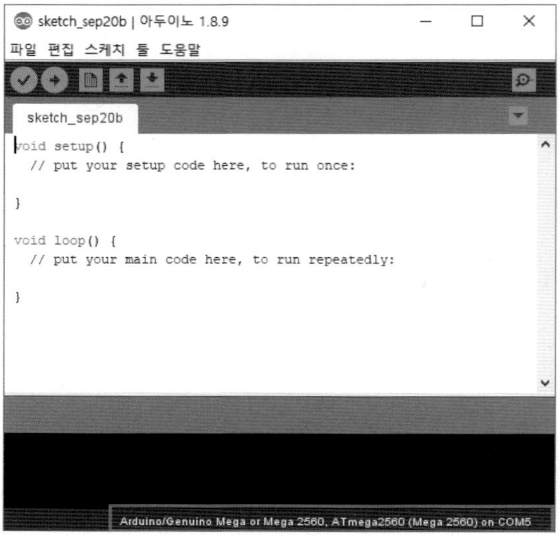

그림 10.7. 보드 및 시리얼 포트 설정값 확인

- 스케치 작성 : 5pi_LED.ino

```
5pi_LED §
/*
 * Sketch for LED Control
 * 5PI   LED      13 Pin
 */
#define LED    13           //LED Pin define

void setup()
{
  pinMode(LED, OUTPUT);     //Setting OUTPUT mode
}

void loop()
{
    digitalWrite(LED, HIGH);  //LED On
    delay(1000);              // Delay 1 Sec
    digitalWrite(LED, LOW);   //LED Off
    delay(1000);              // Delay 1 Sec
}
```

그림 10.8. 스케치: 5pi_lED

- 스케치 저장 및 컴파일

프로그램 작성이 완료되면 아래 그림과 같이 저장 버튼을 클릭하여 저장할 위치를 선택하고 저장해준다. 파일 저장이 완료되면 Verify 버튼을 눌러 컴파일을 실행한다.

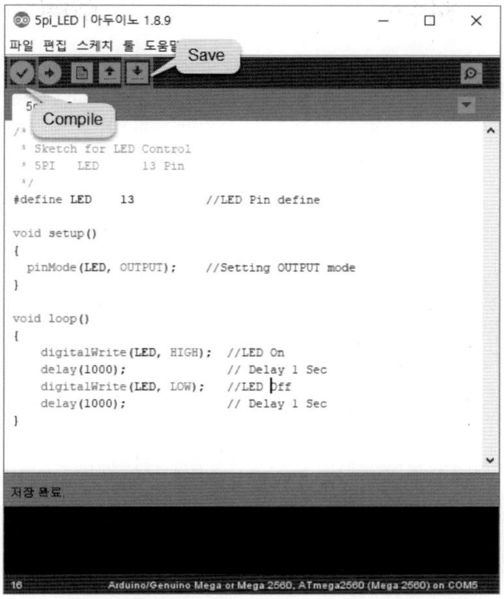

그림 10.9. 스케치 저장 및 컴파일

• 업로드 실행

컴파일이 정상적으로 완료되었다면 아래 그림과 같이 Upload 버튼을 눌러 업로드를 실행한다. Arduino IDE는 기본적으로 업로드를 실행할 때 컴파일도 같이 실행된다.

그림 10.10. 업로드 실행

3. 아두이노 동작 확인하기

- 업로드가 완료된 후 스케치가 실행되면 5PI LED가 1초 간격으로 점멸한다.

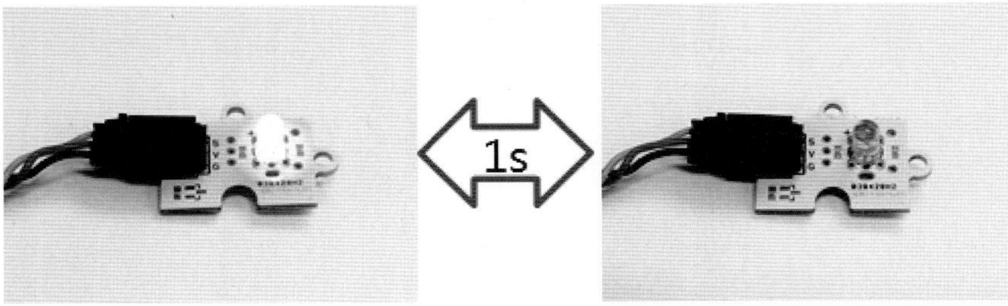

그림 10.11. 스케치 동작 결과

실험 10.2. LED 제어 (Mega 2560)

실험목적

Arduino Mega 2560, 5PI LED를 사용하여 1초마다 점멸되도록 설계한다.

실험장비

Arduino Mega 2560	Bread Board	5PI LED	Resistor
	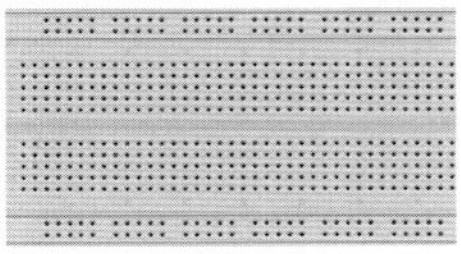		

1. 회로 구성하기

- 브레드보드에 5PI LED와 1$K\Omega$ 저항을 그림 10.12과 같이 연결한다.

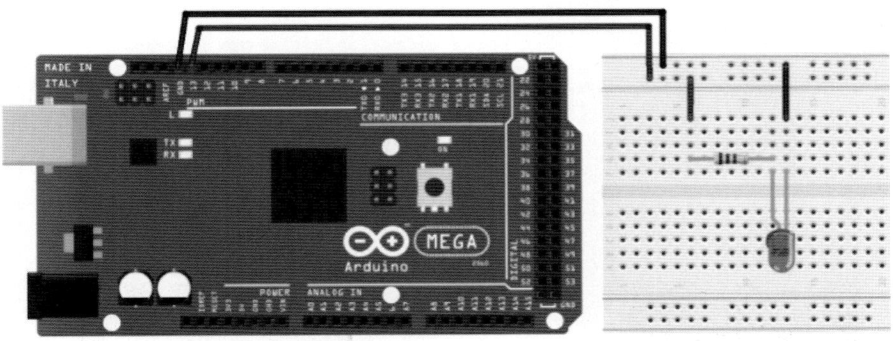

그림 10.12. 아두이노 MEGA 2560과 브레드 보드 연결

- 아두이노 Mega 2560 모듈과 5PI LED를 표 10.3과 같이 연결한다.

표 10.3. 모듈 연결 핀 정보

Arduino Mega 2560	5PI LED
13	S
V	V
G	G

2. 아두이노 실행하기

- 아두이노 IDE 아이콘을 더블클릭하여 아두이노 IDE를 실행한다.

- 아두이노 설정

아래 그림과 같이 도구에서 보드 및 시리얼 포트를 설정한다. 보드는 Arduino/Genuno Mega or Mega 2560, 시리얼 포트는 장치관리자에서 확인한 COM포트 번호로 설정한다.

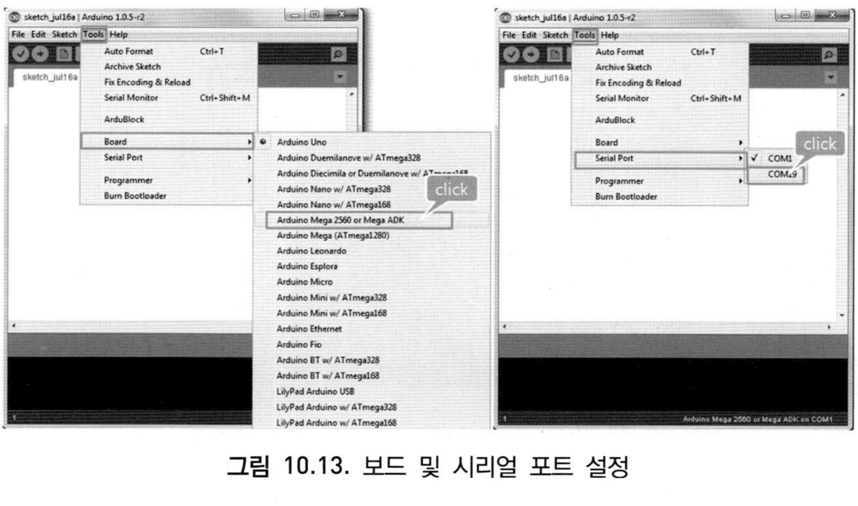

그림 10.13. 보드 및 시리얼 포트 설정

포트 설정을 완료한 뒤 Arduino IDE의 아랫부분에 표시되어 있는 설정값을 확인한다. 설정이 잘못되어 있다면 다시 설정해 준다.

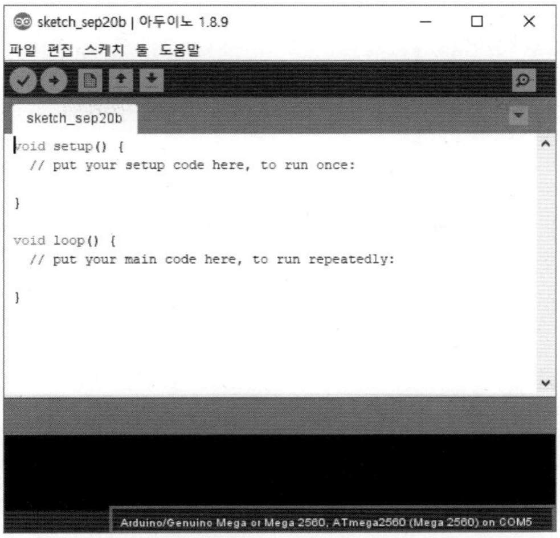

그림 10.14. 보드 및 시리얼 포트 설정값 확인

• 스케치 작성 : 5pi_LED.ino

```
5pi_LED §
/*
 * Sketch for LED Control
 * 5PI    LED       13 Pin
 */
#define LED    13          //LED Pin define

void setup()
{
  pinMode(LED, OUTPUT);     //Setting OUTPUT mode
}

void loop()
{
    digitalWrite(LED, HIGH);  //LED On
    delay(1000);              // Delay 1 Sec
    digitalWrite(LED, LOW);   //LED Off
    delay(1000);              // Delay 1 Sec
}
```

그림 10.15. 스케치 : 5pi_lED

• 스케치 저장 및 컴파일

프로그램 작성이 완료되면 아래 그림과 같이 저장 버튼을 클릭하여 저장할 위치를 선택하고 저장해준다. 파일 저장이 완료되면 Verify 버튼을 눌러 컴파일을 실행한다.

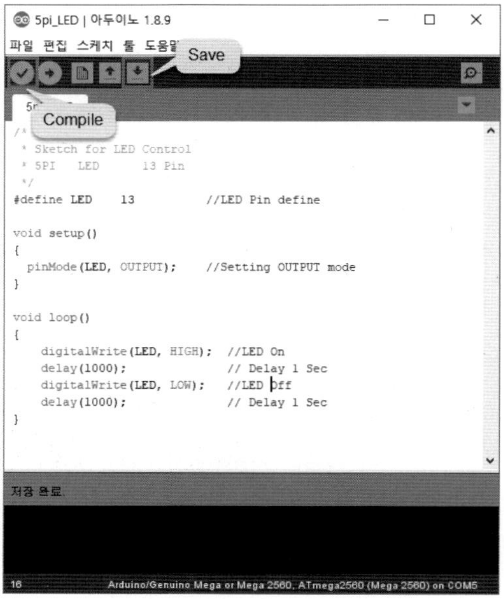

그림 10.16. 스케치 저장 및 컴파일

- 업로드 실행

컴파일이 정상적으로 완료 되었다면 아래 그림과 같이 Upload 버튼을 눌러 업로드를 실행한다. Arduino IDE는 기본적으로 업로드를 실행할 때 컴파일도 같이 실행된다.

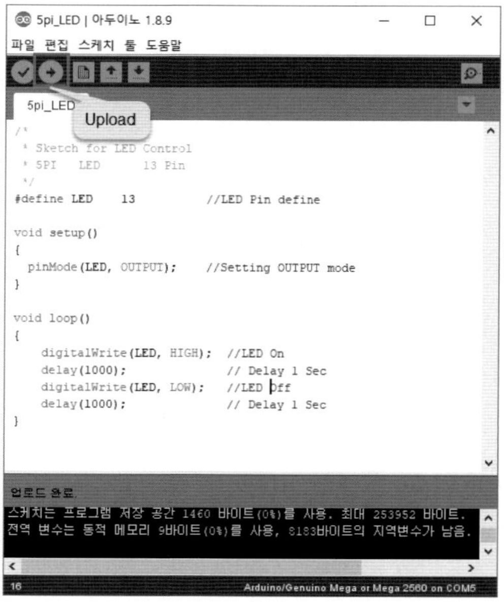

그림 10.17. 업로드 실행

3. 아두이노 동작 확인하기

- 업로드가 완료된 후 스케치가 실행되면 5PI LED가 1초 간격으로 점멸한다.

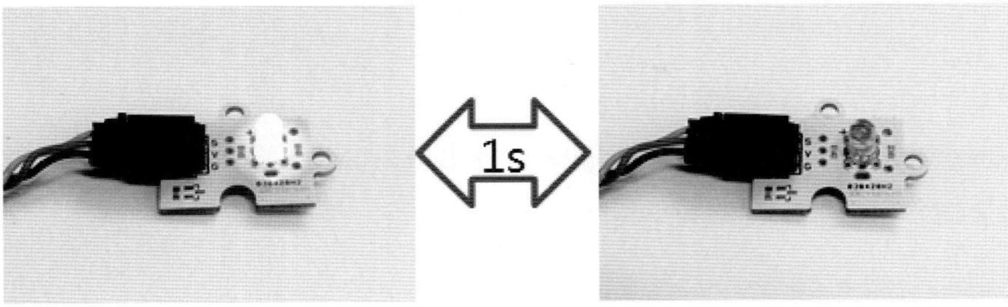

그림 10.18. 스케치 동작 결과

실험 10.3. 스위치를 이용한 LED 제어

실험목적

Arduino Mega 2560, Sensor Shield, 5PI LED, Button Switch를 사용하여 Switch를 누를 때마다 LED의 상태가 반전되도록 설계한다.

실험장비

Arduino Mega 2560	Sensor Shield	5PI LED Module	Button Switch Module
	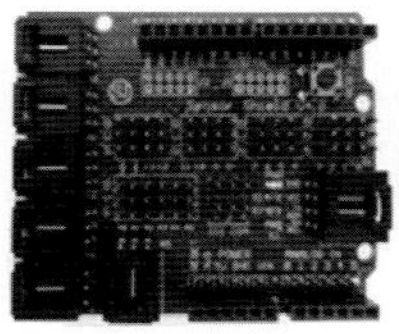	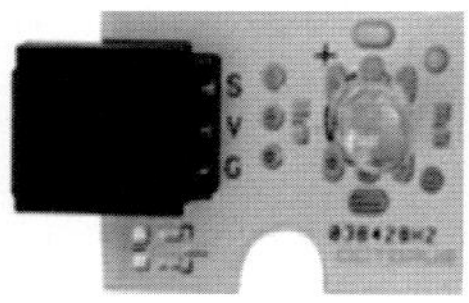	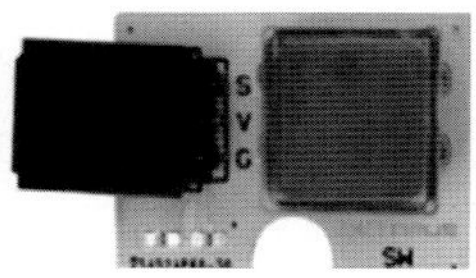

1. 회로 구성하기

• 아두이노 Mega 2560 모듈에 센서 쉴드를 아래 그림 10.19 같이 연결한다.

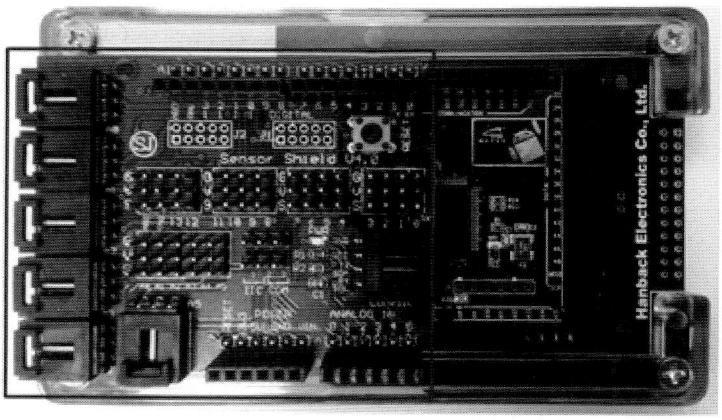

그림 10.19. Sensor Shield 연결

• 아두이노 Mega 2560 모듈, 버튼 스위치, 5PI LED를 표 10.4과 같이 연결한다.

표 10.4. 모듈 연결 핀 정보

Arduino Mega 2560	5PI LED	Arduino Mega 2560	Button Switch
13	S	12	S
V	V	V	V
G	G	G	G

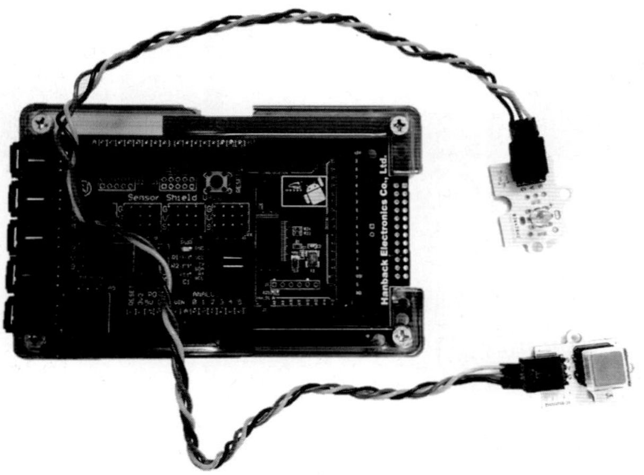

그림 10.20. 5PI LED 및 Button Switch 연결

2. 아두이노 실행하기

- 아두이노 IDE 아이콘을 더블클릭하여 아두이노 IDE를 실행한다.

- 아두이노 설정 : 아래 그림과 같이 도구에서 보드 및 시리얼 포트를 설정한다. 보드는 Arduino/Genuno Mega or Mega 2560, 시리얼 포트는 장치관리자에서 확인한 COM포트 번호로 설정한다.

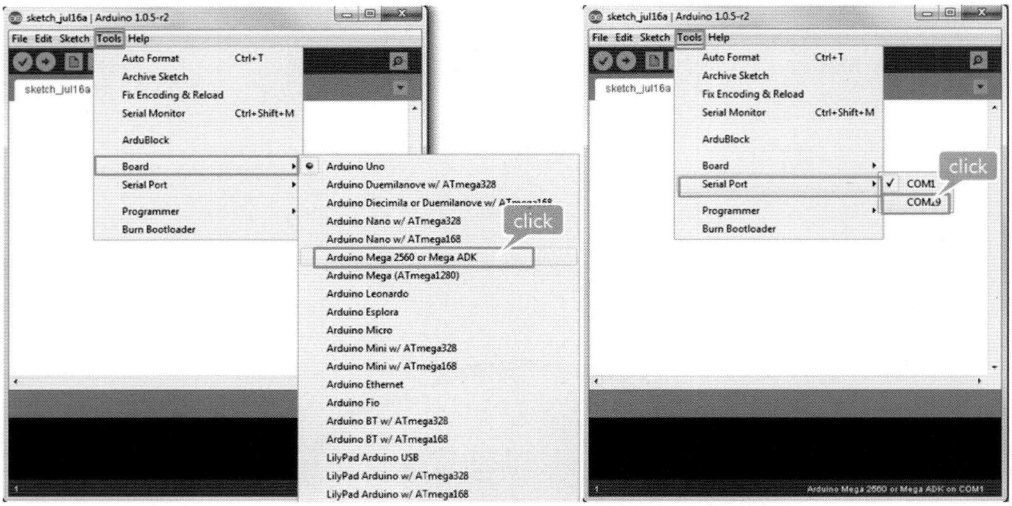

그림 10.21. 보드 및 시리얼 포트 설정

- 포트 설정을 완료한 뒤 Arduino IDE의 아랫부분에 표시되어 있는 설정값을 확인한다. 설정이 잘못되어 있다면 다시 설정해 준다.

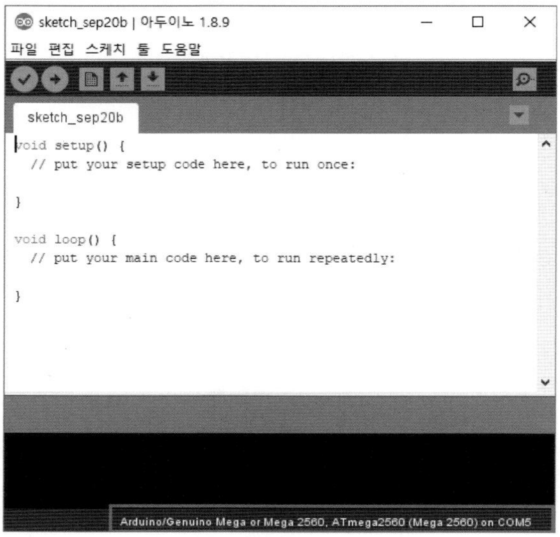

그림 10.22. 보드 및 시리얼 포트 설정값 확인

- 스케치 작성 : 5pi_LED_Button_Switch.ino

```
/*
 * Sketch fr LED Control using button switch
 * 5PI LED       13 Pin
 * SWITCH        12 Pin
 */
#define LED       13                    //LED Pin define
#define SWITCH    12                    //Switch Pin define

int flag = 0;

void setup()
{
  pinMode(LED, OUTPUT);                 //Setting OUTPUT mode
  pinMode(SWITCH, INPUT_PULLUP);        //Setting INPUT mode
}

void loop()
{
  if(digitalRead(SWITCH)==0)            //Swtich Read
    flag^=1;
  if(flag)
    digitalWrite(LED, HIGH);            //LED  On
  else
    digitalWrite(LED, LOW);             //LED  Off
  delay(300);
}
```

그림 10.23. 스케치 : 5pi_LED_Button_Switch

- 스케치 저장 및 컴파일

프로그램 작성이 완료되면 아래 그림과 같이 저장 버튼을 클릭하여 저장할 위치를 선택하고 저장해준다. 파일 저장이 완료되면 Verify 버튼을 눌러 컴파일을 실행한다.

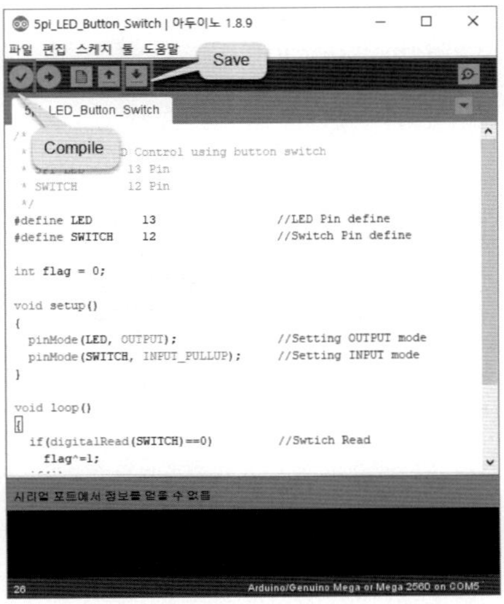

그림 10.24. 스케치 저장 및 컴파일

- 업로드 실행 : 컴파일이 정상적으로 완료되었다면 그림 10.25와 같이 Upload 버튼을 눌러 업로드를 실행한다.

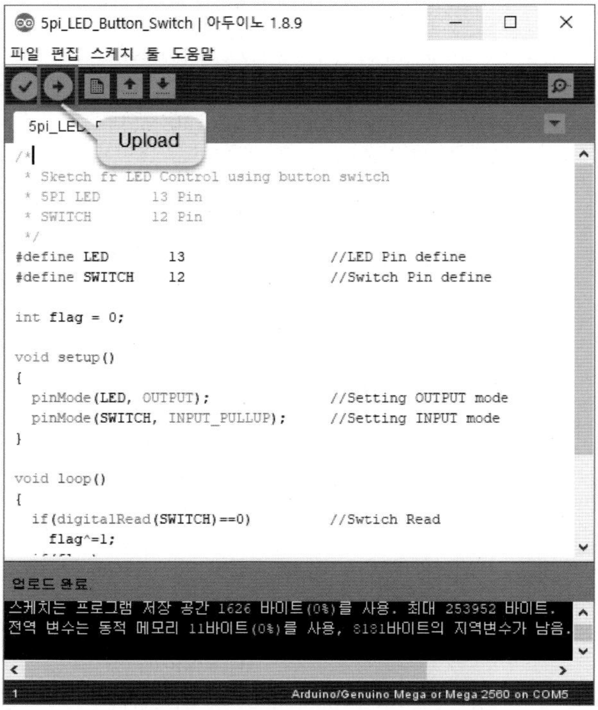

그림 10.25. 업로드 실행

3. 아두이노 동작 확인하기

- 업로드가 완료된 후 스케치가 실행되면 Button을 누를 때마다 LED가 점멸한다.

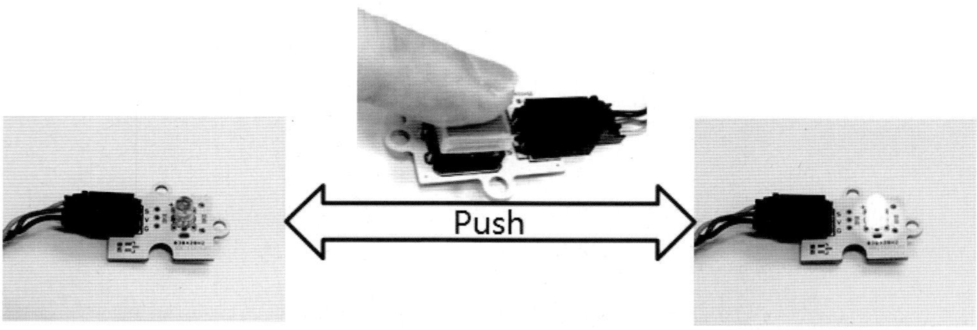

그림 10.26. 스케치 동작 결과

제11장 아날로그 LED 제어

목적

- 아날로그 입력과 출력 함수를 이해한다.
- 아두이노와 가변저항을 이용하여 LED 밝기를 조절한다.
- 아두이노와 조도센서를 이용하여 LED 제어를 구현한다.
- 조도센서 및 스위치를 이용하여 주변의 밝기에 따라 LED의 밝기를 조절한다.

11.1. 아날로그 핀의 구성

아두이노를 제어하는 방식은 디지털과 아날로그로 방식으로 구분된다. 다이얼로그 스위치를 돌려 조명의 밝기를 조절하듯이 아날로그 신호를 제어하는 핀을 아날로그 핀이라고 부른다.

그림 11.1. Arduino Uno의 아날로그 핀

아두이노 UNO의 경우 총 6개의 아날로그 입력 핀과 6개의 아날로그 출력 핀을 제공한다. 아날로그 입력과 출력 핀의 용도를 정리하면 다음과 같다.

- 아날로그 입력 핀 : A0번 ~ A5번 핀
- 아날로그 출력 핀 (PWM 핀) : 3번, 5번, 6번, 9번 ~ 11번 핀. PWM (pulse width modulation) 핀은 쉽게 말하면 디지털 핀인 동시에 아날로그와 같은 출력을 낼 수 있는 핀을 말함.

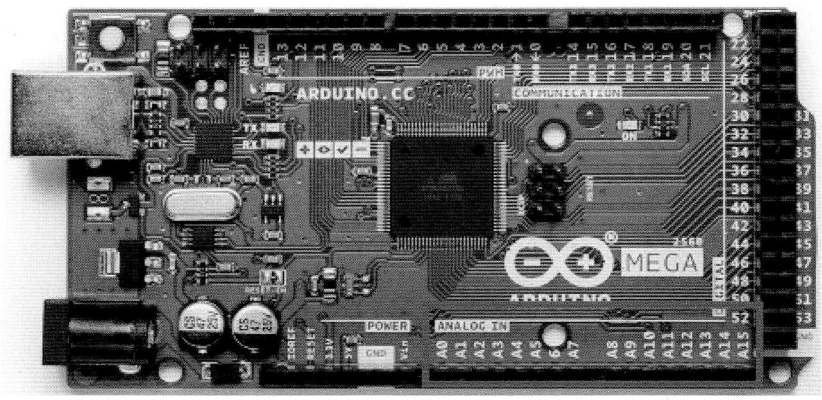

그림 11.2. Arduino Mega 2560의 아날로그 핀

아두이노 Mega 2560의 경우 총 54개의 디지털 입출력 핀을 제공한다. 디지털 입출력 핀의 용도를 정리하면 다음과 같다.

- 아날로그 입력 핀: A0번 ~ A15번 핀
- 아날로그 출력 핀 (PWM 핀): 2번 ~ 13번 핀, 44번 ~ 46번 핀. PWM (pulse width modulation) 핀은 쉽게 말하면 디지털 핀인 동시에 아날로그와 같은 출력을 낼 수 있는 핀을 말함. 8bit의 PWM 출력을 하며 analogWrite() 함수를 이용한다.

11.2. 아날로그 입출력 함수

아날로그 입출력이란 계측이나 제어 분야에서는 다루는 데이터가 연속적으로 변화할 수 있는 값(아날로그 데이터)인 경우가 많은데 아날로그 데이터를 컴퓨터에 입력하거나 컴퓨터에서 출력하는 것을 말한다. 컴퓨터 내에서는 디지털 데이터 밖에는 다루지 않기 때문에 아날로그 데이터와 디지털 데이터를 변환하는데 AD/DA 변환기가 필요하다.

analogRead(pin)

analogRead() 함수는 지정된 아날로그 핀에서 변환된 값을 읽는다. 아두이노 우노 보드는 6채널, 아두이노 메가 2560 보드에서는 16채널의 10bit 아날로그-디지털 변환기(ADC)가 포함되어 있다. 이는 0에서 5V 사이의 입력 전압을 0에서 1023 사이의 정수 값으로 표현한 것을 의미한다. 이는 해상도가 5V/1024 또는 0.0049V(4.9mV) 단위라는 것을 의미한다. 아날로그 입력을 읽는 데는 약 100us의 시간이 걸리므로, 최대 읽기 속도는 1초에 약 10,000번이다. pin은 읽을 아날로그 입력 핀 번호이며, 반환은 int(0 ~ 1023)값으로 반환된다.

- 예제코드

이 코드는 아날로그 핀의 전압을 읽어서 표시합니다.

```
int analogPin = A3;                    // 아날로그 입력핀을 A3 로 정함
int val = 0;                           // 읽은 값을 저장할 변수

void setup( ) {
     Serial.begin(9600);               // 시리얼 설정
}

void loop( ) {
     val = analogRead(analogPin); // 입력핀 읽기
     Serial.println(val);              // 입력값 출력
}
```

analogWrite(pin, value) - PWM

analogWrite() 함수는 지정된 핀에 아날로그 값(PWM 파형)을 출력합니다. LED를 다양한 밝기로 켜거나 모터를 다양한 속도로 돌리는 데 사용됩니다. analogWrite() 함수를 호출하면, 다음 analogWrite() 함수가 불릴 때까지 특정 듀티(duty) 사이클의 구형파를 발생시킵니다. 대부분의 핀에서 PWM 신호의 주파수는 약 490Hz입니다. 아두이노 UNO의 5, 6번 핀의 PWM 신호의 주파수는 약 980Hz입니다.

analogWrite() 함수는 아두이노 UNO 보드에서는 3, 5, 6, 9, 10, 11번의 핀에서 동작합니다. 반면에, 아두이노 메가 2560 보드에서는 2 ~ 13번 핀 그리고 44 ~ 46번 핀에서 동작합니다. analogWrite() 함수를 부르기 전에 핀을 출력으로 설정하기 위해 pinMode() 함수를 부를 필요는 없습니다.

pin은 출력할 핀 번호이고 value는 PWM의 듀티(duty) 사이클을 설정하는 값이며, 정수형(int) 값이다. PWM의 듀티 사이클은 0(언제나 꺼짐) ~ 255(언제나 켜짐) 까지이다.

- 예제코드

가변저항으로부터 읽은 값에 비례하게 LED 출력을 설정합니다.

```
int ledPin = 9;                    // LED 는 디지털 핀 9 번에 연결
int analogPin = A3;                // 가변저항은 아날로그 핀 A3 번에 연결
int val = 0;                       // 읽은 값을 저장할 변수

void setup() {
  pinMode(ledPin, OUTPUT);         // 핀을 출력으로 설정
}

void loop() {
  val = analogRead(analogPin);     // 입력 핀에서 값 읽기
  analogWrite(ledPin, val / 4);    // analogRead 값은 0 부터 1023 까지
                                   // analogWrite 값은 0 부터 255 까지
}
```

11.3. 가변저항 (Joystick)

조이스틱(JoyStick)은 컴퓨터 입력 장치들 가운데 하나이며, 게임에서는 컨트롤러라고 부른다. X축과 Y축을 조절하여 이동할 수 있는 스틱 부분과 메뉴를 선택할 수 있는 버튼으로 나누어진다. 버튼의 경우 풀업 저항이 연결되어 있다. 따라서 버튼은 평소에는 연결된 핀(PIN)의 값이 “HIGH”상태를 유지하며 버튼이 눌렸을 때 “LOW”상태로 변경된다. 스틱 부분의 가변저항이 연결되어 있어서 아두이노 UNO 또는 아두이노 메가 2560 보드와 연결된 핀의 아날로그 값을 측정하여 위치를 알 수 있다. 그림 11.3은 아두이노 조이스틱 실드이며, 그림 11.4는 아두이노와 조이스틱을 연결하는 회로도이다.

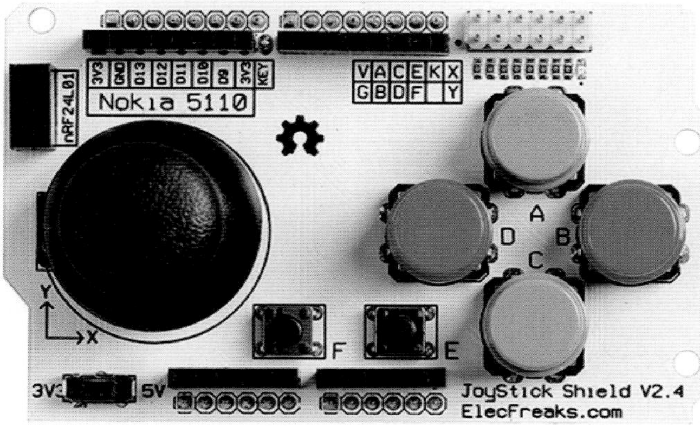

그림 11.3. 조이스틱 실드

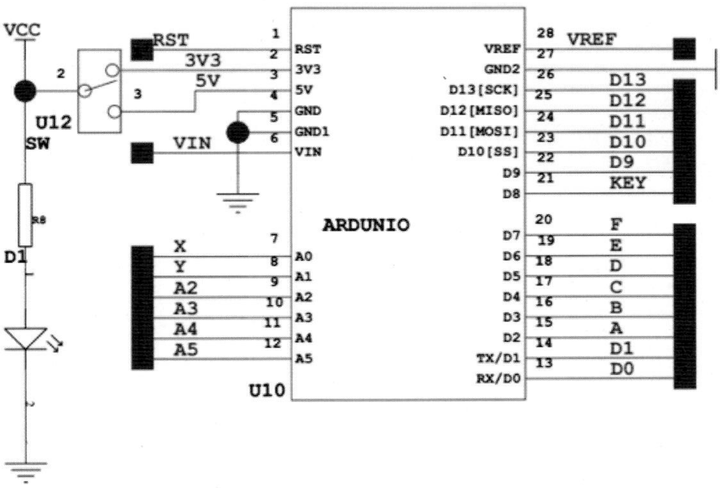

그림 11.4. 조이스틱 회로도

조이스틱의 키(Key) A ~ F는 아두이노의 D2 ~ D7 핀까지 연결되었고 조이스틱의 클릭(KEY)은 아두이노의 D8 핀에 연결되어 있다. 그리고, 조이스틱의 X축과 Y축은 아날로그 핀 A0, A1에 연결되어 있다. 아날로그 핀에 연결된 조이스틱은 analogRead() 함수를 이용하여 값을 측정할 수 있고, 버튼의 경우는 digitalRead() 함수를 이용하여 버튼의 상태를 측정할 수 있다.

스케치 작성

조이스틱(Joystick)을 이용하여 LED의 밝기를 조절하는 스케치를 작성해보자. 조이스틱 Y축의 아날로그 값은 analogRead() 함수를 이용하고, LED의 밝기 조절은 analogWrite() 함수를 이용하자.

- 스케치 : 5pi_LED_Joystick.ino

```
// 5PI LED : 13
// Joystick X:A0, Y:A1, Sel:8, A:2, B:3, C:4, D:5, E:6, F:7

#define LED          13
#define Joystick_Y   A1

int val = 0;

void setup(void) {
  pinMode(LED, OUTPUT);        //Setting OUTPUT mode
}

void loop() {
  val = analogRead(Joystick_Y);
  analogWrite(LED, val/4);
  delay(100);                   // Delay 0.1 Sec
}
```

스케치 설명

- 입출력 핀 정의

스케치에서 사용할 핀을 정의한다.

```
#define LED          13
#define Joystick_Y   A1
```

- setup() 함수 : 초기화

5PI LED와 연결된 핀을 출력으로 설정한다.

```
pinMode(LED, OUTPUT);      //Setting OUTPUT mode
```

- loop() 함수: 5PI LED 제어

조이스틱 Y축의 아날로그 값을 0.1초 단위로 읽어와 analogWrite() 함수를 사용해서

PWM신호로 LED의 밝기를 제어한다. analogRead() 함수로 읽어들인 조이스틱 Y축의 아날로그 값은 0 ~ 1023이지만 analogWrite() 함수는 는 0 ~ 255까지 출력 가능하므로 4로 나누어서 입력해준다.

```
val = analogRead(Joustick_Y);
analogWrite(LED, val/4);
delay(100);
```

11.4. 조도 센서(CdS Sensor)

조도 센서(CdS Sensor)는 빛의 세기의 따라 저항값이 변하는 센서다. 즉 빛의 세기를 숫자 데이터로 변환하는 센서로 LED처럼 작고, 다루기 쉽고, 많은 것을 가능하게 해준다. 빛의 밝기를 전기적 신호로 변환시켜주는 센서로 많이 사용되며, 빛의 밝기에 비례하여 저항이 선형적으로 증가하는 것이 아니므로 정확한 밝기(Lux) 값을 구하기보다는 "밝다/어둡다" 정도만을 판별하기에 적합한 센서이다.

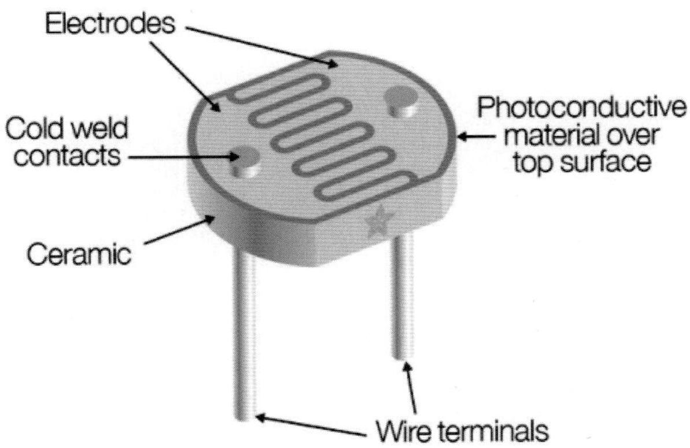

그림 11.5. CDS Sensor

조도센서를 CdS라고 불리는 이유는 만드는 주재료가 카드뮴(Cd)과 황(S)의 화합물인 황화카드뮴(CdS)이기 때문이다. 조도센서는 빛의 밝기에 따라 저항값이 변하는 특징을 가지고 있다. CdS 센서는 주위가 밝으면 저항값이 $5 \sim 10K\Omega$까지 줄어들고, 주위가 어두우면 저항값이 $200K\Omega$ 까지 커진다.

스케치 작성

조도센서(CdS Sensor)를 이용하여 LED를 ON/OFF 시키는 스케치를 작성해보자. 조도센서의 값은 analogRead() 함수를 이용하고, LED의 ON/OFF는 digitalWrite() 함수를 이용하자.

- 스케치 작성 : 5pi_LED_CDS.ino

```
// CDS Sensor : A0
// 5PI LED : 13

#define CDS     A0
#define LED     13

void setup() {
  pinMode(LED, OUTPUT);
}

void loop() {
  int cds_val = analogRead(CDS);

  if(cds_val >= 330)
    digitalWrite(LED, LOW);
  else
    digitalWrite(LED, HIGH);
  delay(100);
}
```

스케치 설명

- 사용핀 정의

스케치에서 사용할 핀을 정의한다.

```
#define CDS     A0
#define LED     13
```

- 초기화 구문

5PI LED와 연결된 핀을 출력으로 설정한다.

```
pinMode(LED, OUTPUT);
```

• 5PI LED 제어

조도를 0.1초 단위로 읽어와 조도가 330이상 일 때는 digitalWrite() 함수를 사용하여 를 LED를 OFF시키고 330 이하일 때는 LED를 ON시킨다.

```
cds_val = analogRead(CDS);

if(cds_val >= 330)
  digitalWrite(LED, LOW);
else
  digitalWrite(LED, HIGH);
delay(100);
```

11.5. 조명 제어

주변 밝기에 따라 LED의 밝기를 조절하는 저전력 조명 제어 프로젝트를 구현해 보자. 이 프로젝트를 응용하여 일상생활에 사용되는 조명을 연결하여 실제 가정이나 빌딩 등의 건물에서 사용할 수 있는 시스템을 만들어 볼 수 있다.

표 11.1. 조명제어용 센서

CdS Sensor	5PI LED	1Button Switch
	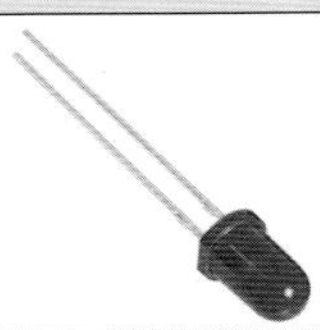	

스케치 작성

조명 제어는 CdS 센서, 5Pi LED 및 버튼 스위치를 이용한다. 버튼 스위치는 누를 때마다 LED를 ON/OFF 시킨다. 다음으로, LED가 ON 상태일 때 조도 센서값을 읽어 들여 그 값에 따라 LED의 밝기를 조절한다. 그리고, 읽어 들인 조도 값과 LED의 밝기는 시리얼 모니터에 출력된다.

• 스케치 : LED_Control.ino

```
#define CDS      A0
#define LED      10
#define BUTTON 1

int flag =0;
int cdsValue = 0;
int lightValue = 0;

void setup() {
  Serial.begin(9600);
  pinMode(BUTTON, INPUT_PULLUP);
  pinMode(LED, OUTPUT);
  analogWrite(LED, 0);
}

void loop() {
  if(digitalRead(BUTTON)==0) {
    flag^=1;
    delay(300);
  }
  if(flag) {
    cdsValue = analogRead(CDS);
    lightValue =  map(cdsValue, 0, 1023, 0, 255);
    analogWrite(LED, 255 - lightValue);

    Serial.print("sensor = " );
    Serial.print(cdsValue);
    Serial.print("₩t output = ");
    Serial.println(lightValue);
    delay(10);
  }
  if(!flag)
    analogWrite(LED, 0);
}
```

스케치 설명

• 사용핀 정의

프로그램에서 사용할 핀과 변수를 정의한다.

```
#define CDS     A0
#define LED     10
#define BUTTON 11

int flag =0;
int cdsValue = 0;
int lightValue = 0;
```

• 초기화 구문

모듈과 연결된 핀을 각각 사용할 모드로 설정한다. 시리얼 통신의 전송속도(Baud rate)는 9600으로 설정한다.

```
Serial.begin(9600);
pinMode(LED, OUTPUT);                // Setting OUTPUT mode
pinMode(BUTTON, INPUT_PULLUP);       // Setting INPUT PULLUP mode
```

• LED ON/OFF 제어

버튼 스위치(Button Switch)를 누를 때 마다 flag 변수가 0에서 1로, 1에서 0으로 변하며 LED의 ON/OFF를 제어한다.

```
if(digitalRead(BUTTON)==0) {
    flag^=1;
    delay(300);
}
```

• LED 밝기 조절

flag 변수가 1일 때만 조도 센서(CDS Sensor)에 의해서 읽어 들인 조도 값을 map함수를 이용하여 0 ~ 255 값으로 변환한 뒤 그 값에 따라서 LED의 밝기가 제어 된다. 읽어 들인 조도 값과 LED의 밝기는 시리얼 모니터에 출력된다.

```
if(flag) {
    cdsValue = analogRead(CDS);
    lightValue =  map(cdsValue, 0, 1023, 0, 255);
    analogWrite(LED, 255 - lightValue);

    Serial.print("sensor = " );
    Serial.print(cdsValue);
    Serial.print("₩t output = ");
    Serial.println(lightValue);
    delay(10);
}
```

실험 11.1. 가변저항을 이용한 LED 제어

실험목적

Arduino Mega 2560, Joystick, 5PI LED를 사용하여 Y축의 Analog값에 따라 LED의 밝기를 조절하도록 설계한다.

실험장비

Arduino Mega 2560	Sensor Shield	Joystic	5PI LED
	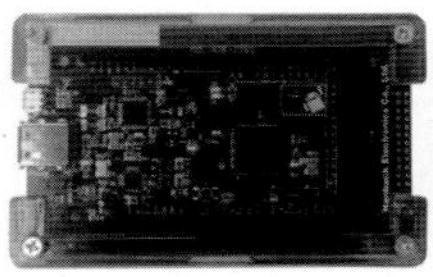	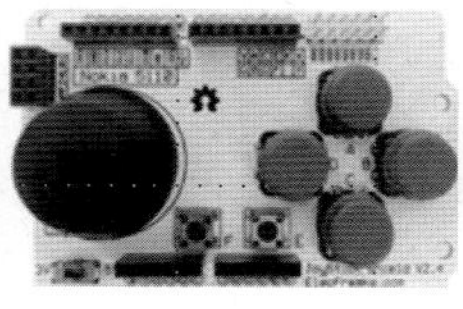	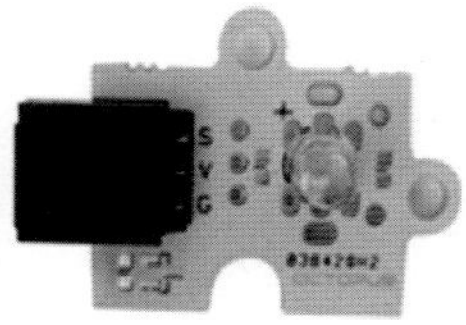

1. 회로 구성하기

- 아두이노 Mega 2560 모듈과 조이스틱 모듈을 아래 그림과 같이 연결한다.

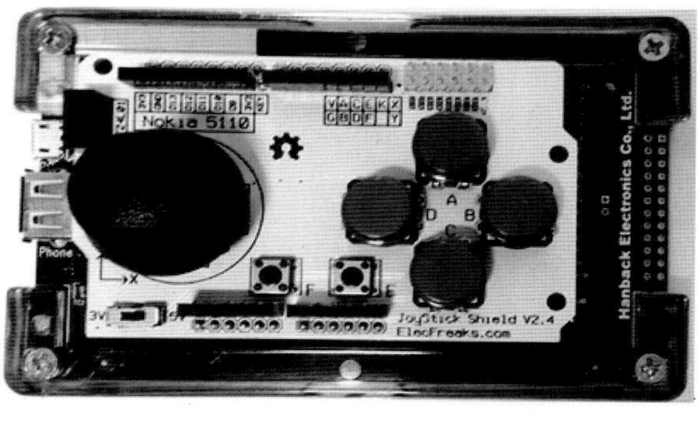

그림 11.6. Joystick 연결

- 아두이노 Mega 2560 모듈과 Joystic을 표 11.2와 같이 연결한다.

표 11.2. JOoystick 연결 핀 정보

Arduino Mega 2560	JoyStick	Arduino Mega 2560	JoyStick
A0	X	4	C
A1	Y	5	E
8	Sel	6	D
2	A	7	F
3	B		

- 5PI LED의 S핀과 아두이노 D13을 점퍼 케이블을 사용해 연결한 뒤 G(Ground), V(V_{cc})는 그림과 같이 연결한다.

그림 11.7. 5PI LED 연결

2. 아두이노 실행하기

- 아두이노 IDE 아이콘을 더블클릭하여 아두이노 IDE를 실행한다.

- 아두이노 설정

아래 그림과 같이 도구에서 보드 및 시리얼 포트를 설정한다. 보드는 Arduino/Genuno Mega or Mega 2560, 시리얼 포트는 장치관리자에서 확인한 COM포트 번호로 설정한다.

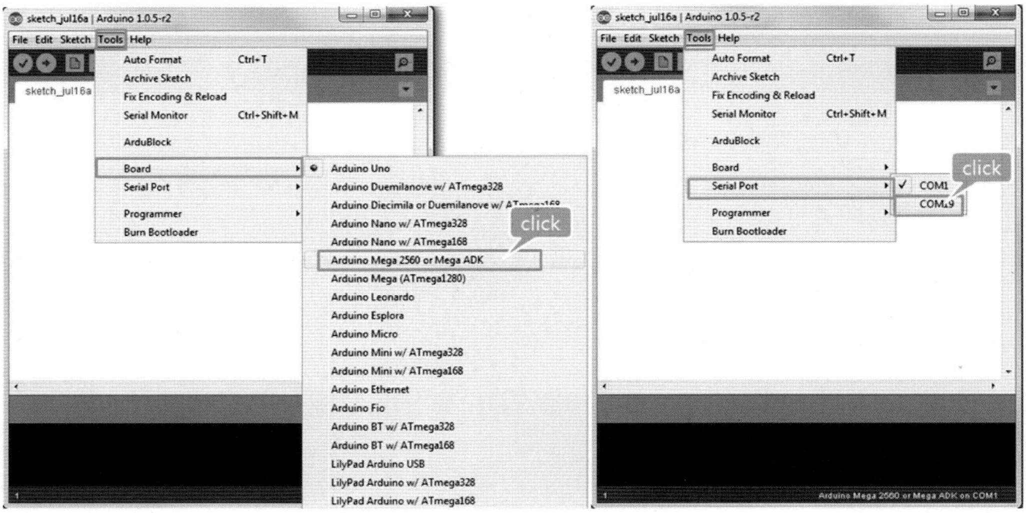

그림 11.8. 보드 및 시리얼 포트 설정

• 포트 설정을 완료한 뒤 Arduino IDE의 아랫부분에 표시되어 있는 설정값을 확인한다. 설정이 잘못되어 있다면 다시 설정해 준다.

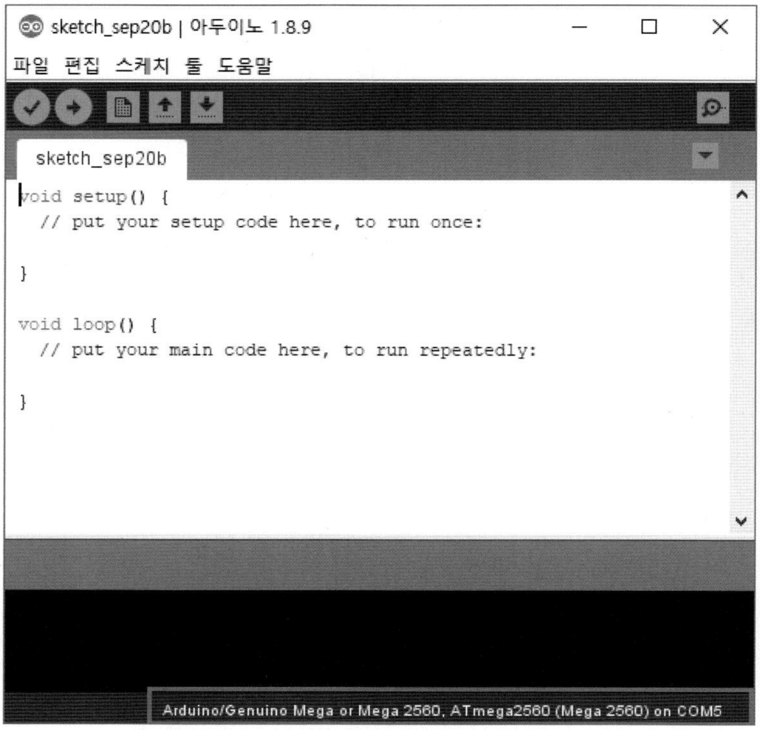

그림 11.9. 보드 및 시리얼 포트 설정값 확인

• 스케치 작성 : 5pi_LED_Joystick.ino

```
5pi_LED_Joystick

/*
 * Joystick X:A0, Y:A1, Sel:8, A:2, B:3, C:4, D:5, E:6, F:7
 * 5PI LED : 13
 */

#define LED          13
#define Joystick_Y   A1

int val = 0;

void setup(void)
{
  pinMode(LED, OUTPUT);      //Setting OUTPUT mode
}

void loop(void)
{
  val = analogRead(Joystick_Y);
  analogWrite(LED, val/4);
  delay(100);
}
```

그림 11.10. 스케치 : 5pi_LED_Joystick

• 스케치 저장 및 컴파일

프로그램 작성이 완료되면 아래 그림 11.11과 같이 저장 버튼을 클릭하여 저장해준다. 파일 저장이 완료되면 컴파일 버튼을 눌러 컴파일을 실행한다.

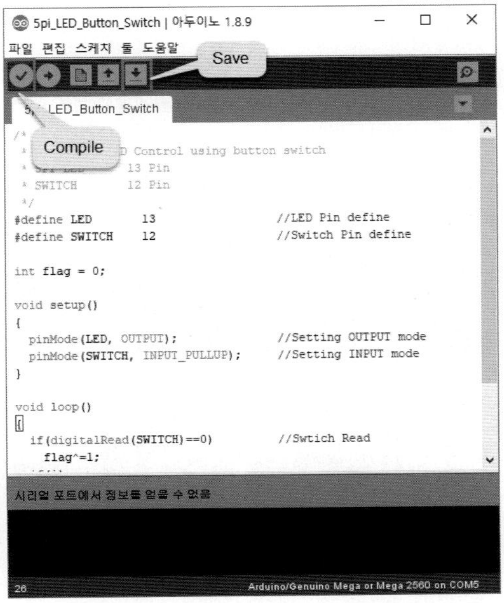

그림 11.11. 스케치 저장 및 컴파일

• **업로드 실행**

컴파일이 정상적으로 완료 되었다면 아래 그림과 같이 Upload 버튼을 눌러 업로드를 실행한다. Arduino IDE는 기본적으로 업로드를 실행할 때 컴파일도 같이 실행된다.

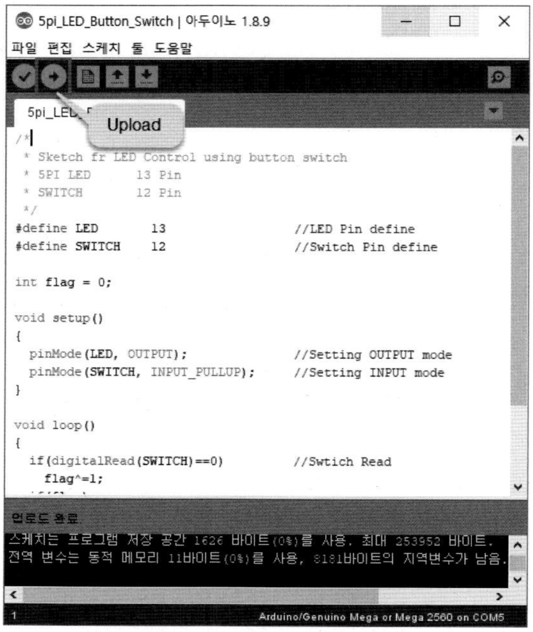

그림 11.12. 업로드 실행

3. 아두이노 동작 확인하기

• Joystick의 Y축의 analog 값에 따라 LED의 밝기가 변하는 것을 확인할 수 있다.

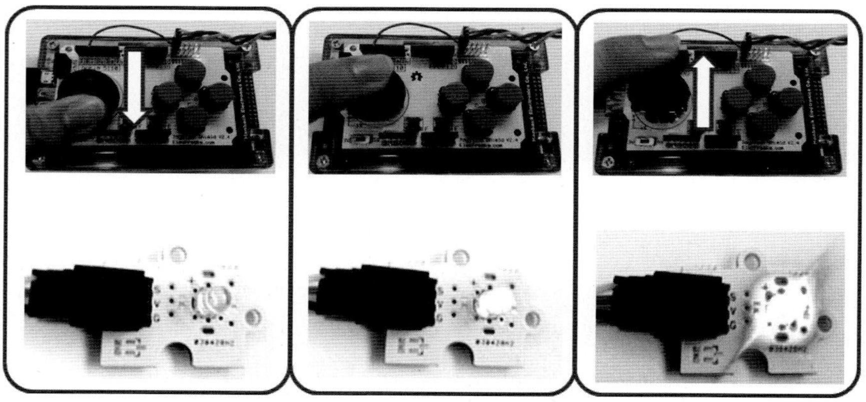

그림 11.13. 스케치 동작 결과

실험 11.2. 조도센서를 이용한 LED 제어

실험목적

Arduino Mega 2560, 5PI LED, CDS Sensor를 사용하여 조도에 따라 LED가 On/Off 되도록 설계한다.

실험장비

Arduino Mega 2560	Bread Bord	5PI LED	CDS Sensor
	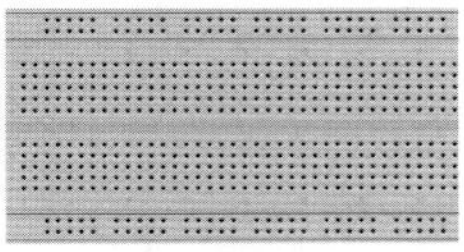	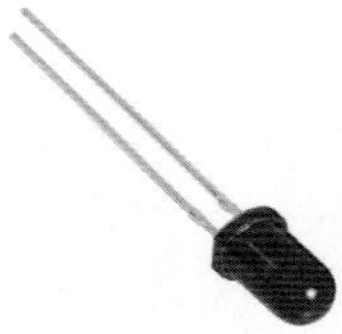	

HBE-ADK-25660	Sensor Shield	5PI LED Module	CDS Sensor Module
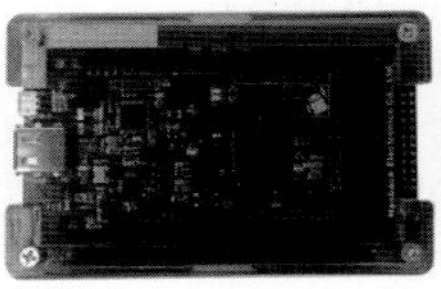	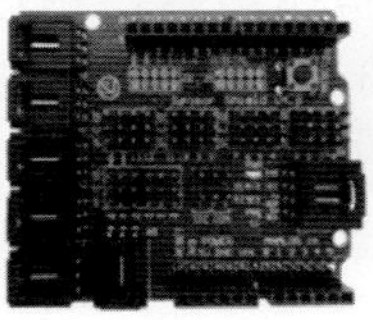		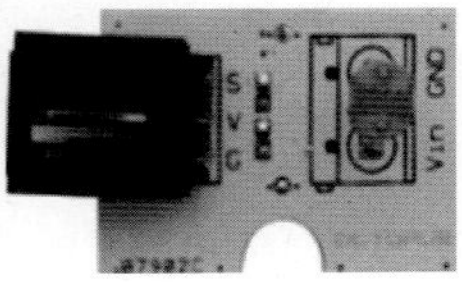

1. 회로 구성하기

조도 센서를 이용한 LED 제어 실험을 위해서 회로를 구성하는 방법은 두 가지가 있다. 첫 번째는 브레드 보드에 LED와 CDS 센서로 회로를 구성하고 아두이노 Mega 2560 보드와 연결하여 회로를 구성하는 방법이다. 두 번째는 Arduino Mega 2560 모듈, 센서 쉴드, 5PI LED 모듈, CDS 센서 모듈을 이용하여 회로를 구성하는 방법이다.

아두이노 Uno 또는 Arduino Mega 2560과 브레드보드로 회로 구성하기

- 브레드보드에 5PI LED와 1 $K\Omega$ 저항을 연결하고, CdS 센서와 10 $Kohm$ 저항을 그림 11.12와 같이 연결한다. 그림 11.13은 아두이노와 브레드보드의 연결 회로도이다.

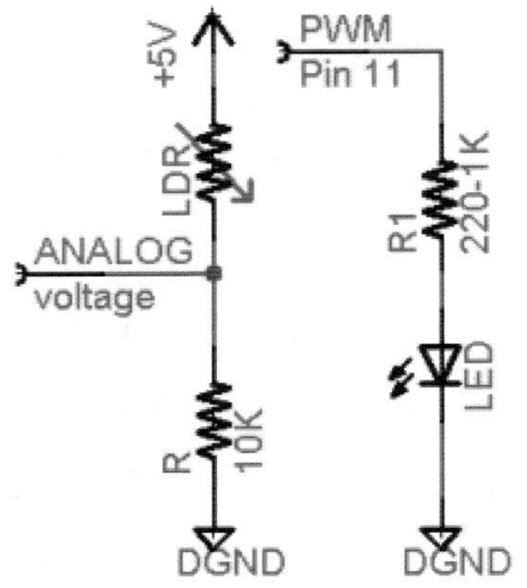

그림 11.14. CdS 센서 및 LED 회로도

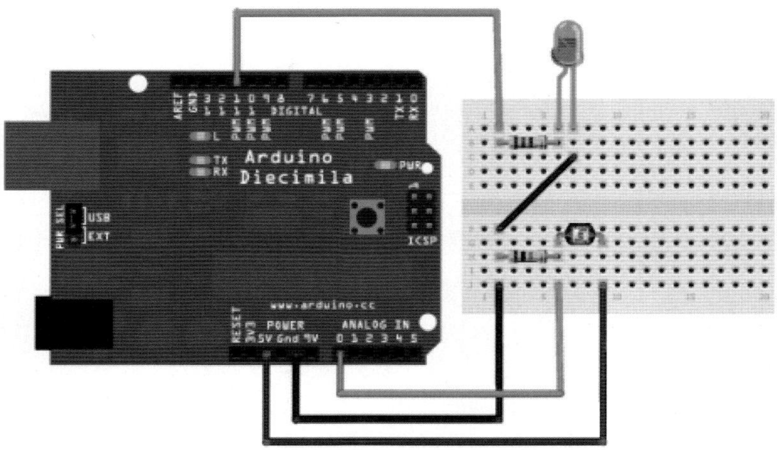

그림 11.15. 아두이노와 브레드 보드 연결 회로도

- 아두이노 Mega 2560 모듈과 CDS 센서 및 5PI LED를 표 11.3와 같이 연결한다.

표 11.3. 모듈 연결 핀 정보

Arduino Mega 2560	CDS Sensor	Arduino Mega 2560	5PI LED
A0	S	13	S

Arduino Mega 2560과 센서 모듈로 회로 구성하기

또는, Arduino Mega 2560 모듈, 센서 쉴드, 5PI LED 모듈 및 CDS 센서 모듈을 이용

하여 회로를 구성할 수도 있다. 다음과 같이 회로를 구성한다.

- 아두이노 Mega 2560 모듈과 센서 쉴드를 아래 그림과 같이 연결한다.

그림 11.16. Sensor Shield 연결

- 아두이노 Mega 2560 모듈과 CDS 센서 및 5PI LED를 표 11.4와 같이 연결한다.

표 11.4. 모듈 연결 핀 정보

Arduino Mega 2560	CDS Sensor	Arduino Mega 2560	5PI LED
A0	S	13	S
V	V	V	V
G	G	G	G

그림 11.17. 5PI LED, CDS Sensor 연결

2. 아두이노 실행하기

- 아두이노 IDE 아이콘을 더블클릭하여 아두이노 IDE를 실행한다.

- 아두이노 설정

아래 그림과 같이 도구에서 보드 및 시리얼 포트를 설정한다. 보드는 Arduino Mega 2560 or Mega ADK, 시리얼 포트는 장치관리자에서 확인한 COM포트 번호로 설정한다.

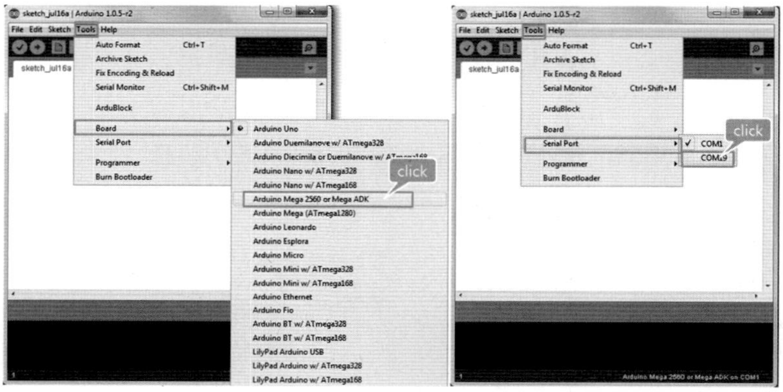

그림 11.18. 보드 및 시리얼 포트 설정

포트 설정을 완료한 뒤 Arduino IDE의 아랫부분에 표시되어 있는 설정값을 확인한다. 설정이 잘못되어 있다면 다시 설정해 준다.

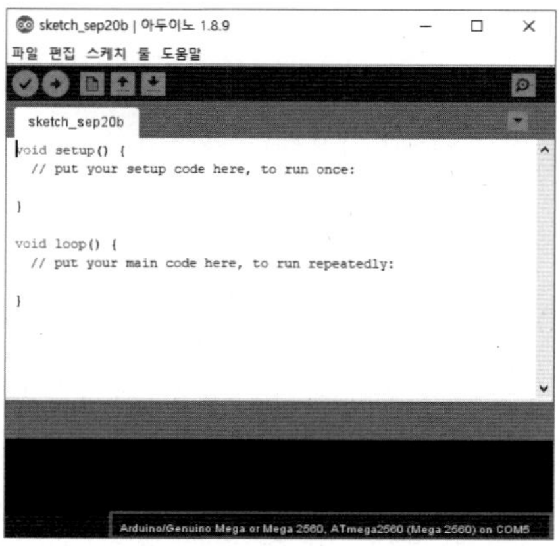

그림 11.19. 보드 및 시리얼 포트 설정값 확인

• 스케치 작성 : 5pi_LED_CDS.ino

```
5pi_LED_CDS
// CDS Sensor : A0
// 5PI LED : 13

#define CDS     A0
#define LED     13

void setup() {
  pinMode(LED, OUTPUT);
}

void loop() {
  int cds_val = analogRead(CDS);

  if(cds_val >= 330)
    digitalWrite(LED, LOW);
  else
    digitalWrite(LED, HIGH);
  delay(100);
}
```

그림 11.20. 스케치 : 5pi_LED_CDS

• 스케치 저장 및 컴파일

프로그램 작성이 완료되면 아래 그림과 같이 저장 버튼을 클릭하여 저장할 위치를 선택하고 저장해준다. 파일 저장이 완료되면 Verify 버튼을 눌러 컴파일을 실행한다.

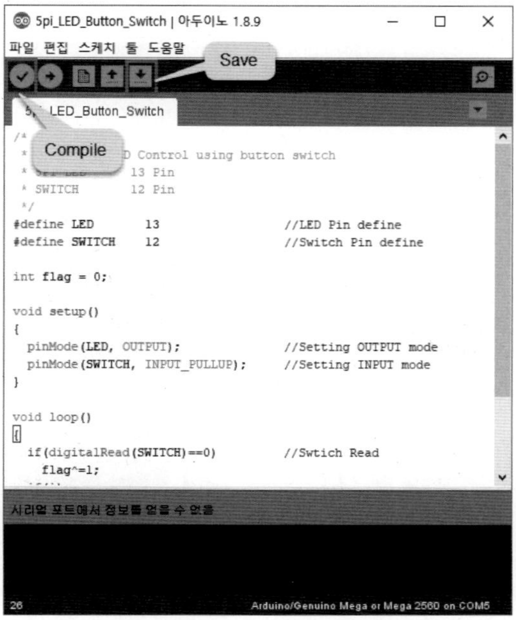

그림 11.21. 스케치 저장 및 컴파일

- 업로드 실행

컴파일이 정상적으로 완료되었다면 아래 그림과 같이 Upload 버튼을 눌러 업로드를 실행한다. Arduino IDE는 기본적으로 업로드를 실행할 때 컴파일도 같이 실행된다.

그림 11.22. 업로드 실행

3. 아두이노 동작 확인하기

- CDS 주변의 조도가 높을 때는 LED가 OFF되며 조도가 낮을 경우는 LED가 ON된다.

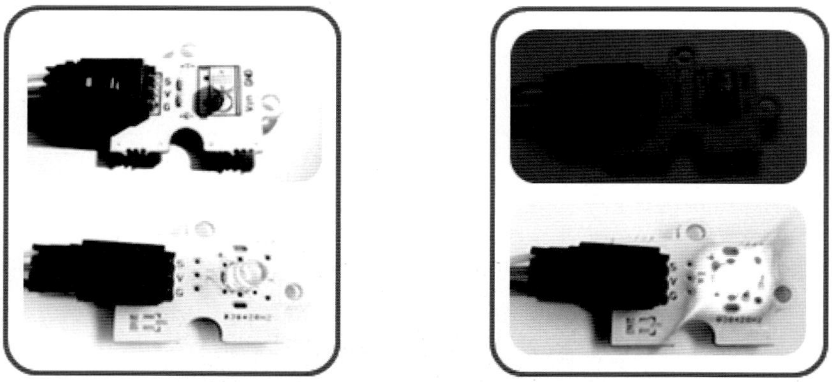

그림 11.23. 스케치 동작 결과

실험 11.3. 조명 제어

실험목적

Arduino Mega 2560, Sensor Shield, 5Pi LED, Button Switch, CDS Sensor를 사용하여 Button은 LED의 On/Off를 제어하고 CDS Sensor에서 읽어 들인 조도의 값으로 LED의 밝기를 제어하도록 설계한다.

실험장비

Arduino Mega 2560	Sensor Shield	5PI LED Module	CDS Sensor Module
		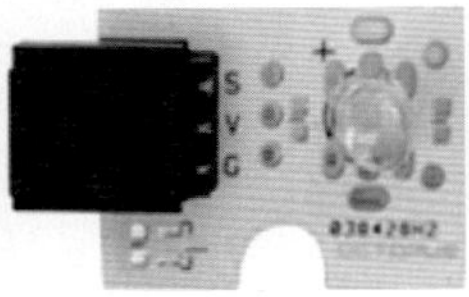	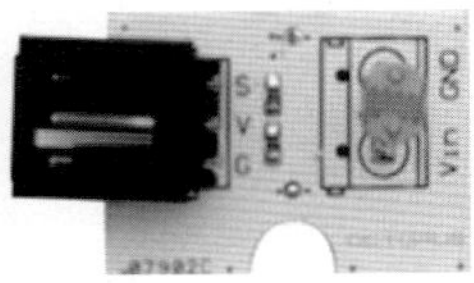

Button Switch Module
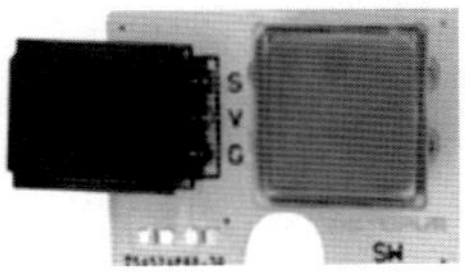

1. 회로 구성하기

- 아두이노 Mega 2560 모듈에 센서 쉴드를 아래 그림과 같이 연결한다.

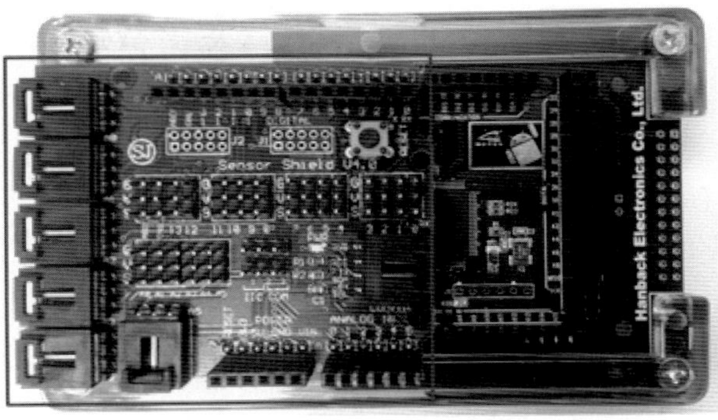

그림 11.24. Sensor Shield 연결

• 아두이노 Mega 2560 모듈과 5PI LED를 표 11.5과 같이 연결한다.

표 11.5. 모듈 연결 핀 정보

Arduino Mega 2560	Button Switch	Arduino Mega 2560	CDS Sensor	Arduino Mega 2560	5Pi LED
11	S	A0	S	10	S
V	V	V	V	V	V
G	G	G	G	G	G

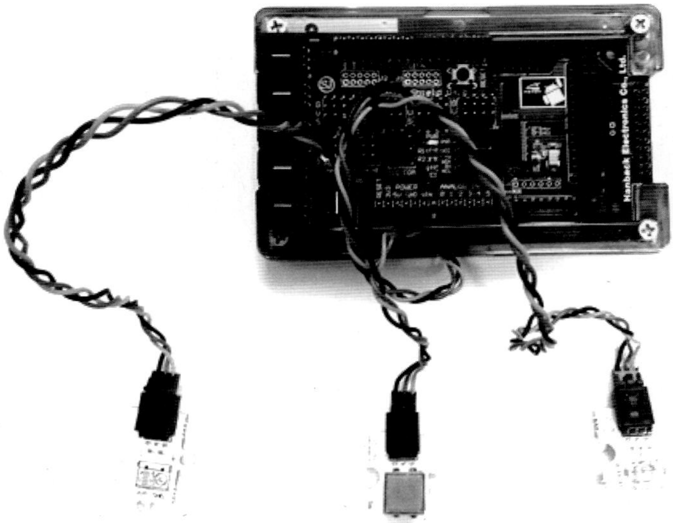

그림 11.25. 5Pi LED, Button Switch, CDS Sensor 연결

2. 아두이노 실행하기

• 아두이노 IDE 아이콘을 더블클릭하여 아두이노 IDE를 실행한다.

• 아두이노 설정

아래 그림과 같이 도구에서 보드 및 시리얼 포트를 설정한다. 보드는 Arduino/

Genuno Mega or Mega 2560, 시리얼 포트는 장치관리자에서 확인한 COM포트 번호로 설정한다.

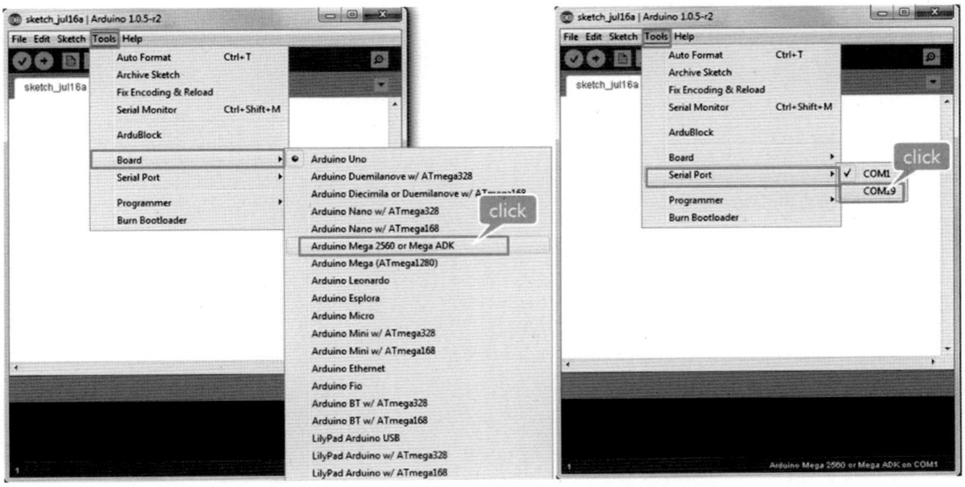

그림 11.26. 보드 및 시리얼 포트 설정

- 포트 설정을 완료한 뒤 Arduino IDE의 아랫부분에 표시되어 있는 설정값을 확인한다. 설정이 잘못되어 있다면 다시 설정해 준다.

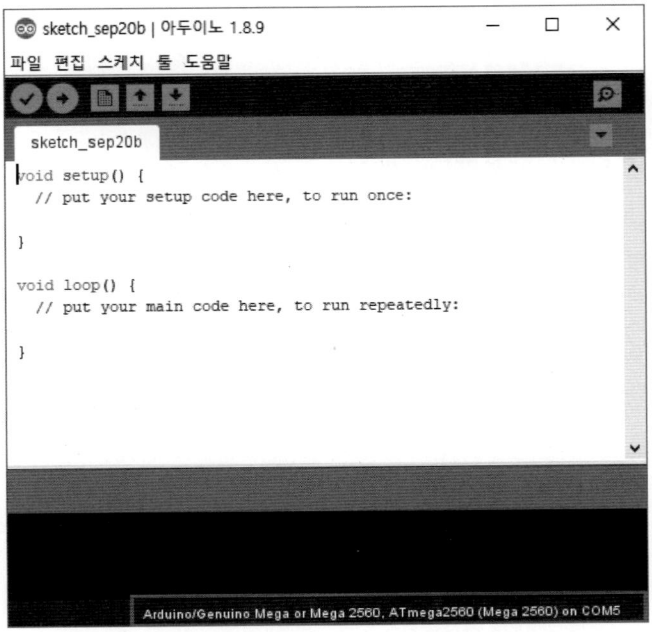

그림 11.27. 보드 및 시리얼 포트 설정값 확인

• 스케치 작성 : LED_Control.ino

LED_Control

```
#define CDS    A0
#define LED    10
#define BUTTON 11

int flag =0;
int cdsValue = 0;
int lightValue = 0;

void setup() {
  Serial.begin(9600);
  pinMode(BUTTON, INPUT_PULLUP);
  pinMode(LED, OUTPUT);
  analogWrite(LED, 0);
}

void loop() {
  if(digitalRead(BUTTON)==0) {
    flag^=1;
    delay(300);
  }
  if(flag) {
    cdsValue = analogRead(CDS);
    lightValue =  map(cdsValue, 0, 1023, 0, 255);
    analogWrite(LED, 255 - lightValue);

    Serial.print("sensor = " );
    Serial.print(cdsValue);
    Serial.print("\t output = ");
    Serial.println(lightValue);
    delay(10);
  }
  if(!flag)
    analogWrite(LED, 0);
}
```

그림 11.28. 스케치: LED_Control

• 스케치 저장 및 컴파일

프로그램 작성이 완료되면 아래 그림과 같이 저장 버튼을 클릭하여 저장할 위치를 선택하고 저장해준다. 파일 저장이 완료되면 Verify 버튼을 눌러 컴파일을 실행한다.

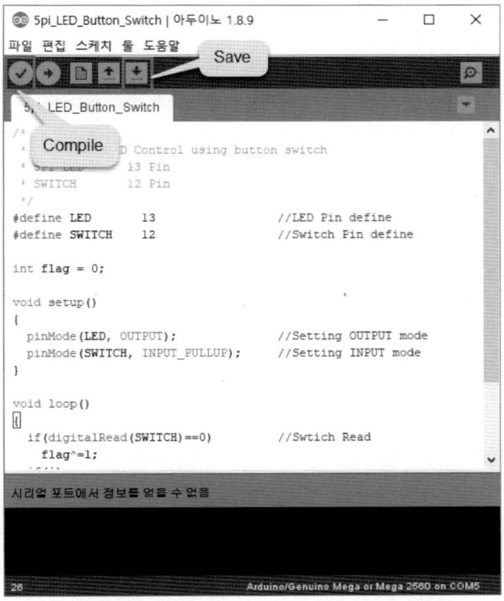

그림 11.29. 스케치 저장 및 컴파일

- 업로드 실행

컴파일이 정상적으로 완료되었다면 아래 그림과 같이 Upload 버튼을 눌러 업로드를 실행한다. Arduino IDE는 기본적으로 업로드를 실행할 때 컴파일도 같이 실행된다.

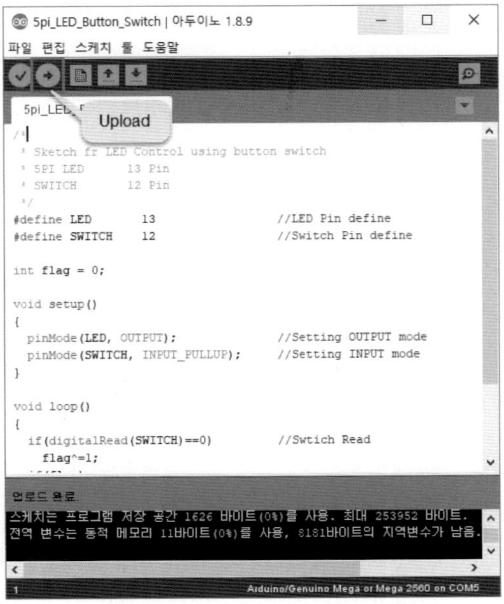

그림 11.30. 업로드 실행

3. 아두이노 동작 확인하기

- 버튼 스위치(Button Switch)를 눌러 LED를 ON 시키면 자동으로 CDS Sensor가 조도를 읽어 들여 LED의 밝기를 제어한다. 이 값은 시리얼 모니터를 통해 출력된다. 이때 버튼 스위치를 다시 누르면 LED가 OFF된다.

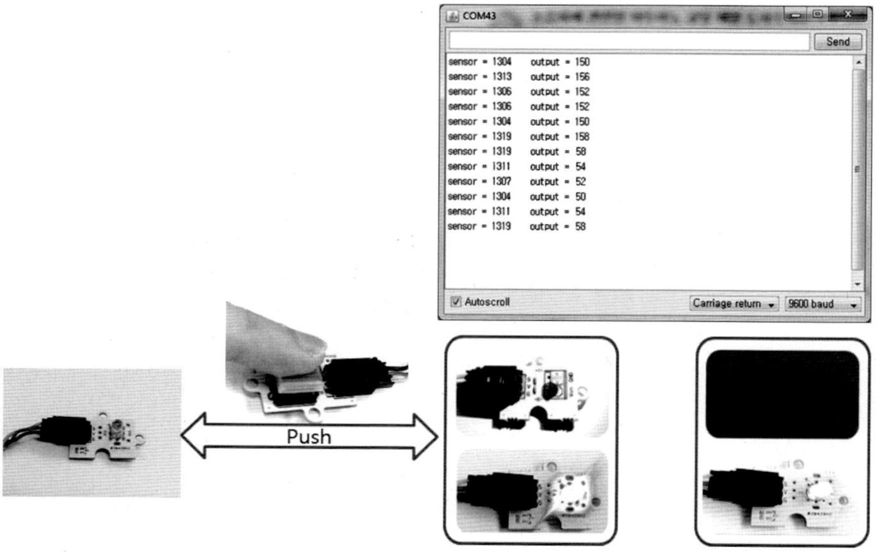

그림 11.31. 스케치 동작 결과

제12장 거리 측정

목적

- 적외선 거리 센서를 이용한 거리 측정 개념을 이해한다.
- 적외선 거리 센서와 LED를 이용하여 주차공간확인 시스템을 구현한다.
- 초음파 거리 센서를 이용한 거리 측정 개념을 이해한다.

12.1. 적외선 거리 센서

적외선 거리 센서(PSD: Position Sensitive Device)는 단거리 위치를 검출하는 반도체 소자이다. 이 소자는 감광 반도체 소자로 빛이 소자의 특정 지점에 비추면 전하가 생기게 되고, 생성된 전하는 소자의 양단으로 확산하게 된다. 양쪽 끝에 전극 봉을 두고 확산된 전하량을 비교하여 소자의 중심으로부터 빛이 조사된 상대 위치를 알 수 있게 된다. 기본적으로 아날로그 소자로서 소자 도핑의 균일성에 따라 정밀도가 달라진다. 균일한 도핑의 경우도 조사 위치 대 전하량과의 상관관계가 비선형적인 문제가 있어 측정하는 전구간에 대하여 동일한 측정 정밀도를 보장하기는 어렵다.

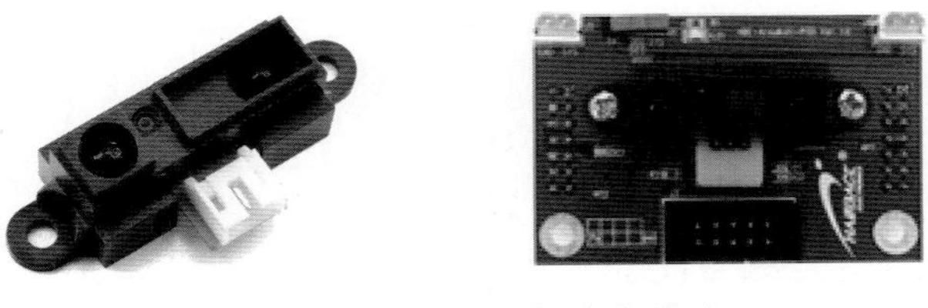

그림 12.1. 적외선 거리 센서

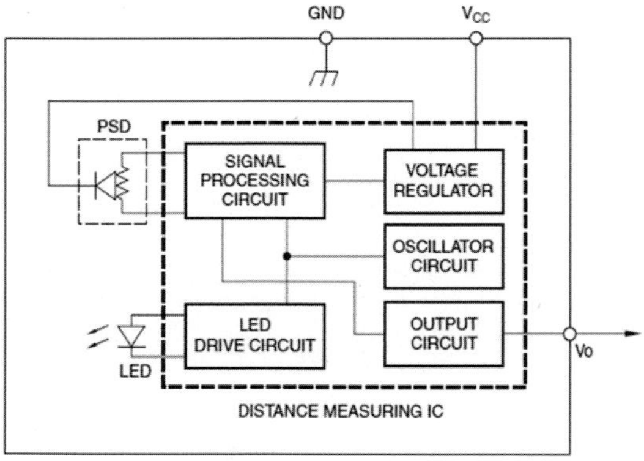

그림 12.2. PSD 센서(GP2Y0A21YK) 블록도

적외선 거리 센서는 적외선 광 센서를 이용하며, 대표적인 센서로 Sharp사의 GP2Y9A21YK PSD 센서를 사용한다. GP2Y0A21YK는 적외선 LED와 PSD 소자(Position Sensitive Detector)를 내장한 모듈로, 센서 전면에 놓인 물체까지의 거리를 직류 전압으로 변환하여 출력한다. 그림 12.2는 PSD 센서의 블록도이다.

적외선 거리 센서는 그림 12.3과 같이 발광부와 수광부로 나뉘어져 있으며 발광부에서 발광한 적외선이 물체에 반사될 때 이를 수광부 렌즈를 통해 집속하여 각도를 측정하고 이 각도를 삼각측정법을 이용하여 거리를 산정하게 된다. 사용된 PSD의 측정거리는 최소 10cm에서 80cm까지 측정 가능하다. 그림 12.4는 PSD 센서의 거리별 출력 전압을 보여준다.

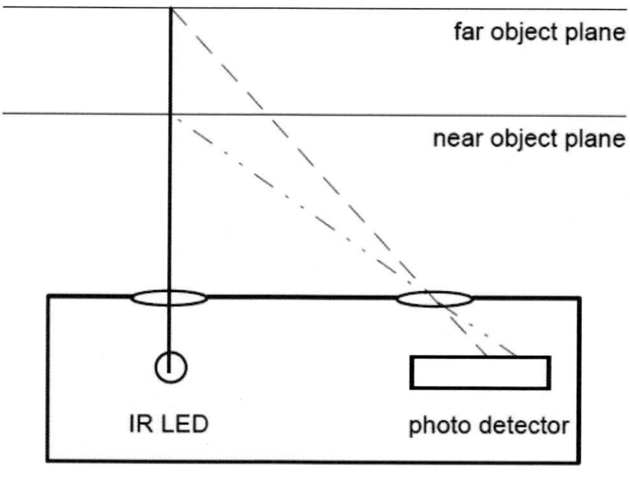

그림 12.3. PSD 센서(GP2Y0A21YK) 거리 측정 원리

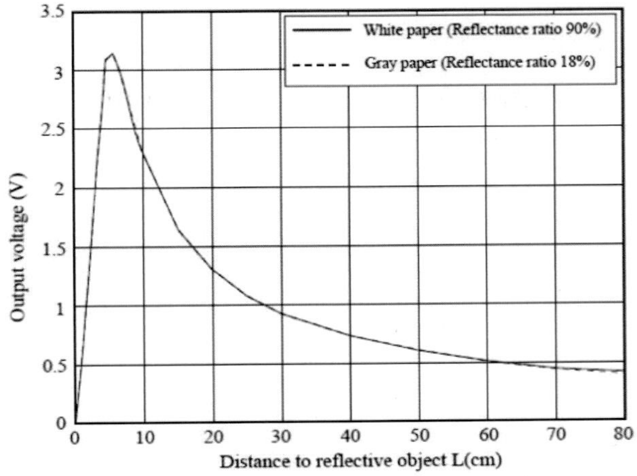

그림 12.4. PSD 센서(GP2Y0A21YK) 거리별 출력 전압

스케치 작성

- 스케치: PSD_Sensor.ino

```
// PSD Sensor : A0

#define PSD     A0

void setup() {
  Serial.begin(115200);        //Serial initialization
}

void loop() {
  float Dist = 0;
  float Read = 0;

  //Read Data and calculate
  Read = ((float)analogRead(PSD)) * 5 / 1023;
  Dist = 1/(Read * 0.0434 - 0.0046);

  if(Dist > 80)
    Dist = 80;                 //Maximum distance
  if(Dist < 10)
    Dist = 10;                 //Minimum distance

  //Print Message
  Serial.print("Dist : ");
  Serial.println(Dist);
  delay(1000);
}
```

스케치 설명

- **사용핀 정의**

스케치에서 사용할 핀을 정의한다.

```
#define PSD    A0
```

- **초기화 구문**

Serial port(UART 0)를 전송속도(Baud rate)는 115200로 설정한다.

```
Serial.begin(115200);
```

- **거리 계산 및 출력**

PSD센서로 부터 측정된 값을 입력받아서 거리를 계산해준다. 이때 최대값은 80cm 최소값은 10cm로 제한한다.

```
//Read Data and calculate
Read = ((float)analogRead(PSD)) * 5 / 1023;
Dist = 1/(Read * 0.0434 - 0.0046);

if(Dist > 80)
  Dist = 80;      //Maximum distance
if(Dist<10)
  Dist = 10;      //Minimum distance
```

- **측정된 값 출력**

측정된 거리값을 출력해준다.

```
Serial.print("Dist : ");
Serial.println(Dist);
delay(1000);
```

12.2. 주차공간 확인 시스템

PSD 센서를 이용하여 거리측정을 하는 주차공간 확인 시스템을 구현해 보자. 이를 응용하면 자동차에 적용된 어드밴스드 스마트 크루즈 컨트롤(일정거리를 유지하면서 앞에 자동차를 따라가는 시스템)을 구현해 볼 수도 있다.

스케치 작성

주차 공간 확인 시스템은 PSD 센서와 LED를 이용한다. PSD 센서를 통해 거리값을 측정하여 기준거리값보다 작으면 LED를 OFF 시키고, 측정거리가 기준거리값보다 크면 LED를 ON 시킨다.

- 스케치 : Confirmation_of_Space.ino

```
#define PSD     A0
#define LED     10

int DistSet = 10;

void setup() {
  Serial.begin(9600);           //Serial initialization
  pinMode(LED, OUTPUT);    //Setting OUTPUT mode
}

void loop() {
  float Dist = 0;
  float Read = 0;

  Read = ((float)analogRead(PSD))*5/1023;
  Dist = 1/(Read * 0.0434 - 0.0046);

  if(Dist > 80)
    Dist = 80;                  //Maximum distance
  if(Dist < 10)
    Dist = 10;                  //Minimum distance

  Serial.print("Dist : ");
  Serial.println(Dist);

  if(Dist <= DistSet)
    digitalWrite(LED, LOW);    //LED    Off
  else
    digitalWrite(LED, HIGH);    //LED    On
  delay(500);
}
```

스케치 설명

- 사용핀 정의

프로그램에서 사용할 핀과 변수를 정의한다.

```
#define PSD    A0
#define LED    10

int DistSet = 10;
```

- 초기화 구문

LED 모듈과 연결된 핀을 OUTPUT모드로 설정한다.

```
Serial.begin(9600);          //Serial initialization
pinMode(LED, OUTPUT);        //Setting OUTPUT mode
```

- 거리 계산 및 출력

PSD 센서로 부터 측정된 값을 입력 받아서 거리를 계산해준다. 이때 최대값은 80cm 최소값은 10cm로 제한한다.

```
//Read Data and calculate
Read = ((float)analogRead(PSD))*5/1023;
Dist = 1/(Read * 0.0434 - 0.0046);

if(Dist   > 80)
  Dist =   80; //Maximum distance
if(Dist<10)
  Dist =   10; //Minimum distance
```

- LED 제어 및 거리 출력

0.5초 간격으로 측정된 거리를 시리얼 모니터에 출력해주며 기준거리보다 측정거리가 작으면 LED를 OFF 시키고 측정거리가 크면 LED를 ON 시켜준다.

```
Serial.print("Dist : ");
Serial.println(Dist);

if(Dist <= DistSet)
  digitalWrite(LED, LOW);    //LED   Off
else
  digitalWrite(LED, HIGH);   //LED   On
delay(500);
```

12.3. 초음파 거리 센서

초음파 센서(Ultrasonic Sensor)는 초음파를 이용하여 거리를 측정하는 모듈이다. 센서 모듈로 거리를 측정하기 위해서 먼저 초음파를 발생시켜준다. 발생된 초음파는 전방으로 진행하며, 전방으로 진행하는 초음파가 물체에 부딪치면 반사되어 모듈로 돌아온다. 이 과정에서 초음파가 발사되어 돌아온 시간을 측정하여 거리(D)를 계산한다. 초음파의 진행속도는 약 340m/s이므로, 초음파가 물체에 도달했다가 돌아온 시간(T)을 2로 나누어 주고 그 시간을 계산하면 된다.

$$D(m) = \frac{T(s) \times 340(m/s)}{2} \tag{12.1}$$

스케치에서는 거리는 cm, 시간은 μs 단위를 사용하므로 위 공식을 수정하면, 거리 = 시간 * 0.034(cm/us) / 2 가 된다. 거리 = 시간 * (34/1000)(cm/us) / 2 가 되고, 실수 계산을 정수로 수정하면, 최종적으로 거리 = 시간 / 29(us/cm) / 2 가 된다. 정수로 계산하므로 소수점 이하는 계산되지 않는다.

그림 12.5. 초음파 센서(HC-SR04)

초음파 거리 측정 센서는 HC-SR04 센서를 사용한다. HC-SR04는 초음파를 이용하여 2cm~4m 범위의 거리를 측정할 수 있는 모듈이다. 거리의 정밀도는 3mm이다. 모듈에는 초음파 발신기, 수신기 및 제어 회로가 내장되어 있으며 동작 방식은 다음과 같다.

- 최소 10us 이상의 HIGH 레벨 신호를 TRIG 핀에 입력한다.
- 모듈은 자동으로 8회의 40KHz 초음파를 발신 후 반향을 감지한다.
- ECHO핀은 초음파 발신 직후 HIGH 레벨이 되고 반향을 감지하면 LOW 레벨이 된다.
- 측정 거리 = (ECHO 핀 HIGH 레벨 지속 시간) x 음파속도(340m/sec) / 2

표 12.1. HC-SR04 사양

항목	값
동작 전압	5V
동작 전류	15mA
동작 주파수	40KHz
측정 거리	2cm ~ 4m
측정 각도	° 15°
트리거 입력 신호	10us TTL 펄스
응답 출력 신호	측정 거리에 비례하는 TTL 펄스
크기	45 × 20 × 15mm

이 센서의 타이밍 다이어그램은 그림 12.6과 같다.

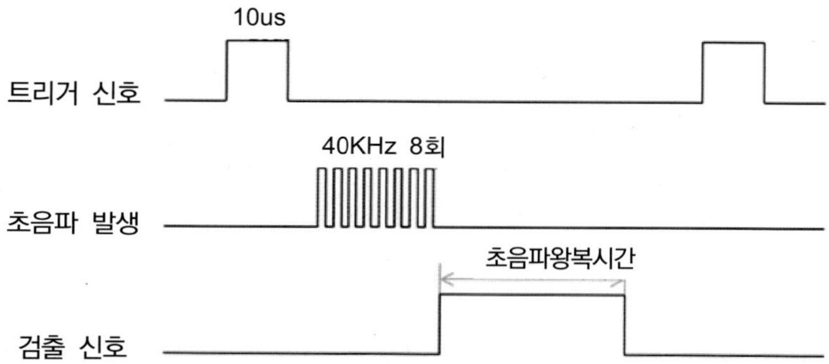

그림 12.6. HC-SR04 타이밍 다이어그램

스케치 작성

- 스케치 : Ultrasonic_Sensor.ino

```
#define CM 1            // Centimeter
#define INC 0           // Inch
#define TP 12           // Trig_pin
#define EP 13           // Echo_pin

void setup() {
  pinMode(TP,OUTPUT);   // set TP output for trigger
  pinMode(EP,INPUT);    // set EP input for echo
  Serial.begin(115200);
}
void loop() {
  long microseconds = TP_init();
```

```
    long distacne_cm = Distance(microseconds, CM);
    Serial.print("Distacne_CM = ");
    Serial.println(distacne_cm);
    delay(1000);
}

long Distance(long time, int flag) {
    long distacne;
    if(flag)
      distacne = time / 29 / 2;
    else
      distacne = time / 74 / 2;
    return distacne;
}

long TP_init() {
    digitalWrite(TP, LOW);
    delayMicroseconds(2);
    digitalWrite(TP, HIGH);
    delayMicroseconds(10);
    digitalWrite(TP, LOW);
    long microseconds = pulseIn(EP,HIGH);
    return microseconds;
}
```

스케치 설명

- **사용핀 정의**

스케치에서 사용할 핀을 정의한다.

```
#define TP 12            //Trig_pin
#define EP 13            //Echo_pin
```

- **초기화 구문**

프로그램에서 사용할 TP핀과 EP핀의 모드를 설정하고 Serial port(UART 0)를 전송 속도 115200로 초기화 한다.

```
pinMode(TP,OUTPUT);         // set TP output for trigger
pinMode(EP,INPUT);          // set EP input for echo
Serial.begin(115200);
```

• 초음파 발생

TP핀을 제어하여 센서에서 초음파를 발사해준다. 발사된 초음파가 물체에 부딪쳐서 돌아올 때까지의 시간을 측정한다. 초음파가 되돌아오면 EP값이 HIGH로 변경된다.

```
long TP_init() {
  digitalWrite(TP, LOW);
  delayMicroseconds(2);
  digitalWrite(TP, HIGH);
  delayMicroseconds(10);
  digitalWrite(TP, LOW);
  long microseconds = pulseIn(EP,HIGH);
  return microseconds;
}
```

• 거리계산

초음파가 발사되어 돌아올 때까지의 시간을 이용하여 거리를 계산해준다. 거리는 cm로 계산된다. 함수를 호출할 때 flag를 0으로 설정하면 inch로 계산할 수도 있다.

```
long Distance(long time, int flag) {
  long distacne;
  if(flag)
    distacne = time / 29 / 2;
  else
    distacne = time / 74 / 2;
  return distacne;
}
```

• 거리출력

계산된 거리를 출력해준다.

```
void loop() {
  long microseconds = TP_init();
  long distacne_cm = Distance(microseconds, CM);
  Serial.print("Distacne_CM = ");
  Serial.println(distacne_cm);
  delay(1000);
}
```

실험 12.1. 적외선 거리 센서

실험목적

Arduino Mega 2560, Sensor Shield, PSD Sensor를 사용하여 거리를 측정하고 그 값을 시리얼 모니터를 통해 확인할 수 있도록 설계한다.

실험장비

Arduino Mega 2560	Sensor Shield	PSD Sensor
		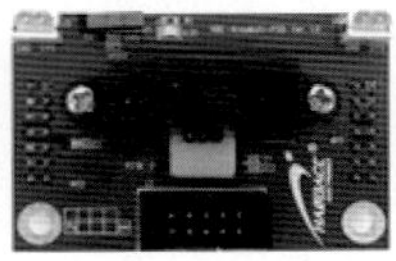

1. 회로 구성하기

- 아두이노 Mega 2560 모듈에 센서 쉴드를 아래 그림과 같이 연결한다.

그림 12.7. Sensor Shield 연결

- 아두이노 Mega 2560 모듈과 PSD 센서를 표 12.2과 같이 연결한다.

표 12.2. 모듈 연결 핀 정보

Arduino Mega 2560	PSD Sensor
A0	Po
V	SYS
GND	GND

그림 12.8. PSD Sensor 연결

2. 아두이노 실행하기

• 아두이노 IDE 아이콘을 더블클릭하여 아두이노 IDE를 실행한다.

• 아두이노 설정

아래 그림과 같이 도구에서 보드 및 시리얼 포트를 설정한다. 보드는 Arduino Mega 2560 or Mega ADK, 시리얼 포트는 장치관리자에서 확인한 COM포트 번호로 설정한다.

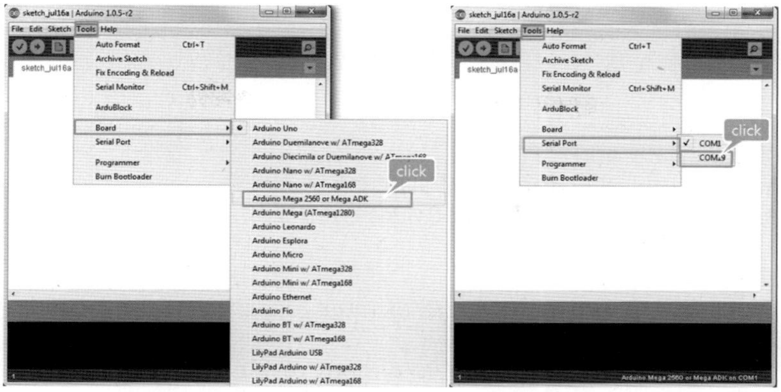

그림 12.9. 보드 및 시리얼 포트 설정

• 포트 설정을 완료한 뒤 Arduino IDE의 아랫부분에 표시되어 있는 설정값을 확인한다. 설정이 잘못되어 있다면 다시 설정해 준다.

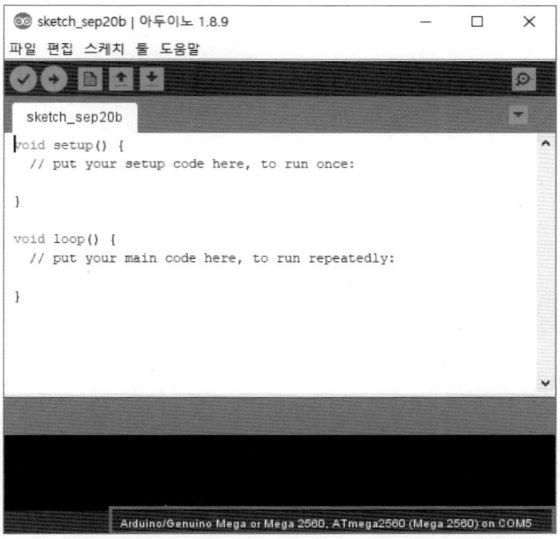

그림 10.10. 보드 및 시리얼 포트 설정값 확인

• 스케치 작성 : PSD_Sensor.ino

```
// PSD Sensor : A0

#define PSD     A0

void setup() {
  Serial.begin(115200);         //Serial initialization
}
```

```
void loop() {
  float Dist = 0;
  float Read = 0;

  //Read Data and calculate
  Read = ((float)analogRead(PSD)) * 5 / 1023;
  Dist = 1/(Read * 0.0434 - 0.0046);

  if(Dist > 80)
    Dist = 80;              //Maximum distance
  if(Dist < 10)
    Dist = 10;              //Minimum distance

  //Print Message
  Serial.print("Dist : ");
  Serial.println(Dist);
  delay(1000);
}
```

- **스케치 저장 및 컴파일**

프로그램 작성이 완료되면 아래 그림과 같이 저장 버튼을 클릭하여 저장할 위치를 선택하고 저장해준다. 파일 저장이 완료되면 Verify 버튼을 눌러 컴파일을 실행한다.

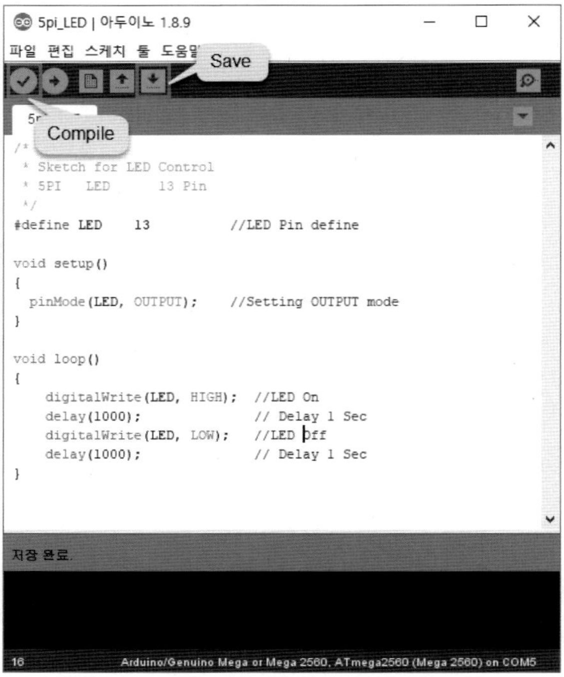

그림 12.11. 스케치 저장 및 컴파일

• 업로드 실행

컴파일이 정상적으로 완료되었다면 아래 그림과 같이 Upload 버튼을 눌러 업로드를 실행한다. Arduino IDE는 기본적으로 업로드를 실행할 때 컴파일도 같이 실행된다.

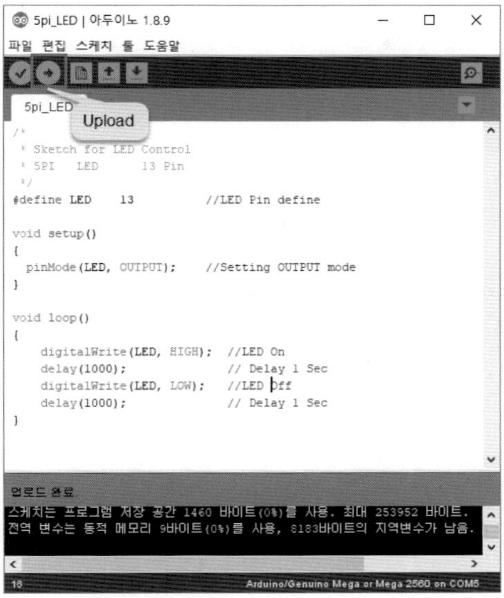

그림 12.12. 업로드 실행

• 시리얼 모니터 실행 및 설정

Serial Monitor 버튼을 눌러 시리얼 모니터를 실행하고 통신속도를 “115200 baud”로 설정한다.

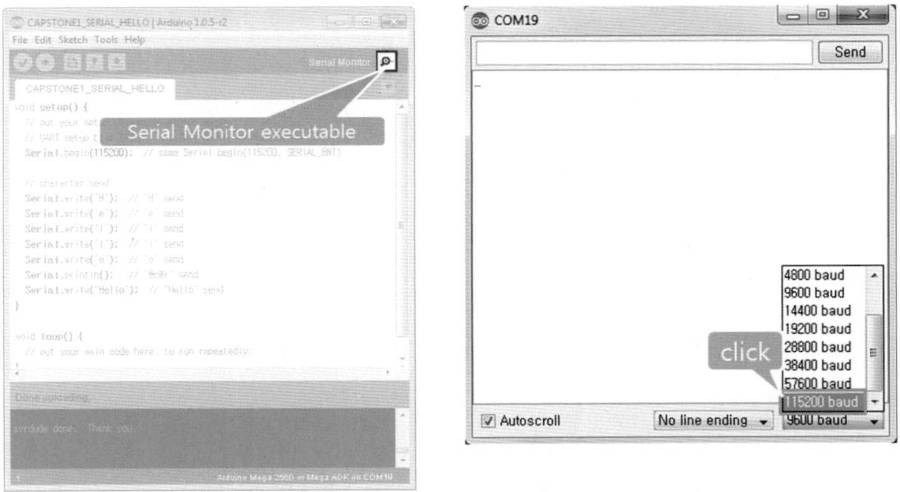

그림 12.13. 시리얼 모니터 실행 및 설정

3. 아두이노 동작 확인하기

- 적외선 거치 측정 센서(PSD Sensor)를 통해 측정된 거리값을 시리얼 모니터를 통해 확인할 수 있다.

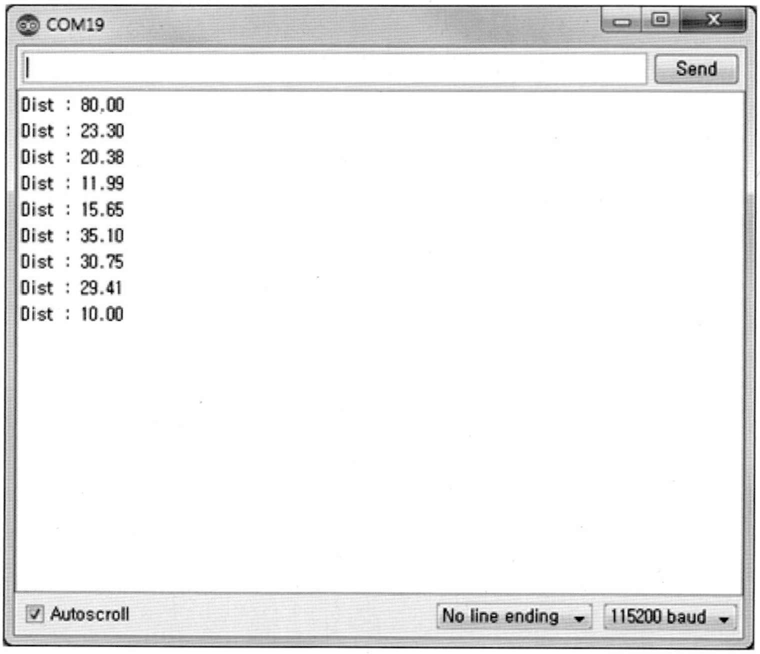

그림 12.14. 스케치 동작 결과

실험 12.2. 주차공간 확인 시스템

실험목적

Arduino Mega 2560, Sensor Shield, 5Pi LED, PSD Sensor를 사용하여 DC 모터의 회전 방향 및 속도를 조절할 수 있도록 설계한다.

실험장비

Arduino Mega 2560	Sensor Shield	5PI LED	PSD Sensor
		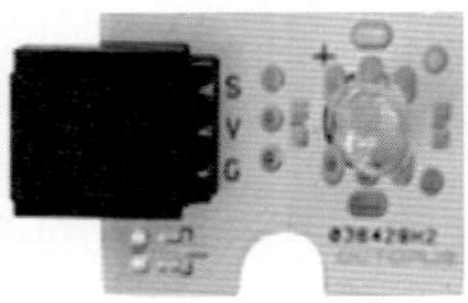	

1. 회로 구성하기

- 아두이노 Mega 2560 모듈에 센서 쉴드를 그림 12.15과 같이 연결한다.

그림 12.15. Sensor Shield 연결

- 아두이노 Mega 2560 모듈과 5PI LED 및 PSD 센서를 표 12.3과 같이 연결한다.

표 12.3. 모듈 연결 핀 정보

Arduino Mega 2560	5Pi LED	Arduino Mega 2560	PSD Sensor
G	G	A0	Po
V	V	V	SYS
S	S	GND	GND

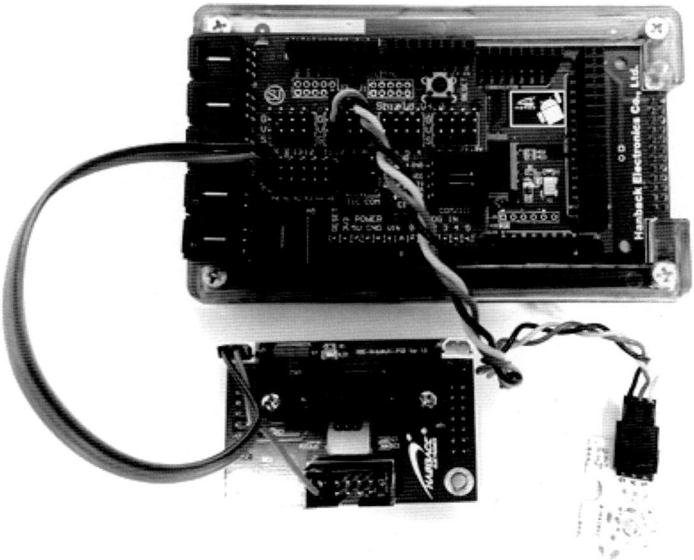

그림 12.16. 5Pi LED, PSD Sensor 연결

2. 아두이노 실행하기

- 아두이노 IDE 아이콘을 더블클릭하여 아두이노 IDE를 실행한다.

- 아두이노 설정

아래 그림과 같이 도구에서 보드 및 시리얼 포트를 설정한다. 보드는 Arduino Mega 2560 or Mega ADK, 시리얼 포트는 장치관리자에서 확인한 COM포트 번호로 설정한다.

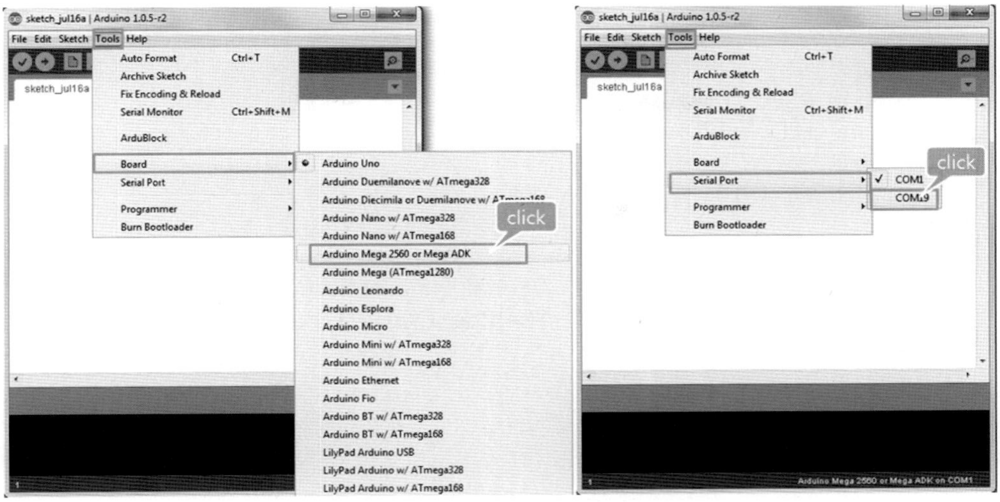

그림 12.17. 보드 및 시리얼 포트 설정

포트 설정을 완료 한 뒤 Arduino IDE의 아랫부분에 표시되어 있는 설정 값을 확인한다. 설정이 잘못 되어있다면 다시 설정해 준다.

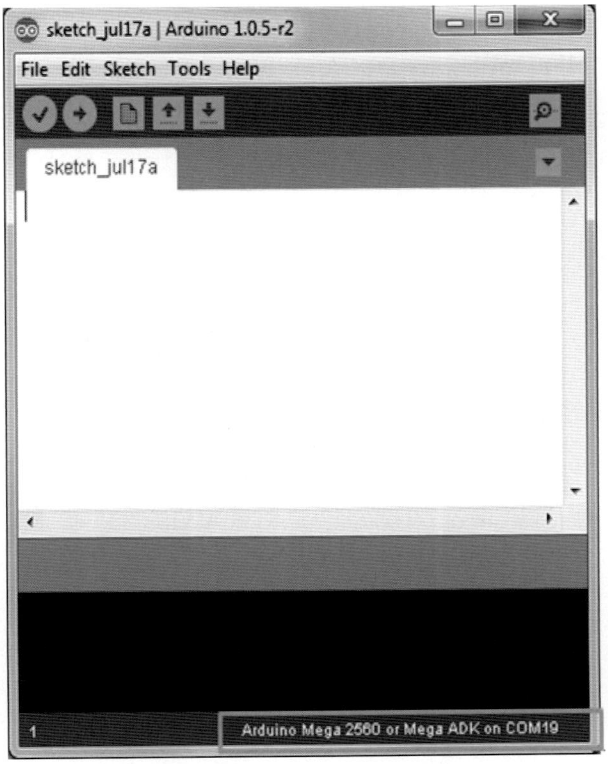

그림 12.18. 보드 및 시리얼 포트 설정 값 확인

• 스케치 작성 : Confirmation_of_Space.ino

```
#define PSD      A0
#define LED      10

int DistSet = 10;

void setup() {
  Serial.begin(9600);            //Serial initialization
  pinMode(LED, OUTPUT);     //Setting OUTPUT mode
}

void loop() {
  float Dist = 0;
  float Read = 0;

  Read = ((float)analogRead(PSD))*5/1023;
  Dist = 1/(Read * 0.0434 - 0.0046);

  if(Dist > 80)
    Dist = 80;                   //Maximum distance
  if(Dist < 10)
    Dist = 10;                   //Minimum distance

  Serial.print("Dist : ");
  Serial.println(Dist);

  if(Dist <= DistSet)
    digitalWrite(LED, LOW);     //LED    Off
  else
    digitalWrite(LED, HIGH);     //LED    On
  delay(500);
}
```

• 스케치 저장 및 컴파일

프로그램 작성이 완료되면 아래 그림과 같이 저장 버튼을 클릭하여 저장할 위치를 선택하고 저장해준다. 파일 저장이 완료되면 Verify 버튼을 눌러 컴파일을 실행한다.

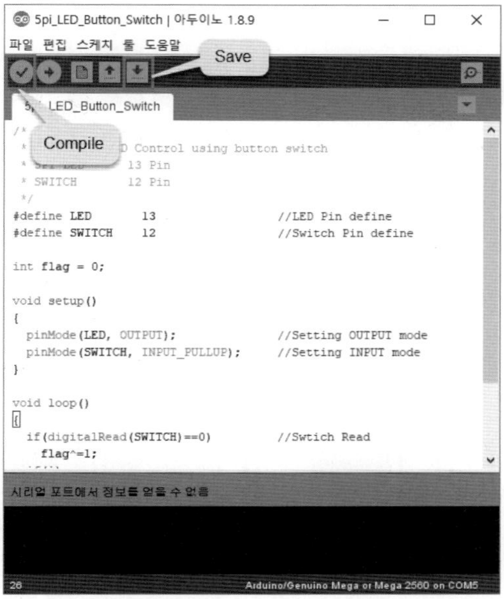

그림 12.19. 스케치 저장 및 컴파일

• 업로드 실행

컴파일이 정상적으로 완료되었다면 아래 그림과 같이 Upload 버튼을 눌러 업로드를 실행한다. Arduino IDE는 기본적으로 업로드를 실행할 때 컴파일도 같이 실행된다.

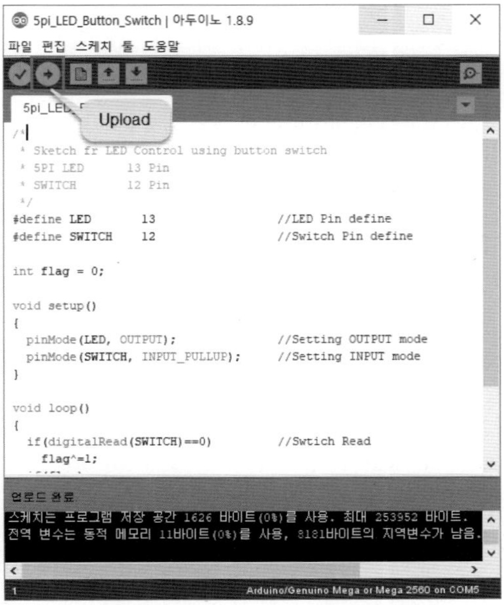

그림 12.20. 업로드 실행

3. 아두이노 동작 확인하기

- PSD Sensor을 사용하여 바닥과의 거리를 측정하였을 때 기준거리보다 거리가 좁으면 LED를 OFF 시켜주고 기준거리보다 이상일 경우에는 LED를 ON 시켜주는 동작을 0.5초 간격으로 확인하며 수행하게 된다.

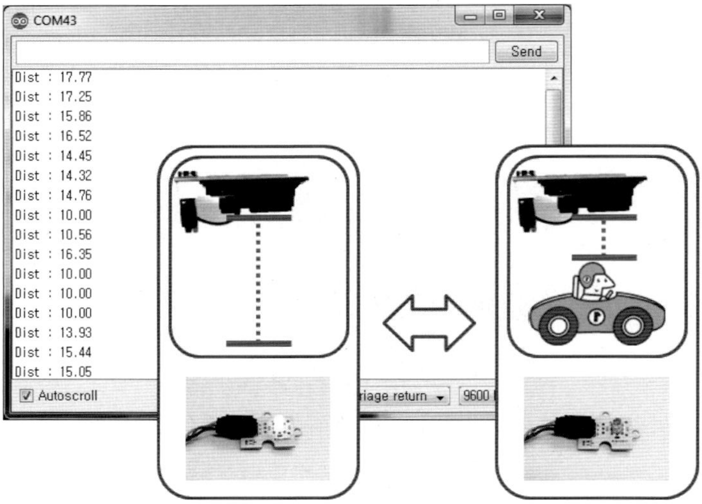

그림 12.21. 스케치 동작 결과

실험 12.3. 초음파 거리 센서

실험목적

Arduino Mega 25600, Sensor Shield, Ultrasonic Sensor를 사용하여 거리를 측정하고 그 값을 시리얼 모니터를 통해 확인할 수 있도록 설계한다.

실험장비

Arduino Mega 2560	Sensor Shield	Ultrasonic Sensor

1. 회로 구성하기

- 아두이노 Mega 2560 모듈에 센서 쉴드를 아래 그림과 같이 연결한다.

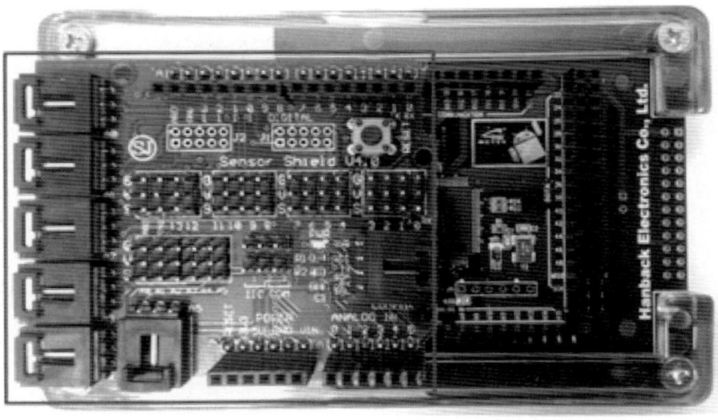

그림 12.22. Sensor Shield 연결

- 아두이노 Mega 2560 모듈과 초음파 거리 센서를 표 12.4와 같이 연결한다.

표 12.4. 모듈 연결 핀 정보

Arduino Mega 2560	Ultrasonic Sensor
5V	Vcc
12	Trig
13	Echo
GND	GND

그림 12.23. Ultrasonic Sensor 연결

2. 아두이노 실행하기

- 아두이노 IDE 아이콘을 더블클릭하여 아두이노 IDE를 실행한다.

- 아두이노 설정

아래 그림과 같이 도구에서 보드 및 시리얼 포트를 설정한다. 보드는 Arduino/Genuno Mega or Mega 2560, 시리얼 포트는 장치관리자에서 확인한 COM포트 번호로 설정한다.

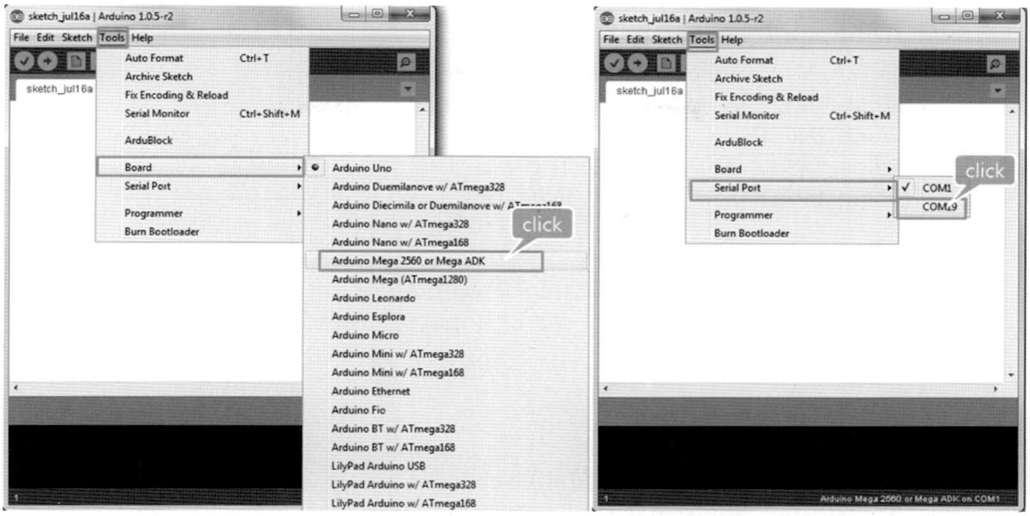

그림 12.24. 보드 및 시리얼 포트 설정

- 포트 설정을 완료한 뒤 Arduino IDE의 아랫부분에 표시되어 있는 설정값을 확인한다. 설정이 잘못되어 있다면 다시 설정해 준다.

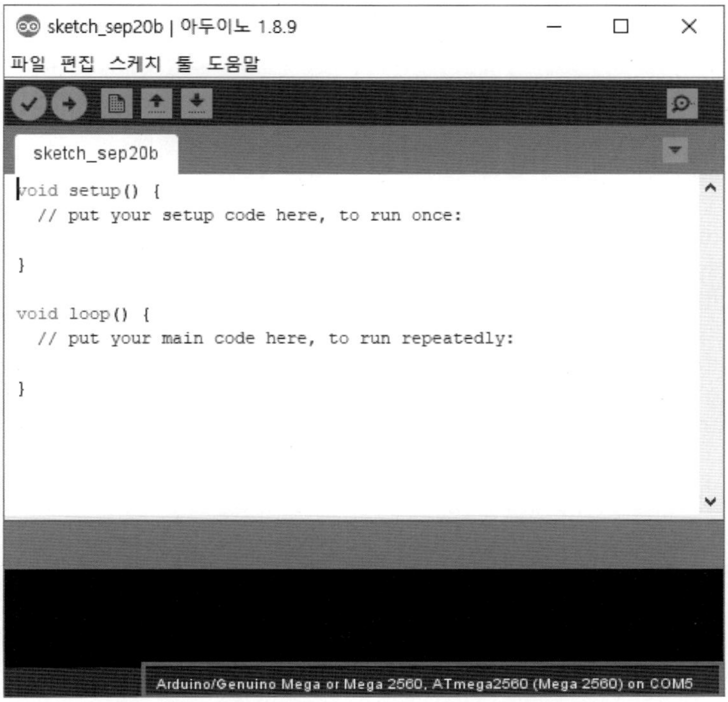

그림 12.25. 보드 및 시리얼 포트 설정값 확인

- 스케치 작성 : Ultrasonic_Sensor.ino

```
#define CM 1            // Centimeter
#define INC 0           // Inch
#define TP 12           // Trig_pin
#define EP 13           // Echo_pin

void setup() {
  pinMode(TP,OUTPUT);  // set TP output for trigger
  pinMode(EP,INPUT);   // set EP input for echo
  Serial.begin(115200);
}

void loop() {
  long microseconds = TP_init();
  long distacne_cm = Distance(microseconds, CM);
  Serial.print("Distacne_CM = ");
  Serial.println(distacne_cm);
  delay(1000);
}

long Distance(long time, int flag) {
  long distacne;
  if(flag)
    distacne = time / 29 / 2;
  else
    distacne = time / 74 / 2;
  return distacne;
}

long TP_init() {
  digitalWrite(TP, LOW);
  delayMicroseconds(2);
  digitalWrite(TP, HIGH);
  delayMicroseconds(10);
  digitalWrite(TP, LOW);
  long microseconds = pulseIn(EP,HIGH);
  return microseconds;
}
```

- 스케치 저장 및 컴파일

프로그램 작성이 완료되면 아래 그림과 같이 저장 버튼을 클릭하여 저장할 위치를 선택하고 저장해준다. 파일 저장이 완료되면 Verify 버튼을 눌러 컴파일을 실행한다.

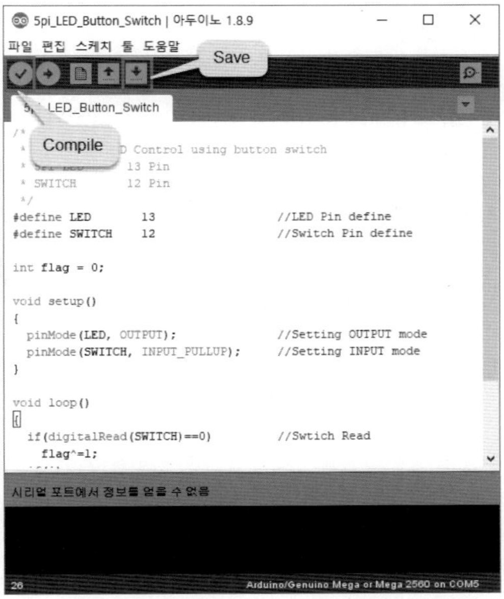

그림 12.26. 스케치 저장 및 컴파일

• 업로드 실행

컴파일이 정상적으로 완료되었다면 아래 그림과 같이 Upload 버튼을 눌러 업로드를 실행한다. Arduino IDE는 기본적으로 업로드를 실행할 때 컴파일도 같이 실행된다.

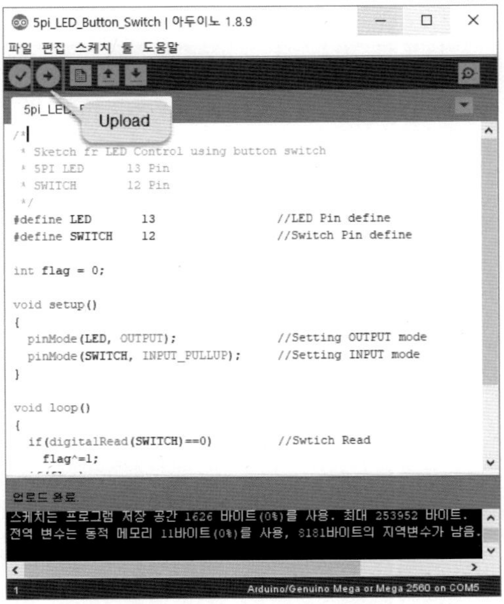

그림 12.27. 업로드 실행

- **시리얼 모니터 실행 및 설정**

Serial Monitor 버튼을 눌러 시리얼 모니터를 실행하고 통신속도를 "115200 baud"로 설정한다.

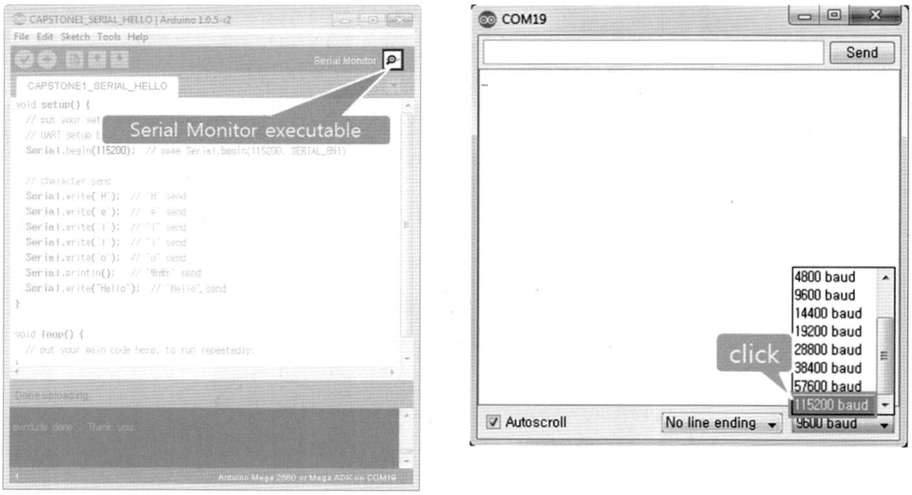

그림 12.28. 시리얼 모니터 실행 및 설정

3. 아두이노 동작 확인하기

- Ultrasonic Sensor를 통해 측정된 거리를 시리얼 모니터를 통해 확인할 수 있다.

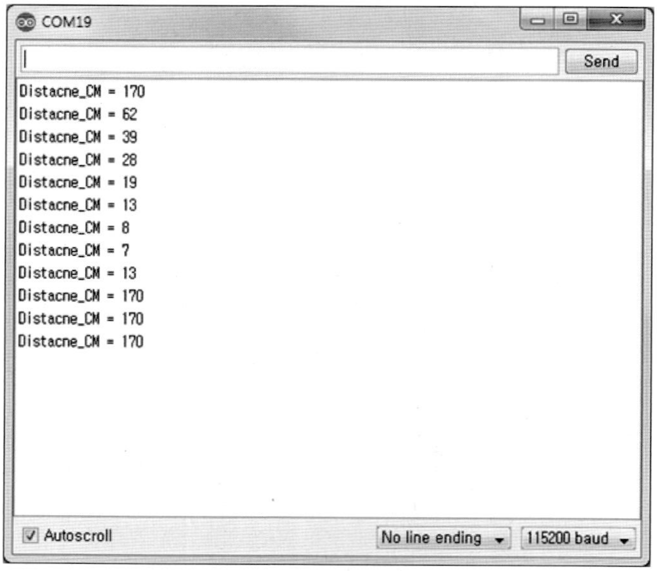

그림 12.29. 스케치 동작 결과

제13장 온습도 측정 및 DC 모터 제어

목적

- 온습도 측정 센서를 이용하여 온도와 습도를 측정한다.
- DC 모터를 이해하고 제어한다.
- 온도와 습도에 따라 DC 모터를 제어하는 무인 온도 조절 시스템을 구현한다.
- 초음파 센서와 DC 모터를 이용하여 주차장 출입 차단기를 구현한다.

13.1. 온습도 센서

온습도 센서(Temperature and Humidity Sensor)는 온도와 습도를 측정할 수 있는 모듈이다. DHT11 온습도 센서를 사용하여 동작 원리를 이해하고, 온도와 습도를 측정한다.

그림 13.1. 온습도 센서

DHT11 디지털 온도 및 습도 복합 센서는 보정된 디지털 신호를 출력한다. 이 칩은 높은 신뢰성과 우수한 안정성을 가지고 있다. 제습기, 자동차, 제동제어, 가전제품 등에 응용되고 있으며, 가격이 저렴하고 품질이 우수하며, 응답시간 또한 빠르다. 표 13.1

은 DHT11 온습도 센서의 특징을 보여준다.

표 13.1. DHT11 온습도 센서 특징

동작 전압(Voltage)	3~5V
온도 측정 범위(Temperature range)	0~50°C (±2°C)
습도 측정 범위(Humidity range)	20~80°C (±5°C)
최대소비전력(Max. current)	2.5mA
데이터 주기(Sampling rate)	1Hz

DHT11 온습도 센서는 아두이노 보드와 신호선 하나로 데이터 통신을 한다. 데이터 통신 프로토콜은 아래 그림과 같다. 이 프로토콜을 확인하면 처음에 아두이노 보드에서 온습도 센서와 연결된 핀에 "HIGH"값을 설정해 주고, 그 다음 센서로부터 데이터를 입력받는다. 따라서, 센서를 제어하기 위해서는 먼저 센서와 연결된 핀을 OUTPUT 모드로 설정하여 "HIGH"값을 설정하여 데이터 요청을 한다. 그 다음, 핀 모드를 INPUT 모드로 변경하여 들어오는 비트 단위로 입력받는 데이터를 저장하였다가 출력해주면 된다. 데이터 통신을 하는 과정은 라이브러리로 만들어져 있기 때문에 사용자는 라이브러리에 정의된 함수를 호출하면 된다.

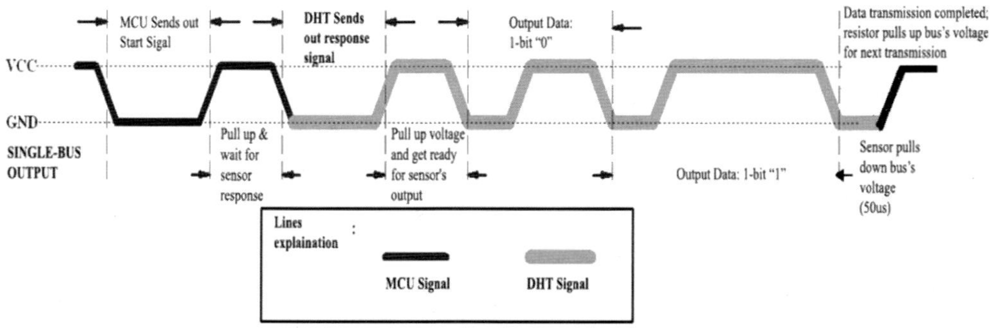

그림 13.2. DHT11 온습도 센서의 통신 프로토콜

스케치 작성

- 스케치: Temp_Humi_Sensor.ino

```
#include "DHT.h"
int pin_SIGNAL = 2;
```

```
DHT dht(pin_SIGNAL, DHT11);

void setup() {
  Serial.begin(115200);
  dht.begin();
}

void loop() {

  delay(1000);    // Wait a few seconds between measurements.

  // Reading temperature or humidity takes about 250 milliseconds!
  // Sensor readings may also be up to 2 seconds
  float humi = dht.readHumidity();
  float temp = dht.readTemperature();

  // Check if any reads failed and exit early (to try again).
  if (isnan(humi) || isnan(temp)) {
    Serial.println("Failed to read from DHT sensor!");
    return;
  }

    Serial.print("Humidity: ");
    Serial.print(humi);
    Serial.print(" %₩t");
    Serial.print("Temperature: ");
    Serial.print(temp);
    Serial.println(" [C] ");
}
```

스케치 설명

- **사용핀 정의**

스케치에서 사용할 핀을 정의한다.

```
int pin_SIGNAL = 2;
```

- **DHT 라이브러리 사용**

DHT칩의 라이브러리를 사용한다. 이때 센서와 연결된 핀번호를 인자로 넘겨준다.

```
DHT dht(pin_SIGNAL, DHT11);
```

• 초기화 구문

Serial port(UART 0)를 전송속도 115200로 설정하고 센서 라이브러리를 초기화해준다.

```
Serial.begin(115200);
dht.begin();
```

• 센서값 읽기

센서로부터 습도와 온도 값을 읽어온다.

```
float humi = dht.readHumidity();
float temp = dht.readTemperature();
```

• 측정값 확인

센서로부터 값을 제대로 읽어왔는지 확인한다. 실패 시 에러 메시지를 출력한다.

```
// Check if any reads failed and exit early (to try again).
if (isnan(humi) || isnan(temp)) {
  Serial.println("Failed to read from DHT sensor!");
  return;
}
```

• 측정된 값 출력

센서로부터 측정된 습도와 온도 값을 출력해준다.

```
Serial.print("Humidity: ");
Serial.print(humi);
Serial.print(" %₩t");
Serial.print("Temperature: ");
Serial.print(temp);
Serial.println(" [C] ");
```

13.2. DC 모터

DC Motor는 전력을 이용하여 회전운동의 힘을 얻는 기계이다. 모터의 회전축에 바퀴와 같은 부하를 연결하여 회전운동을 시킨다. 현재 DC 모터는 이동식 부품들로 구성된 대부분의 가전기기(세탁기, 선풍기, 믹서 등)에서 핵심 요소가 되었다.

전류가 흐르는 도체를 자기장 속에 놓으면 자기장의 방향에 수직인 방향으로 전자기적인 힘이 발생하는 원리를 이용하여 DC 모터는 내부에 자석을 놓아 자기장을 만들고, 축에 연결된 도선에 전류를 흘리면 전자력이 발생하여 회전한다. 이때 발생한 전자력의 방향은 플레밍의 왼손 법칙에 따른 방향이다. 그림 13.3은 DC 모터의 동작 원리를 나타낸다.

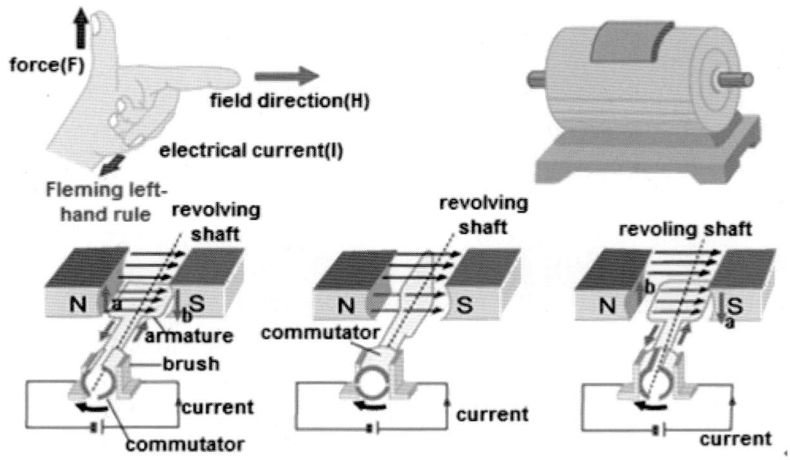

그림 13.3. DC Motor 원리 및 구동방법

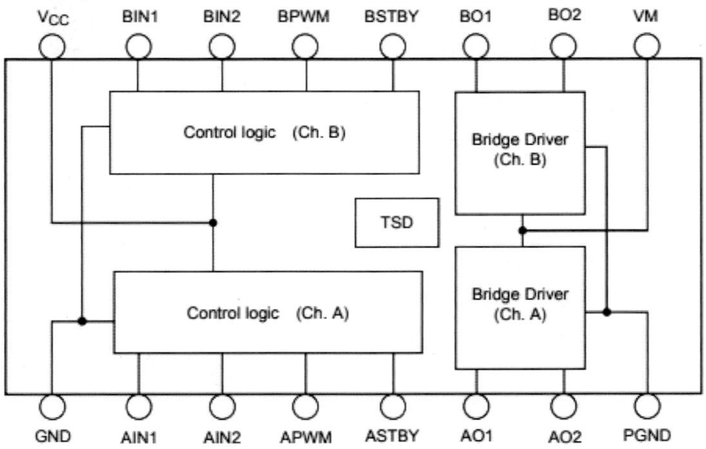

그림 13.4. DC Motor 제어기의 구성도

DC Motor를 제어하기 위한 모터 IC는 TOSHIBA사의 TB6552FNG (Dual-Bridge Driver IC for DC Motors)를 사용한다. 그림 13.4는 DC Motor 제어기의 구성도를 보여준다. 더불어, DC Motor IC의 각 핀의 이름과 번호 및 기능을 표 13.2에서 보여준다.

표 13.2. DC Moter IC의 핀 기능

핀 이름	핀 번호	기능	참고
GND	1	소신호 GND 핀	GND for V_{CC}
AIN1	2	제어신호 입력1 (Ch. A)	
AIN2	3	제어신호 입력2 (Ch. A)	
APWM	4	PWM 제어신호 입력 (Ch. A)	PWM 신호 입력
ASTBY	5	스탠바이 제어 입력 (Ch. A)	Low일 때 절전모드
AO1	7	출력 1 (Ch. A)	
AO2	8	출력 2 (Ch. A)	
PGND	9	모터 GND 핀	GND for VM
VM	6	모터 전원 핀	VM = 2.5V ~ 13.5V
V_{CC}	16	소신호 전원 핀	V_{CC} = 2.7V ~ 5.5V

DC 모터 IC(TB6552FNG)는 두 개의 모터를 제어할 수 있다. 그림 13.5는 아두이노와 같은 Microcontroller 및 모터(Motor)와 연결하는 회로도를 보여준다. DC 모터 IC는 PWM, IN1, IN2, STBY라는 네 개의 입력 신호를 가지고 있으며, O1과 O2라는 두 개의 출력 신호를 제공한다. IN1과 IN2 신호는 모터의 회전 방향을 결정하며, PWM 신호는 모터의 회전 속도를 결정한다. DC 모터 IC는 시계방향 회전 모드, 반시계방향 회전 모드, 일시 정지 모드, 정지 모드라는 총 네 개의 동작 모드를 제공한다.

DC 모터 IC의 입출력 신호의 기능은 표 13.3과 같다. IC의 IN1은 모터 모듈의 P 신호와 연결되고, IN2는 모터 모듈의 N 신호와 연결되며, PWM은 모터 모듈의 EN핀과 연결되어 있다. P와 N에 입력하는 값에 따라서 방향이 바뀌거나 정지할 수 있다.

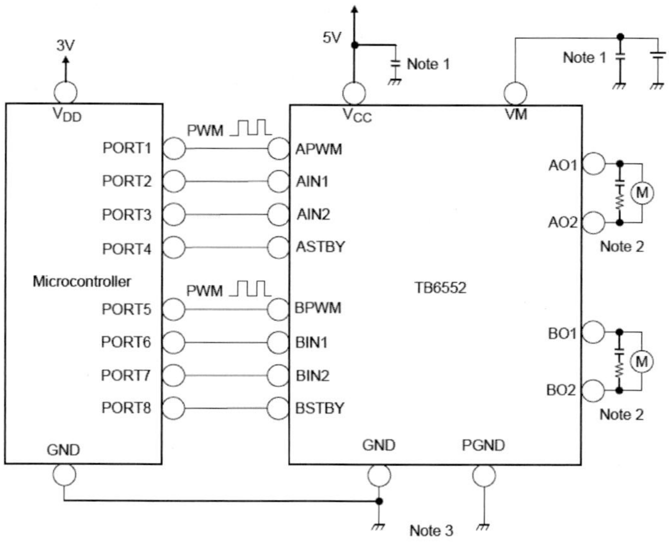

그림 13.5. DC Motor 회로도

표 13.3. DC Motor 입출력 기능

입력				출력		
IN1	IN2	STBY	PWM	O1	O2	Mode
H	H	H	H	L	L	Short Brake
			L			
L	H	H	H	L	H	CW/CCW
			L	L	L	Short Brake
H	L	H	H	H	L	CCW/CW
			L	L	L	Short Brake
L	L	H	H	OFF (high impedance)		Stop
			L			
H/L	H/L	L	H	OFF (high impedance)		Standby
			L			

스케치 작성

- 스케치: DC_Motor.ino

```
#define DC_N     3
#define DC_P     4
#define DC_En    5

void setup() {
  pinMode(DC_N, OUTPUT);      //Setting OUTPUT mode
  pinMode(DC_P, OUTPUT);      //Setting OUTPUT mode
  pinMode(DC_En, OUTPUT);     //Setting OUTPUT mode
}

void loop() {
  Direction_rotation(1, 50);
  delay(3000);

  MotorStop();
  delay(2000);

  Direction_rotation(0, 100);
  delay(3000);

  MotorStop();
  delay(2000);
}

void Direction_rotation(int Mode, int Speed) {
  if(Mode) {
    digitalWrite(DC_N, LOW);
```

```
        digitalWrite(DC_P, HIGH);
        analogWrite(DC_En, Speed);   //Motor Speed
    }
    else {
        digitalWrite(DC_N, HIGH);
        digitalWrite(DC_P, LOW);
        analogWrite(DC_En, Speed);    //Motor Speed
    }
}
void MotorStop() {
    digitalWrite(DC_N, LOW);
    digitalWrite(DC_P, LOW);
}
```

스케치 설명

• **사용핀 정의**

프로그램에서 사용할 핀을 정의한다.

```
#define DC_N      3
#define DC_P      4
#define DC_En     5
```

• **초기화 구문**

모듈과 연결된 핀을 OUTPUT모드로 설정한다.

```
pinMode(DC_N, OUTPUT);     //Setting OUTPUT mode
pinMode(DC_P, OUTPUT);     //Setting OUTPUT mode
pinMode(DC_En, OUTPUT);    //Setting OUTPUT mode
```

• **모터 회전 방향 및 속도 선택**

Mode 변수에 '1'을 입력하면 모듈의 P에 "HIGH", N에 "LOW" 가 설정되어 시계방향 회전을 하고, '1'이외의 값을 입력하면 모듈의 P에 "LOW", N에 "HIGH" 가 설정되어 반시계방향 회전을 하게 된다. DC Motor의 회전 속도는 Speed 변수에 0 ~ 255까지의 값을 설정하여 조절할 수 있다. 255에 가까울수록 회전 속도가 빨라지게 된다.

```
void Direction_rotation(int Mode, int Speed) {
    if(Mode) {
        digitalWrite(DC_N, LOW);
        digitalWrite(DC_P, HIGH);
        analogWrite(DC_En, Speed);   //Motor Speed
```

```
    }
    else {
      digitalWrite(DC_N, HIGH);
      digitalWrite(DC_P, LOW);
      analogWrite(DC_En, Speed);     //Motor Speed
    }
}
```

- **모터 정지**

모듈의 P와 N에 "LOW" 값을 설정하여 모터를 정지시킨다.

```
void MotorStop() {
  digitalWrite(DC_N, LOW);
  digitalWrite(DC_P, LOW);
}
```

- **모터 제어**

모터가 회전 방향을 바꾸면서 회전한다.

```
void loop() {
  Direction_rotation(1, 50);
  delay(3000);

  MotorStop();
  delay(2000);

  Direction_rotation(0, 100);
  delay(3000);

  MotorStop();
  delay(2000);
}
```

13.3. 무인 온도 조절 시스템

실내에서는 보일러 및 냉난방 기구를 조절하여 방안의 온도를 조절하지만, 실외에 있는 비닐하우스와 같은 곳에서는 냉난방 기구의 사용이 실내에서와 같이 자유롭지 못하며 사용에 따른 전력의 낭비가 크다. 하지만 환풍기 같은 Motor를 사용하여 실내와 실외의 공기를 적절히 조절하면 비닐하우스의 온도 조절이 간단해진다. 이 프로젝트를 응용하여 온도에 따라 DC 모터를 동작시키는 시스템을 구현해 볼 수 있다.

스케치 작성

- 스케치 : DC_Motor_Control.ino

```
#include "DHT.h"

#define DC_N        9
#define DC_P        10
#define DC_En       11
#define TEMPHUMI   A0

int tempSet = 30;
DHT dht(TEMPHUMI, DHT11);

void setup() {
  Serial.begin(9600);
  pinMode(DC_N, OUTPUT);      //Setting OUTPUT mode
  pinMode(DC_P, OUTPUT);      //Setting OUTPUT mode
  pinMode(DC_En, OUTPUT);     //Setting OUTPUT mode
  dht.begin();
}

void loop() {
  float humi = dht.readHumidity();
  float temp = dht.readTemperature();
  if (temp) {
    Serial.print("Temperature: ");
    Serial.print(temp);
    Serial.print(" [C]₩t");
    Serial.print("Humidity: ");
    Serial.print(humi);
    Serial.println(" [%]");

    if (tempSet>=temp) {
      MotorStop();
    }
    else if(temp<=29) {
      Direction_rotation(1, 150);
    }
    else if(temp<=30) {
      Direction_rotation(1, 200);
    }
    else if(temp<=31) {
      Direction_rotation(1, 255);
    }
```

```
    }
}

void Direction_rotation(int Mode, int Speed) {
  if (Mode) {
    digitalWrite(DC_N, LOW);
    digitalWrite(DC_P, HIGH);
    analogWrite(DC_En, Speed);   //Motor Speed
  }
  else {
    digitalWrite(DC_N, HIGH);
    digitalWrite(DC_P, LOW);
    analogWrite(DC_En, Speed);     //Motor Speed
  }
}
void MotorStop() {
  digitalWrite(DC_N, LOW);
  digitalWrite(DC_P, LOW);
}
```

스케치 설명

- 사용핀 정의

프로그램에서 사용할 핀을 정의하고 기준 온도를 설정한다.

```
#define DC_N        9
#define DC_P        10
#define DC_En       11
#define TEMPHUMI   A0

int tempSet = 30;
```

- 초기화 구문

모듈과 연결된 핀을 각에 사용할 모드로 설정한다.

```
Serial.begin(9600);
pinMode(DC_N, OUTPUT);      //Setting OUTPUT mode
pinMode(DC_P, OUTPUT);      //Setting OUTPUT mode
pinMode(DC_En, OUTPUT);    //Setting OUTPUT mode
dht.begin();
```

• 모터 회전 방향 및 속도 선택

Mode 변수에 '1'을 입력하면 모듈의 P에 "HIGH", N에 "LOW" 가 설정되어 시계방향 회전을 하고, '1'이외의 값을 입력하면 모듈의 P에 "LOW", N에 "HIGH" 가 설정되어 반시계방향 회전을 하게 된다. DC Motor의 회전 속도는 Speed 변수에 0 ~ 255까지의 값을 설정하여 조절할 수 있다. 255에 가까울수록 회전 속도가 빨라지게 된다.

```
void Direction_rotation(int Mode, int Speed) {
  if(Mode) {
    digitalWrite(DC_N, LOW);
    digitalWrite(DC_P, HIGH);
    analogWrite(DC_En, Speed);  //Motor Speed
  }
  else {
    digitalWrite(DC_N, HIGH);
    digitalWrite(DC_P, LOW);
    analogWrite(DC_En, Speed);   //Motor Speed
  }
}
```

• 모터 정지

모듈의 P와 N에 "LOW" 값을 설정하여 모터를 정지시킨다.

```
void MotorStop() {
  digitalWrite(DC_N, LOW);
  digitalWrite(DC_P, LOW);
}
```

• 온/습도 출력

Temp/Humi Sensor 센서를 이용해 읽어 들인 값을 시리얼 모니터에 출력

```
float humi = dht.readHumidity();
float temp = dht.readTemperature();
if (temp) {
  Serial.print("Temperature: ");
  Serial.print(temp);
  Serial.print(" [C]₩t");
  Serial.print("Humidity: ");
  Serial.print(humi);
  Serial.println(" [%]");
```

• 모터 제어

설정한 기준 온도값과 비교하여 현재 온도가 높으면 모터를 회전시키고 현재온도가 낮으면 모터를 정지한다.

```
if(tempSet>=temp) {
  MotorStop();
}
else if(temp<=29) {
  Direction_rotation(1, 150);
}
else if(temp<=30) {
  Direction_rotation(1, 200);
}
else if(temp<=31) {
  Direction_rotation(1, 255);
}
```

13.4. 주차장 출입 차단기

이번 프로젝트에서는 초음파 센서를 이용하여 거리를 측정하고 주차장에 자동차가 접근하면 주차장 출입 차단기를 열어주는 시스템을 구현해 본다. 이번 프로젝트를 이해하고 응용하여 RF모듈을 추가하면 특정 차량만 통과시켜주는 시스템을 만들 수 있다.

스케치 작성

• 스케치 : AUTO_Parking Lot.ino

```
#define DC_N    9
#define DC_P    10
#define DC_En   11
#define CM      1
#define INC     0
#define TP      12
#define EP      13

int distacne = 10;

void setup() {
  Serial.begin(9600);
```

```
  pinMode(DC_N, OUTPUT);      //Setting OUTPUT mode
  pinMode(DC_P, OUTPUT);      //Setting OUTPUT mode
  pinMode(DC_En, OUTPUT);     //Setting OUTPUT mode
  pinMode(TP, OUTPUT);        // set TP output for trigger
  pinMode(EP, INPUT);         // set EP input for echo
}

void loop() {
  long microseconds = TP_init();
  long distacne_cm = Distance(microseconds, CM);
  Serial.print("Distacne_CM = ");
  Serial.println(distacne_cm);
  if(distacne>=distacne_cm) {
    Direction_rotation(1, 70);
    delay(50);
    MotorStop();
    delay(2000);
    Direction_rotation(0, 70);
    delay(50);
  }
  else {
    MotorStop();
  }
}

void Direction_rotation(int Mode, int Speed) {
  if(Mode) {
    digitalWrite(DC_N, LOW);
    digitalWrite(DC_P, HIGH);
    analogWrite(DC_En, Speed);  //Motor Speed
  }
  else {
    digitalWrite(DC_N, HIGH);
    digitalWrite(DC_P, LOW);
    analogWrite(DC_En, Speed);    //Motor Speed
  }
}
void MotorStop() {
  digitalWrite(DC_N, HIGH);
  digitalWrite(DC_P, HIGH);
}

long Distance(long time, int flag){
  long distacne;
  if(flag)
    distacne = time / 29 / 2;
  else
    distacne = time / 74 / 2;
  return distacne;
```

```
}

long TP_init() {
  digitalWrite(TP, LOW);
  delayMicroseconds(2);
  digitalWrite(TP, HIGH);
  delayMicroseconds(10);
  digitalWrite(TP, LOW);
  long microseconds = pulseIn(EP,HIGH);
  return microseconds;
}
```

스케치 설명

- 사용핀 정의

프로그램에서 사용할 핀을 정의한다. 기준 거리를 10Cm로 정의한다.

```
// DC Motor
#define DC_N    9
#define DC_P    10
#define DC_En   11

// Ultrasonic Sensor
#define CM      1
#define INC     0
#define TP      12
#define EP      13

int distacne = 10;
```

- 초기화 구문

모듈과 연결된 핀을 OUTPUT 모드로 설정하고, TP핀과 EP핀의 모드를 설정하고 Serial port(UART 0)의 전송속도를 9600으로 초기화 한다.

```
Serial.begin(9600);
pinMode(DC_N, OUTPUT);     //Setting OUTPUT mode
pinMode(DC_P, OUTPUT);     //Setting OUTPUT mode
pinMode(DC_En, OUTPUT);    //Setting OUTPUT mode
pinMode(TP, OUTPUT);       // set TP output for trigger
pinMode(EP, INPUT);        // set EP input for echo
```

• 초음파 발생

TP핀을 제어하여 센서에서 초음파를 발사해준다. 발사된 초음파가 물체에 부딪쳐서 돌아올 때까지의 시간을 측정한다. 초음파가 되돌아오면 EP 값이 HIGH로 변경된다.

```
long TP_init() {
  digitalWrite(TP, LOW);
  delayMicroseconds(2);
  digitalWrite(TP, HIGH);
  delayMicroseconds(10);
  digitalWrite(TP, LOW);
  long microseconds = pulseIn(EP,HIGH);
  return microseconds;
}
```

• 거리계산

초음파가 발사되어 돌아올 때까지의 시간을 이용하여 거리를 계산해준다. 거리는 cm로 계산된다. 함수를 호출할 때 flag를 0으로 설정하면 inch로 계산할 수도 있다.

```
long Distance(long time, int flag) {
  long distacne;
  if(flag)
    distacne = time / 29 / 2;
  else
    distacne = time / 74 / 2;
  return distacne;
}
```

• 거리출력

계산된 거리를 출력해준다.

```
void loop() {
  long microseconds = TP_init();
  long distacne_cm = Distance(microseconds, CM);
  Serial.print("Distacne_CM = ");
  Serial.println(distacne_cm);
  delay(1000);
}
```

• 모터 회전 방향 및 속도 선택

Mode 변수에 '1'을 입력하면 모듈의 P에 "HIGH", N에 "LOW" 가 설정되어 시계방향 회전을 하고, '1'이외의 값을 입력하면 모듈의 P에 "LOW", N에 "HIGH"가 설정되어 반시계방향 회전을 하게 된다. DC Motor의 회전 속도는 Speed 변수에 0~255까지의 값을 설정하여 조절할 수 있다. 255에 가까울수록 회전 속도가 빨라지게 된다.

```
void Direction_rotation(int Mode, int Speed) {
  if(Mode) {
    digitalWrite(DC_N, LOW);
    digitalWrite(DC_P, HIGH);
    analogWrite(DC_En, Speed);  //Motor Speed
  }
  else {
    digitalWrite(DC_N, HIGH);
    digitalWrite(DC_P, LOW);
    analogWrite(DC_En, Speed);   //Motor Speed
  }
}
```

• **모터 정지**

모듈의 P와 N에 "HIGH" 값을 설정하여 모터를 정지시킨다.

```
void MotorStop() {
  digitalWrite(DC_N, HIGH);
  digitalWrite(DC_P, HIGH);
}
```

• **모터 제어**

물체가 일정 거리에 도달하면 DC 모터가 일정 시간 정회전을 한 뒤 역회전을 한다.

```
long microseconds = TP_init();
long distacne_cm = Distance(microseconds, CM);
Serial.print("Distacne_CM = ");
Serial.println(distacne_cm);
if(distacne>=distacne_cm) {
  Direction_rotation(1, 70);
  delay(50);
  MotorStop();
  delay(2000);
  Direction_rotation(0, 70);
  delay(50);
}
else {
  MotorStop();
}
```

실험 13.1. 온습도 제어

실험목적

Arduino Mega 2560, Temp/Humi Sensor를 사용하여 온/습도 값을 시리얼 모니터로 출력하여 확인할 수 있도록 설계한다.

실험장비

Arduino Mega 2560	Sensor Shield	Bread Board	Temp/Humid Sensor
		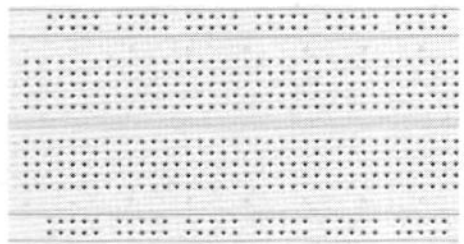	

Arduino Uno

1. 회로 구성하기

- 아두이노 Mega 2560 모듈에 센서 쉴드를 아래 그림과 같이 연결한다.

그림 13.6. Sensor Shield 연결

• 아두이노 Mega 2560 모듈과 온습도 센서를 표 13.4과 같이 연결한다.

표 13.4. 모듈 연결 핀 정보

Arduino Mega 2560	Temp/Humid Sensor
3	S
V	V
G	G

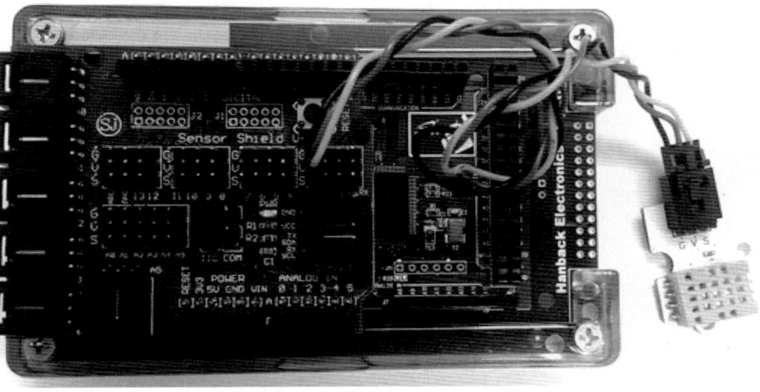

그림 13.7. Temp/Humi Sensor 연결

다음으로, 아두이노 Uno 보드를 이용하는 방법을 살펴보자. 온습도 센서는 브레드보드에 배치하고, 아두이노 Uno 보드의 전원핀 및 디지털 핀과 연결하면 된다.

1. 브레드보드에 DHT11 온습도 세서를 배치하고, 아래 그림과 같이 5V, GND는 아두이노 보드의 전원에 연결해주고, DATA핀은 디지털 2번핀에 연결한다.

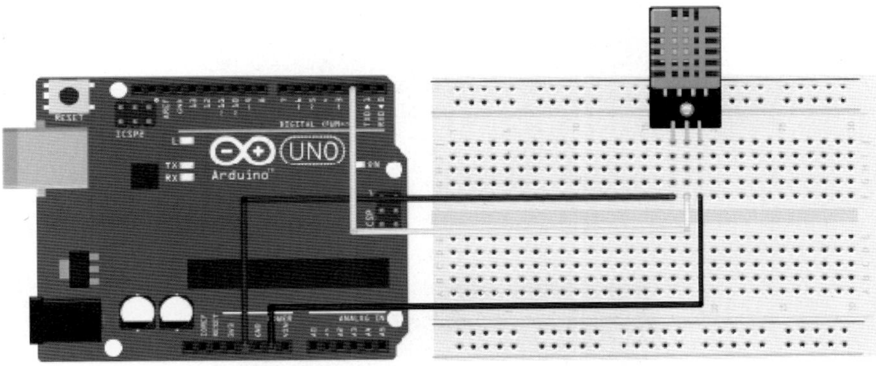

그림 13.8. 아두이노 우노와 브레드보드 연결

2. 아두이노 실행하기

- 아두이노 IDE 아이콘을 더블클릭하여 아두이노 IDE를 실행한다.

- 아두이노 설정

아래 그림과 같이 도구에서 보드 및 시리얼 포트를 설정한다. 보드는 Arduino Mega 2560 or Mega ADK, 시리얼 포트는 장치관리자에서 확인한 COM포트 번호로 설정한다.

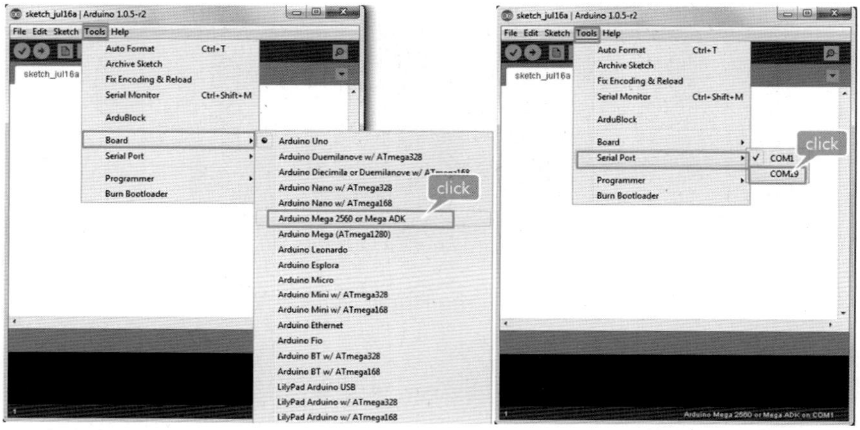

그림 13.9. 보드 및 시리얼 포트 설정

- 포트 설정을 완료한 뒤 Arduino IDE의 아랫부분에 표시되어 있는 설정값을 확인한다. 설정이 잘못되어 있다면 다시 설정해 준다.

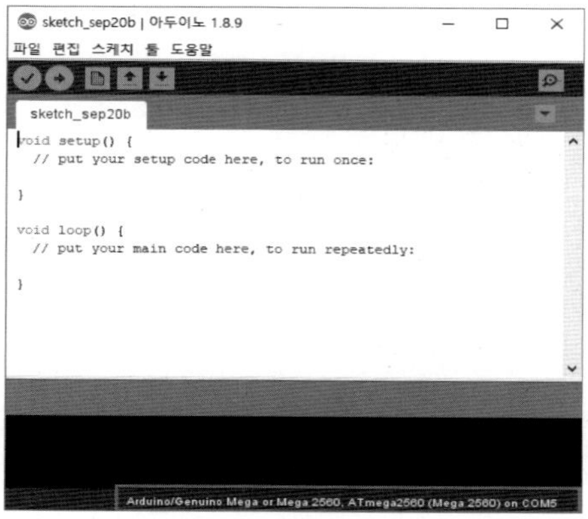

그림 13.10. 보드 및 시리얼 포트 설정값 확인

- 스케치 작성 : Temp_Humi_Sensor.ino

```
#include "DHT.h"

int pin_SIGNAL = 2;

DHT dht(pin_SIGNAL, DHT11);

void setup() {
  Serial.begin(115200);
  dht.begin();
}

void loop() {

  delay(1000);    // Wait a few seconds between measurements.

  // Reading temperature or humidity takes about 250 milliseconds!
  // Sensor readings may also be up to 2 seconds
  float humi = dht.readHumidity();
  float temp = dht.readTemperature();

  // Check if any reads failed and exit early (to try again).
  if (isnan(humi) || isnan(temp)) {
    Serial.println("Failed to read from DHT sensor!");
    return;
  }

    Serial.print("Humidity: ");
    Serial.print(humi);
    Serial.print(" %₩t");
    Serial.print("Temperature: ");
    Serial.print(temp);
    Serial.println(" [C] ");
}
```

- 스케치 저장 및 컴파일

프로그램 작성이 완료되면 아래 그림과 같이 저장 버튼을 클릭하여 저장할 위치를 선택하고 저장해준다. 파일 저장이 완료되면 Verify 버튼을 눌러 컴파일을 실행한다.

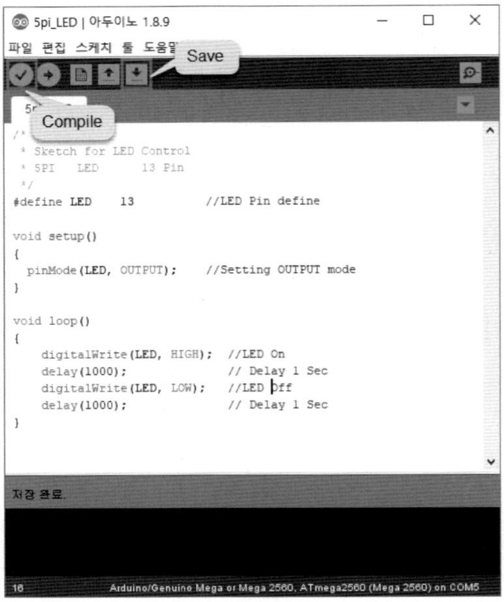

그림 13.11. 스케치 저장 및 컴파일

• 업로드 실행

컴파일이 정상적으로 완료되었다면 아래 그림과 같이 Upload 버튼을 눌러 업로드를 실행한다. Arduino IDE는 기본적으로 업로드를 실행할 때 컴파일도 같이 실행된다.

그림 13.12. 업로드 실행

- **시리얼 모니터 실행 및 설정**

시리얼 모니터 버튼을 눌러 시리얼 모니터를 실행하고 통신속도를 "115200 baud"로 설정한다.

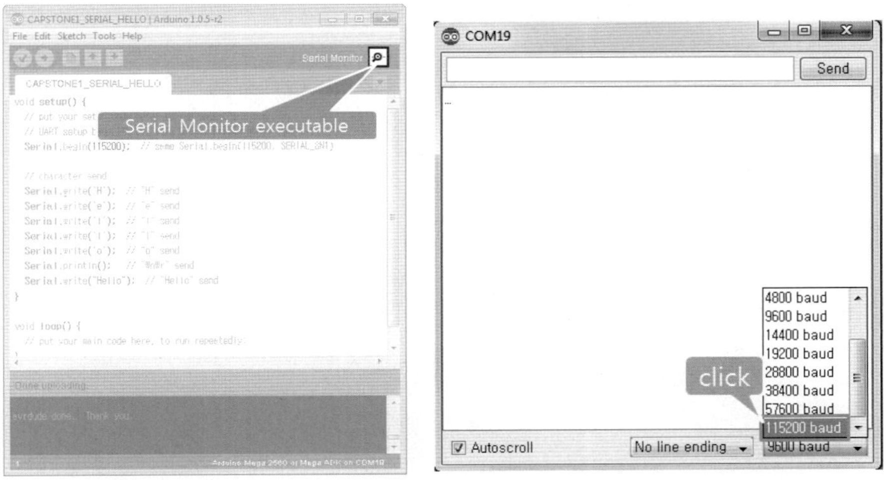

(a) 시리얼 모니터 실행　　　　(b) 시리얼 통신 속도 설정

그림 13.13. 시리얼 모니터 실행 및 설정

3. 아두이노 동작 확인하기

- 온습도 센서를 통해 측정된 습도 및 온도를 시리얼 모니터를 통해 확인할 수 있다.

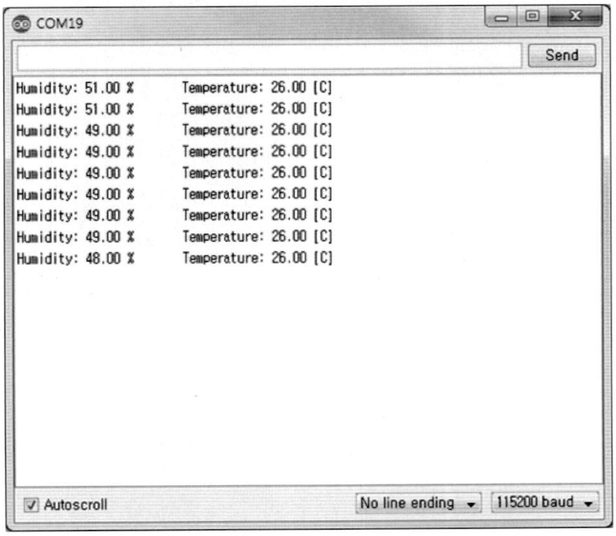

그림 13.14. 온습도 측정 결과 확인

실험 13.2. 모터 제어

실험목적

Arduino Mega 2560, Motor Shield, DC Motor를 사용하여 DC 모터의 회전 방향 및 속도를 조절할 수 있도록 설계한다.

실험장비

Arduino Mega 2560	Sensor Shield	DC Motor Module
	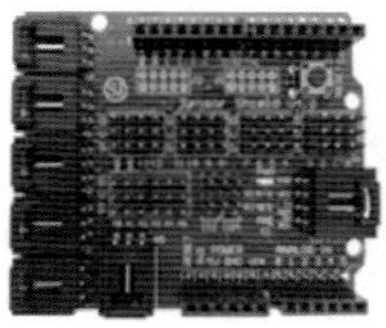	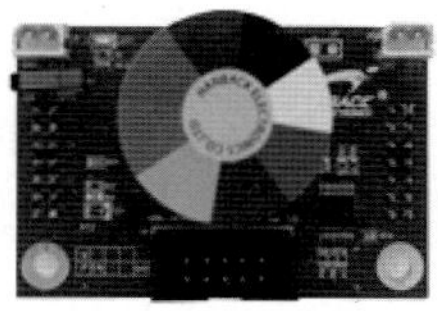

1. 회로 구성하기

- 아두이노 Mega 2560 모듈에 센서 쉴드를 아래 그림과 같이 연결한다.

그림 13.15. Sensor Shield 연결

- 아두이노 Mega 2560 모듈과 모터 센서를 표 13.5와 같이 연결한다.

표 13.5. 모듈 연결 핀 정보

Arduino Mega 2560	DC Motor
9	N
10	P
11	EN
V	SYS
GND	GND

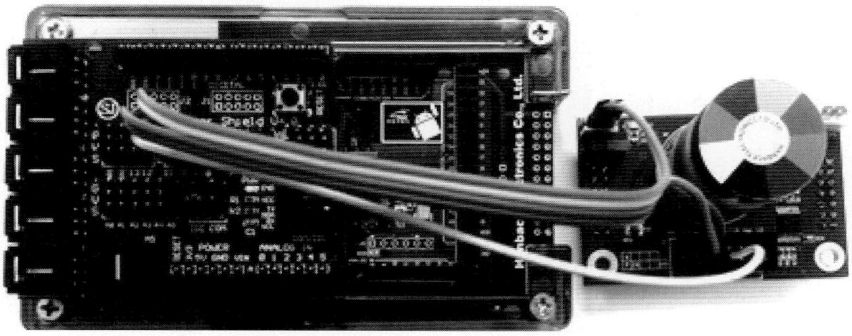

그림 13.16. DC Motor 연결

2. 아두이노 실행하기

- 아두이노 IDE 아이콘을 더블클릭하여 아두이노 IDE를 실행한다.

- 아두이노 설정

아래 그림과 같이 도구에서 보드 및 시리얼 포트를 설정한다. 보드는 Arduino Mega 2560 or Mega ADK, 시리얼 포트는 장치관리자에서 확인한 COM포트 번호로 설정한다.

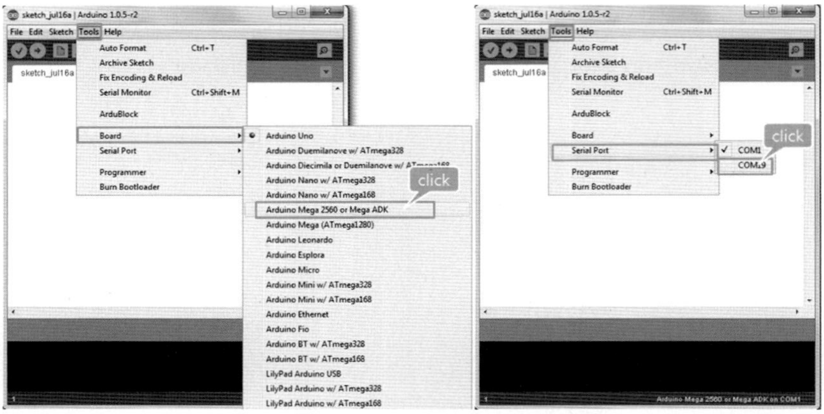

그림 13.17. 보드 및 시리얼 포트 설정

• 포트 설정을 완료한 뒤 Arduino IDE의 아랫부분에 표시되어 있는 설정값을 확인한다. 설정이 잘못되어 있다면 다시 설정해 준다.

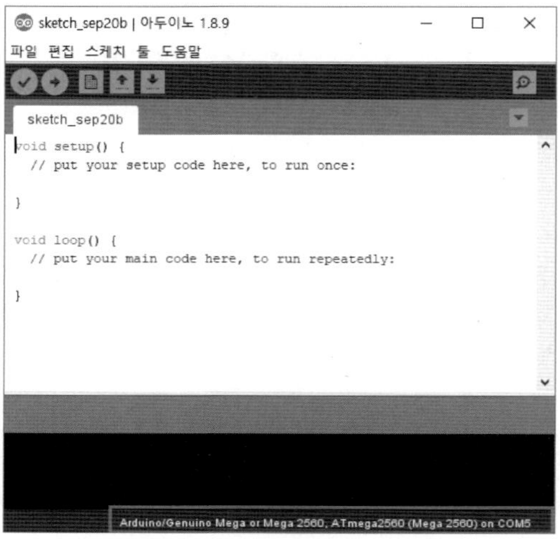

그림 13.18 보드 및 시리얼 포트 설정값 확인

• 스케치 작성 : DC_Motor.ino

```
#define DC_N      3
#define DC_P      4
#define DC_En     5

void setup() {
  pinMode(DC_N, OUTPUT);     //Setting OUTPUT mode
  pinMode(DC_P, OUTPUT);     //Setting OUTPUT mode
```

```
  pinMode(DC_En, OUTPUT);    //Setting OUTPUT mode
}

void loop() {
  Direction_rotation(1, 50);
  delay(3000);

  MotorStop();
  delay(2000);

  Direction_rotation(0, 100);
  delay(3000);

  MotorStop();
  delay(2000);
}

void Direction_rotation(int Mode, int Speed) {
  if(Mode) {
    digitalWrite(DC_N, LOW);
    digitalWrite(DC_P, HIGH);
    analogWrite(DC_En, Speed);  //Motor Speed
  }
  else {
    digitalWrite(DC_N, HIGH);
    digitalWrite(DC_P, LOW);
    analogWrite(DC_En, Speed);    //Motor Speed
  }
}

void MotorStop() {
  digitalWrite(DC_N, LOW);
  digitalWrite(DC_P, LOW);
}
```

- **스케치 저장 및 컴파일**

프로그램 작성이 완료되면 아래 그림과 같이 저장 버튼을 클릭하여 저장할 위치를 선택하고 저장해준다. 파일 저장이 완료되면 Verify 버튼을 눌러 컴파일을 실행한다.

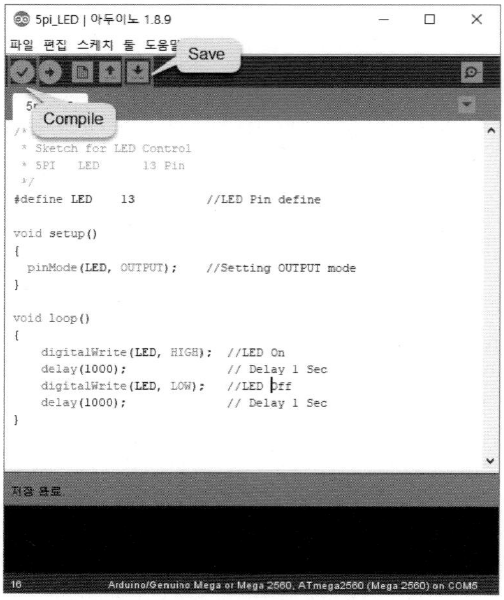

그림 13.19. 스케치 저장 및 컴파일

• 업로드 실행

컴파일이 정상적으로 완료되었다면 아래 그림과 같이 Upload 버튼을 눌러 업로드를 실행한다. Arduino IDE는 기본적으로 업로드를 실행할 때 컴파일도 같이 실행된다.

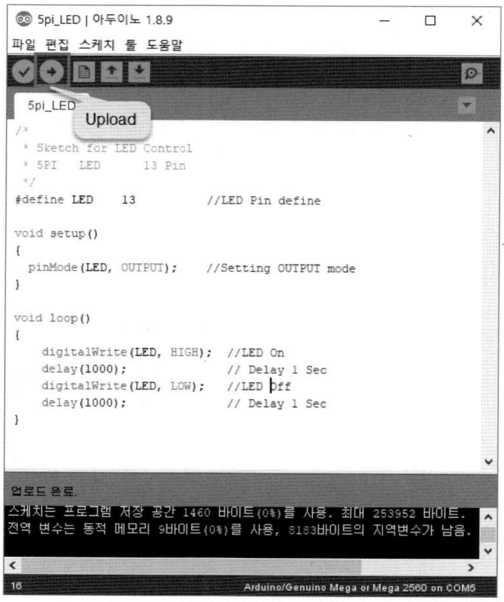

그림 13.20. 업로드 실행

3. 아두이노 동작 확인하기

- 업로드가 완료된 후 스케치가 실행되면 “시계방향 회전 3초 → 정지 2초 → 반시계방향 회전 3초 → 정지 2초 → 시계방향 회전 3초 → …” 과 같은 동작을 반복적으로 수행하게 된다.

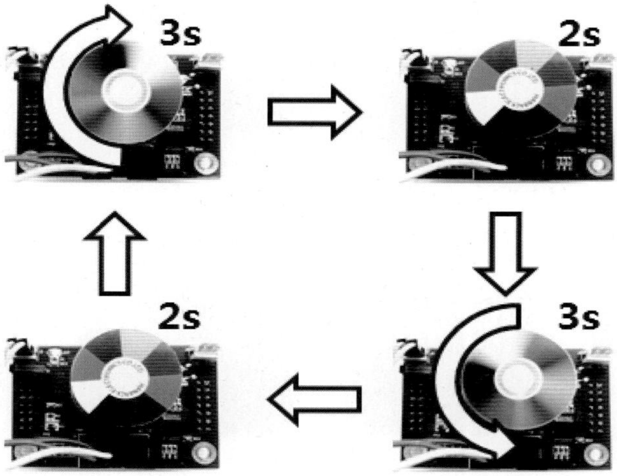

그림 13.21. 스케치 동작 결과

실험 13.3. 무인 온도 조절 시스템

실험목적

Arduino Mega 2560, Sensor Shield, DC Motor, Temp/Humi Sensor를 사용하여 온도에 따라 DC 모터의 회전 방향 및 속도를 조절할 수 있도록 설계한다.

실험장비

Arduino Mega 2560	Sensor Shield	DC Motor Module	Temp/Humid Sensor
	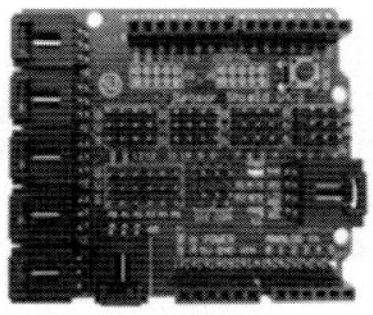	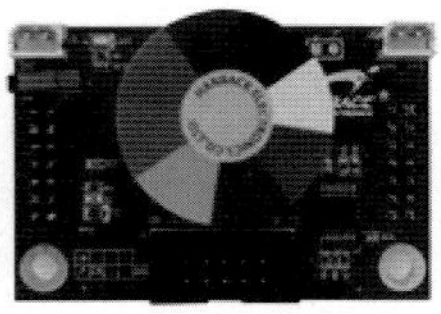	

1. 회로 구성하기

- 아두이노 Mega 2560 모듈에 센서 쉴드를 아래 그림과 같이 연결한다.

그림 13.22. Sensor Shield 연결

- 아두이노 Mega 2560 모듈과 모터 및 온습도 센서를 표 13.6과 같이 연결한다.

표 13.6. 모듈 연결 핀 정보

Arduino Mega 2560	DC Motor	Arduino Mega 2560	Temp/Humid Sensor
9	N	S	A0
10	P	V	V
11	EN	G	G
V	SYS		
GND	GND		

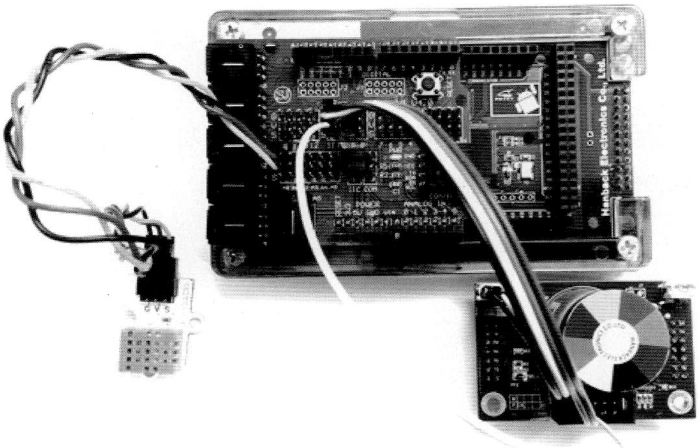

그림 13.23. DC Motor, Temp/Humi Sensor 연결

2. 아두이노 실행하기

• 아두이노 IDE 아이콘을 더블클릭하여 아두이노 IDE를 실행한다.

• 아두이노 설정

아래 그림과 같이 도구에서 보드 및 시리얼 포트를 설정한다. 보드는 Arduino Mega 2560 or Mega ADK, 시리얼 포트는 장치관리자에서 확인한 COM포트 번호로 설정한다.

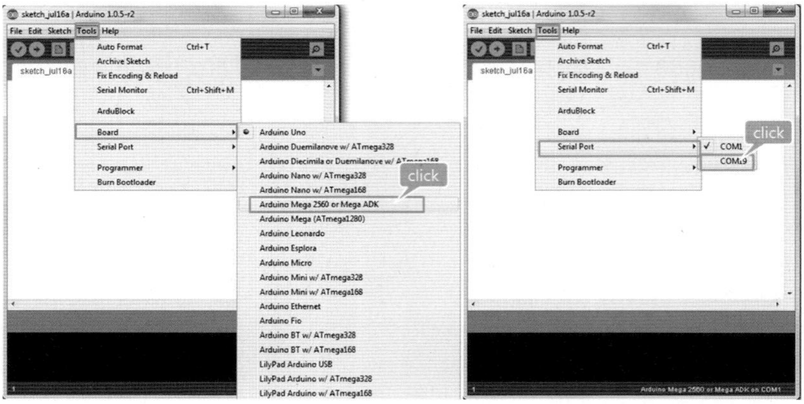

그림 13.24. 보드 및 시리얼 포트 설정

- 포트 설정을 완료한 뒤 Arduino IDE의 아랫부분에 표시되어 있는 설정값을 확인한다. 설정이 잘못되어 있다면 다시 설정해 준다.

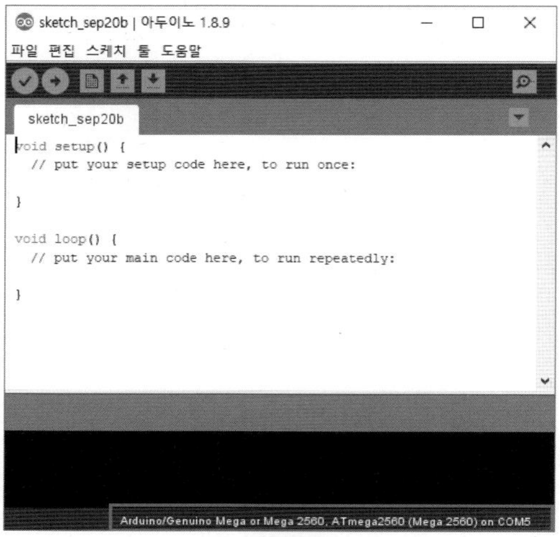

그림 13.25. 보드 및 시리얼 포트 설정값 확인

- 스케치 작성 : DC_Motor_Control.ino

```
#include "DHT.h"

#define DC_N        9
#define DC_P        10
#define DC_En       11
#define TEMPHUMI    A0
```

```
int tempSet = 30;
DHT dht(TEMPHUMI, DHT11);

void setup() {
  Serial.begin(9600);
  pinMode(DC_N, OUTPUT);     //Setting OUTPUT mode
  pinMode(DC_P, OUTPUT);     //Setting OUTPUT mode
  pinMode(DC_En, OUTPUT);    //Setting OUTPUT mode
  dht.begin();
}

void loop() {
  float humi = dht.readHumidity();
  float temp = dht.readTemperature();
  if (temp) {
    Serial.print("Temperature: ");
    Serial.print(temp);
    Serial.print(" [C]₩t");
    Serial.print("Humidity: ");
    Serial.print(humi);
    Serial.println(" [%]");

    if (tempSet>=temp) {
      MotorStop();
    }
    else if(temp<=29) {
      Direction_rotation(1, 150);
    }
    else if(temp<=30) {
      Direction_rotation(1, 200);
    }
    else if(temp<=31) {
      Direction_rotation(1, 255);
    }
  }
}

void Direction_rotation(int Mode, int Speed) {
  if (Mode) {
    digitalWrite(DC_N, LOW);
    digitalWrite(DC_P, HIGH);
    analogWrite(DC_En, Speed);  //Motor Speed
  }
  else {
    digitalWrite(DC_N, HIGH);
    digitalWrite(DC_P, LOW);
    analogWrite(DC_En, Speed);   //Motor Speed
  }
}
```

```
void MotorStop() {
  digitalWrite(DC_N, LOW);
  digitalWrite(DC_P, LOW);
}
```

• 스케치 저장 및 컴파일

프로그램 작성이 완료되면 아래 그림과 같이 저장 버튼을 클릭하여 저장할 위치를 선택하고 저장해준다. 파일 저장이 완료되면 Verify 버튼을 눌러 컴파일을 실행한다.

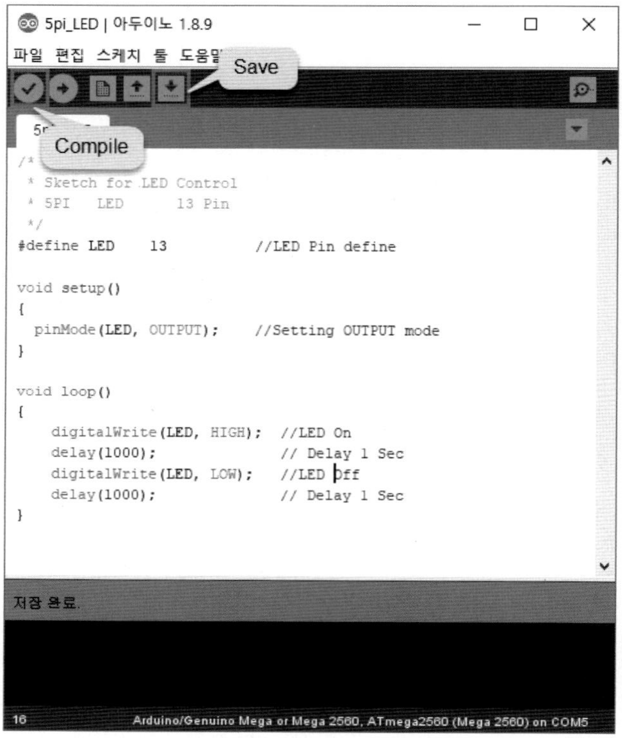

그림 13.26. 스케치 저장 및 컴파일

• 업로드 실행

컴파일이 정상적으로 완료되었다면 아래 그림과 같이 Upload 버튼을 눌러 업로드를 실행한다. Arduino IDE는 기본적으로 업로드를 실행할 때 컴파일도 같이 실행된다.

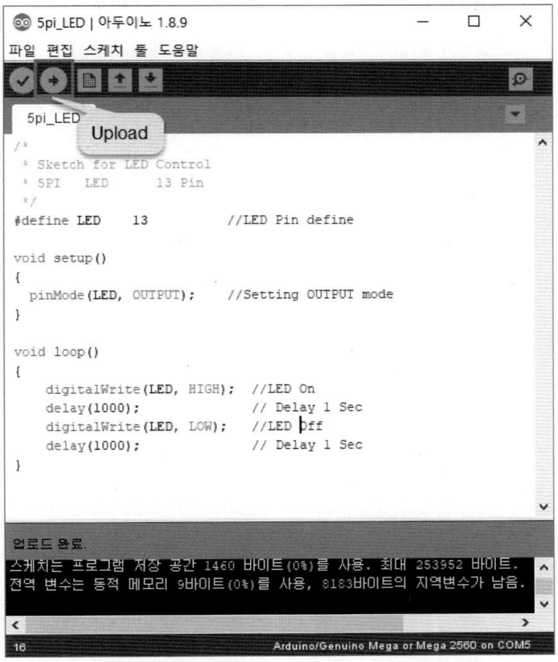

그림 13.27. 업로드 실행

3. 아두이노 동작 확인하기

- 기준 온도가 현재 온도 보다 높으면 모터를 회전시키고 기준 온도보다 현재 온도가 낮으면 모터를 정지시켜 온도를 조절한다.

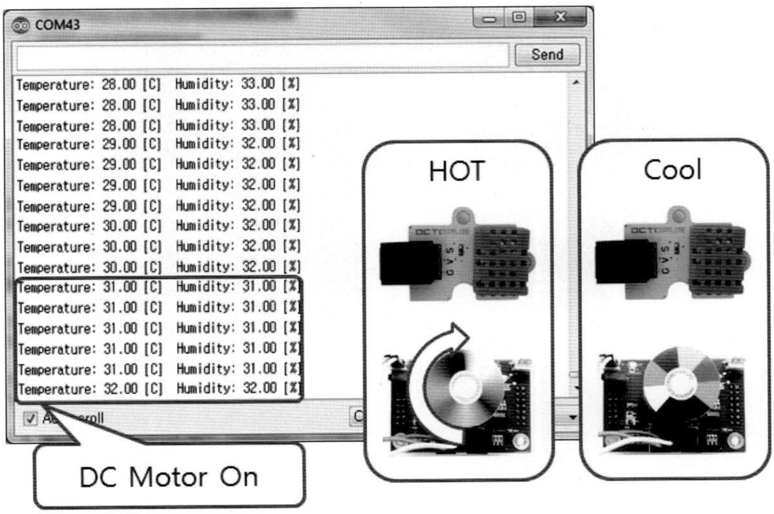

그림 13.28. 스케치 동작 결과

실험 13.4. 주차장 출입 차단기

실험목적

Arduino Mega 2560, Sensor Shield, DC Motor, Ultrasonic Sensor를 사용하여 Ultrasonic Sensor에 물체가 감지되면 DC Motor을 동작시키도록 설계한다.

실험장비

Arduino Mega 2560	Sensor Shield	DC Motor Module	Ultrasonic Sensor
		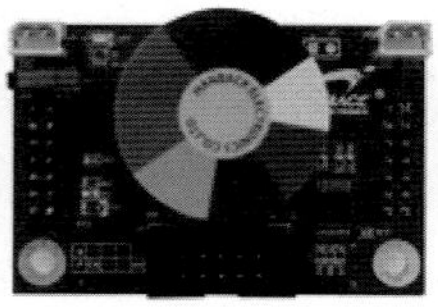	

1. 회로 구성하기

- 아두이노 Mega 2560 모듈에 센서 쉴드를 아래 그림과 같이 연결한다.

그림 13.29. Sensor Shield 연결

- 아두이노 Mega 2560 모듈과 모터 및 초음파 센서를 표 13.7과 같이 연결한다.

표 13.7. 모듈 연결 핀 정보

Arduino Mega 2560	DC Motor	Arduino Mega 2560	Ultrasonic Sensor
9	N	12	Trig
10	P	13	Echo
11	EN	V	V
V	SYS	GND	GND
GND	GND		

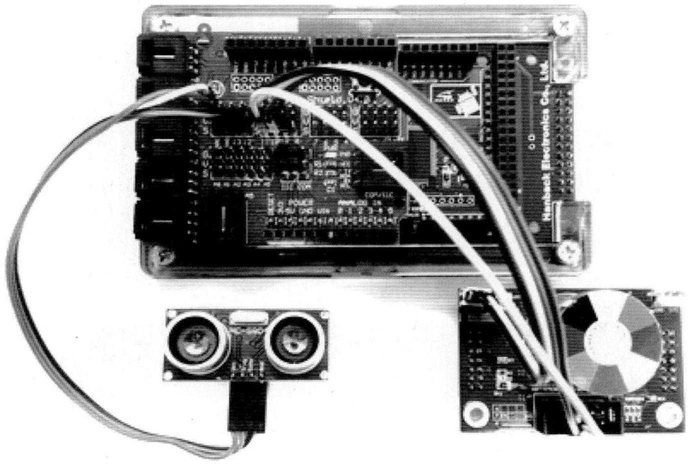

그림 13.30. DC Motor, Ultrasonic Sensor 연결

2. 아두이노 실행하기

- 아두이노 IDE 아이콘을 더블클릭하여 아두이노 IDE를 실행한다.

- 아두이노 설정

아래 그림과 같이 도구에서 보드 및 시리얼 포트를 설정한다. 보드는 Arduino/Genuno Mega or Mega 2560, 시리얼 포트는 장치관리자에서 확인한 COM포트 번호로 설정한다.

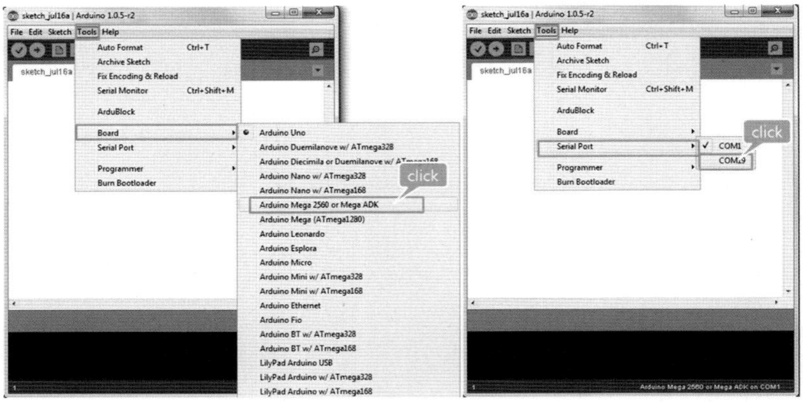

그림 13.31. 보드 및 시리얼 포트 설정

• 포트 설정을 완료한 뒤 Arduino IDE의 아랫부분에 표시되어 있는 설정값을 확인한다. 설정이 잘못되어 있다면 다시 설정해 준다.

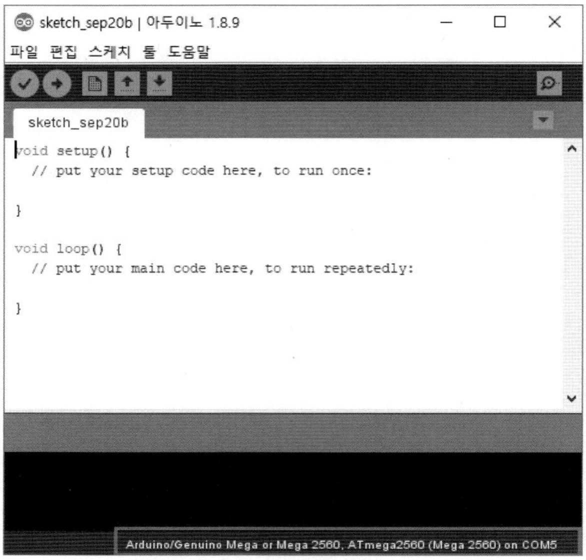

그림 13.32. 보드 및 시리얼 포트 설정값 확인

• 스케치 작성 : AUTO_Parking_Lot.ino

```
#define DC_N    9
#define DC_P    10
#define DC_En   11
#define CM      1
#define INC     0
```

```
#define TP      12
#define EP      13

int distacne = 10;

void setup() {
  Serial.begin(9600);
  pinMode(DC_N, OUTPUT);     //Setting OUTPUT mode
  pinMode(DC_P, OUTPUT);     //Setting OUTPUT mode
  pinMode(DC_En, OUTPUT);    //Setting OUTPUT mode
  pinMode(TP, OUTPUT);       // set TP output for trigger
  pinMode(EP, INPUT);        // set EP input for echo
}

void loop() {
  long microseconds = TP_init();
  long distacne_cm = Distance(microseconds, CM);
  Serial.print("Distacne_CM = ");
  Serial.println(distacne_cm);
  if(distacne>=distacne_cm) {
    Direction_rotation(1, 70);
    delay(50);
    MotorStop();
    delay(2000);
    Direction_rotation(0, 70);
    delay(50);
  }
  else {
    MotorStop();
  }
}

void Direction_rotation(int Mode, int Speed) {
  if(Mode) {
    digitalWrite(DC_N, LOW);
    digitalWrite(DC_P, HIGH);
    analogWrite(DC_En, Speed);  //Motor Speed
  }
  else {
    digitalWrite(DC_N, HIGH);
    digitalWrite(DC_P, LOW);
    analogWrite(DC_En, Speed);    //Motor Speed
  }
}
void MotorStop() {
  digitalWrite(DC_N, HIGH);
  digitalWrite(DC_P, HIGH);
}
```

```
long Distance(long time, int flag){
  long distacne;
  if(flag)
    distacne = time / 29 / 2;
  else
    distacne = time / 74 / 2;
  return distacne;
}

long TP_init() {
  digitalWrite(TP, LOW);
  delayMicroseconds(2);
  digitalWrite(TP, HIGH);
  delayMicroseconds(10);
  digitalWrite(TP, LOW);
  long microseconds = pulseIn(EP,HIGH);
  return microseconds;
}
```

• **스케치 저장 및 컴파일**

프로그램 작성이 완료되면 아래 그림과 같이 저장 버튼을 클릭하여 저장할 위치를 선택하고 저장해준다. 파일 저장이 완료되면 Verify 버튼을 눌러 컴파일을 실행한다.

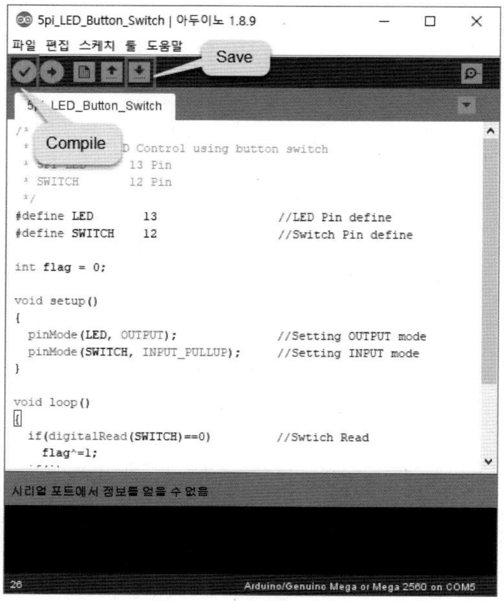

그림 13.33. 스케치 저장 및 컴파일

- **업로드 실행**

컴파일이 정상적으로 완료되었다면 아래 그림과 같이 Upload 버튼을 눌러 업로드를 실행한다. Arduino IDE는 기본적으로 업로드를 실행할 때 컴파일도 같이 실행된다.

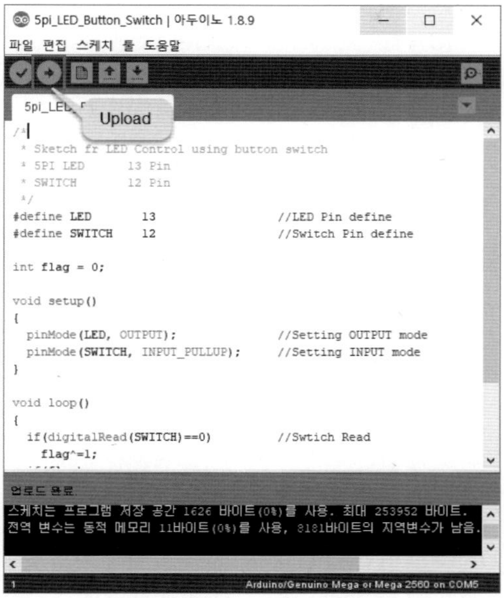

그림 13.34. 업로드 실행

3. 아두이노 동작 확인하기

- 물체와 Ultrasonic Sensor의 거리가 10Cm 이거나 더 좁으면 DC Motor가 아래와 같이 동작하게 된다.

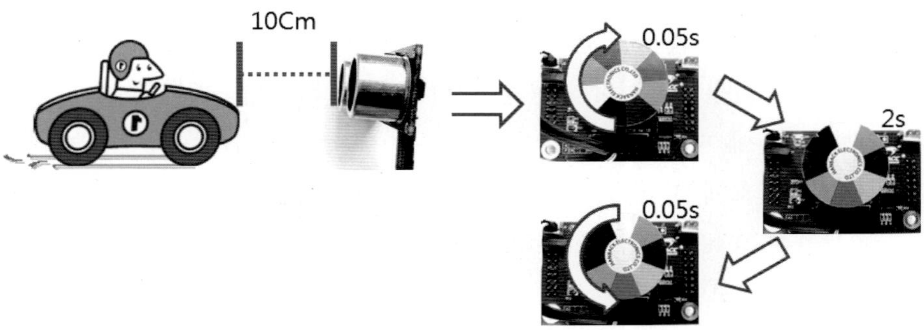

그림 13.35. 스케치 동작 결과

제14장 LCD Key 및 키패드 제어

목적

- LCD Key의 동작 원리를 이해하고 LCD Key를 제어한다.
- Key Pad를 이해하고 제어한다.

14.1. LCD Key

액정 디스플레이(LCD: Liquid Crystal Display)는 액체와 고체의 중간상태인 액정의 전기성질을 응용하여 시각적인 효과를 주는 전자제품이다. 액정은 전압이 가해지면 배열이 변하고, 이러한 결정의 움직임에 따라 빛의 투과율이 변하게 된다. 저전압, 저전력으로 작동한다는 장점이 있으며, 본 교재에서 사용되는 LCD는 간단한 텍스트를 출력할 수 있는 16x2 사이즈의 캐릭터 LCD이다. 16x2 캐릭터 LCD는 한 화면에 가로 16, 세로 2의 총 32개의 캐릭터 문자를 표시할 수 있는 디스플레이를 말한다. 총 16개의 핀으로 구성되어 있으며, 아두이노의 5V로 작동시킬 수 있고 출력 문자는 프로그래밍 과정을 통해 조작이 가능하다.

LCD는 광학적으로 수동형(Passive)으로, 스스로 발광하지 않기 때문에 전력을 거의 소비하지 않는다. 그렇기 때문에 백라이트가 없는 LCD를 주로 사용하는 휴대용 계산기의 경우, 작은 태양광 패널이나 저용량 배터리만으로도 긴 수명을 갖는다. 스스로 빛을 내지 않기 때문에 대부분의 LCD의 경우 후면에 백라이트를 두고, 전면에 액정을 두어 액정이 전기신호에 따라 빛을 차단하거나 통과시키는 방식으로 빛을 낸다.

LCD Key 모듈은 Text LCD, 5-Way Key, Rotary Encoder로 구성되어 있다. 그림 14.1은 LCD Key 모듈을 보여준다.

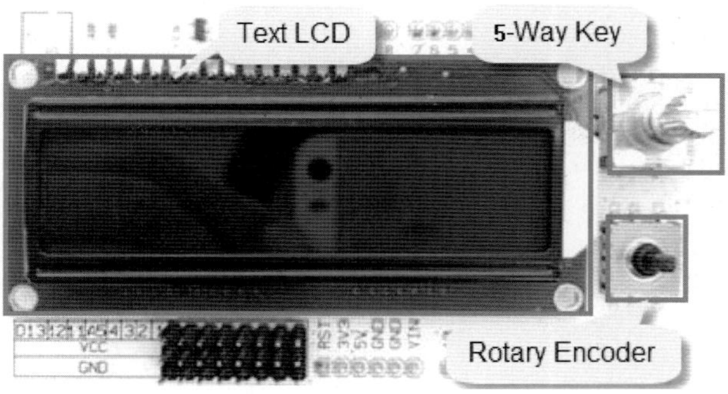

그림 14.1. LCD Key

- Text LCD

Text LCD는 정해진 사이즈에 영문자와 숫자 등을 문자 단위로 표시할 수 있어 간단한 메시지를 출력하는 데 사용되고 있으며 사용자가 원하는 문자나 패턴을 만들어 TextLCD창에 출력할 수도 있다. Text LCD를 제어하기 위해서는 아두이노 Mega 2560 보드에 제어신호 핀과 데이터 핀을 연결하고 아두이노 IDE에서 제공하는 라이브러리를 이용하면 간단히 제어할 수 있다.

- 5-Way Key

5-Way Key는 버튼이 눌릴 때, 아두이노 Mega 2560에 연결된 핀의 상태값을 읽어서 눌린 Key를 확인한다. 상/하/좌/우/누름의 다섯 가지 기능이 있다. 그림 14.2는 5-Way Key 회로도를 보여준다.

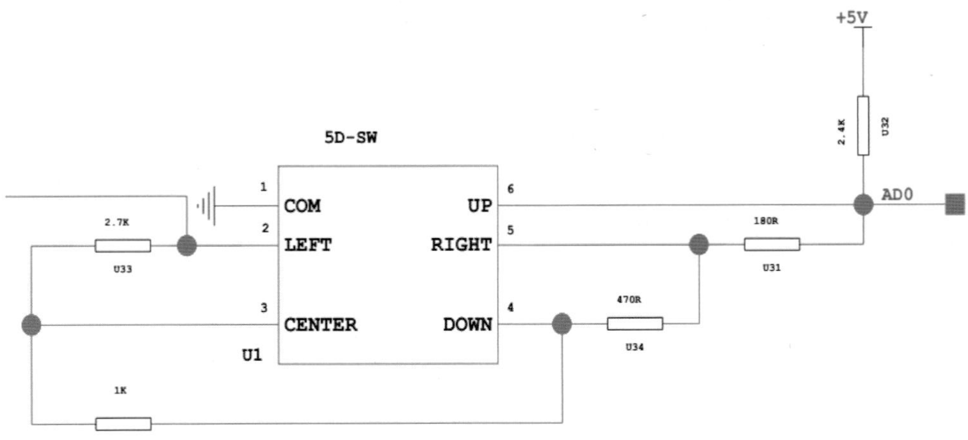

그림 14.2. 5-Way Key 회로도

• Rotary Encoder

Rotary Encoder는 시계방향 또는 반시계방향으로 계속 회전시킬 수 있다. 오디오 장치의 볼륨키를 생각하면 된다. Rotary Encoder는 회전하는 방향에 따라서 그림 14.3과 같은 펄스가 나타난다. 회전 방향을 확인하기 위해서는 연결된 두 개의 핀 중에서 하나의 핀을 인터럽트 등록 후 인터럽트가 발생되었을 때 다른 핀의 상태를 확인하여 회전된 방향을 알 수 있다.

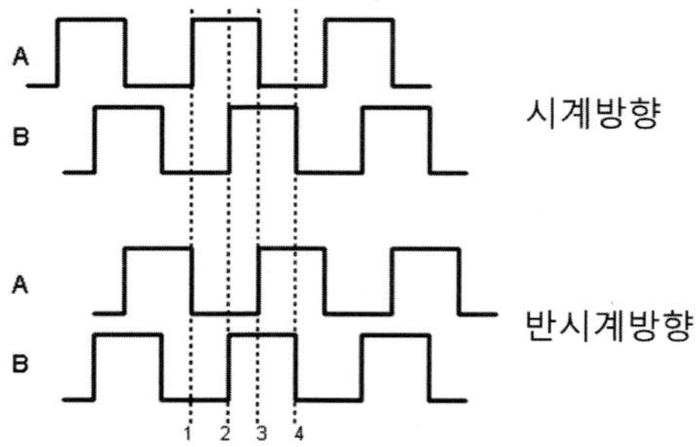

그림 14.3. Rotary Encoder 신호

그림 14.4는 LCD핀 맵을 보여주며, 표 14.1은 LCD 함수를 보여준다.

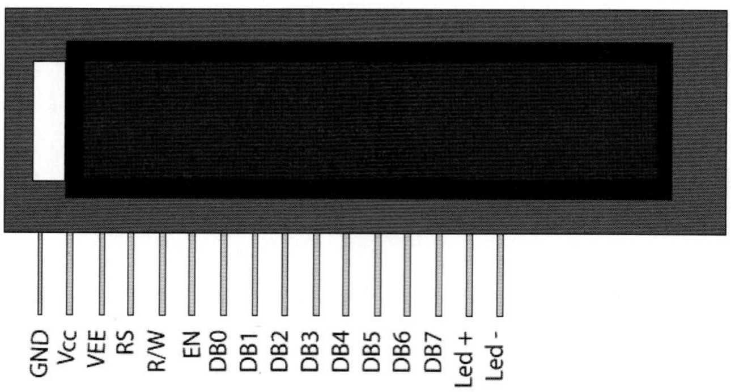

그림 14.4. LCD핀 맵

• GND : 접지로 아두이노의 GND핀에 연결한다.
• VCC : 5V 전압을 인가한다.
• VEE : 콘트라스트 조정 핀으로 이것은 10K 전위차계의 끝을 + 5V와 접지에 연결한 다음 슬라이더 핀을 VEE 핀에 연결하여 수행된다. VEE 핀의 전압은 명암을 정의한다. 정상적인 설정은 0.4와 0.9V 사이이다.

- RS : 레지스터 선택 핀으로 JHD162A에는 명령 레지스터와 데이터 레지스터라는 두 개의 레지스터가 존재한다. RS 핀에서 HIGH는 데이터 레지스터를 선택하고 RS 핀에서 LOW는 명령 레지스터를 선택한다. RS 핀을 HIGH로 만들고 데이터 라인 (DB0~DB7)에 입력을 공급하면 이 입력은 LCD 화면에 표시할 데이터로 취급된다. RS 핀을 LOW로 만들고 데이터 라인에 입력을 공급하면 명령 (LCD 컨트롤러에 쓰는 명령 - 커서 위치 지정 또는 화면 또는 스크롤 지우기 같은 명령)으로 처리한다.
- R/W : 읽기/쓰기 모드핀으로 이 핀은 읽기 및 쓰기 모드를 선택하는 데 사용된다. 이 핀에서 HIGH는 읽기 모드를 활성화하고 이 핀에서 로직 LOW는 쓰기 모드를 활성화 한다.
- EN : 이 핀은 LCD 모듈을 활성화하기 위한 핀으로, 이 핀에서 HIGH에서 LOW 신호는 모듈을 활성화한다.
- DBx : 이들은 데이터 핀으로 명령과 데이터는 이 핀을 통해 LCD 모듈에 공급된다.
- LED+−: 백라이트 LED의 양극과 음극을 나타내며 5V에서 작동할 때 560Ω 저항이 핀에 직렬로 연결되어야 한다. 아두이노 기반 프로젝트에서 백라이트 LED는 아두이노 보드의 3.3V 소스에서 전력을 공급받을 수 있다.

표 14.1. LCD 함수

LCD 함수	기능
lcd.init()	LCD 초기화
lcd.backlight()	LCD 백라이트 켜기
lcd.noBacklight()	LCD 백라이트 끄기
lcd.noDisplay()	LCD 표시내용 숨기기
lcd.display()	LCD 표시내용 보이기
lcd.cursor()	커서 표시
lcd.noCursor()	커서 숨김
lcd.setCursor(0,0)	해당 LCD좌표로 커서 이동
lcd.home()	커서를 0,0좌표로 이동
lcd.blink()	커서를 깜빡임
lcd.noBlink()	커서를 깜빡이지 않음
lcd.write(x)	LCD화면에 값을 출력, 아스키 코드 입력시 해당문자 출력
lcd.print("TEST")	LCD화면에 값을 출력
lcd.clear()	LCD 모든 내용 지움
lcd.scrollDisplayRight()	LCD 내용을 우측으로 1칸 스크롤
lcd.scrollDisplayLeft()	LCD 내용을 좌측으로 1칸 스크롤
lcd.autoscroll()	출력내용을 자동으로 우에서 좌로 스크롤

스케치 작성

- 스케치: LCD_KEY.ino

```
#include <LiquidCrystal.h>

const int Encoder_A =  3;           // Incremental Encoder singal A is PD3
const int Encoder_B =  2;           // Incremental Encoder singal B is PD2

unsigned int Encoder_number=0;
int state=0;

LiquidCrystal lcd(8, 9, 4, 5, 6, 7);      // lcd(rs, enable, d4, d5, d6, d7)

int lcd_key      = 0;
int adc_key_in   = 0;

#define btnRIGHT  0
#define btnUP     1
#define btnDOWN   2
#define btnLEFT   3
#define btnSELECT 4
#define btnNONE   5
#define btnEncodeOK  6

int read_LCD_buttons() {
  adc_key_in = analogRead(0);              //Read Key data

  if (adc_key_in > 1000) return btnNONE;
  if (adc_key_in < 50)   return btnLEFT;
  if (adc_key_in < 150)  return btnUP;
  if (adc_key_in < 250)  return btnRIGHT;
  if (adc_key_in < 450)  return btnSELECT;
  if (adc_key_in < 700)  return btnDOWN;
  if (adc_key_in < 850)  return btnEncodeOK;
  return btnNONE;
}

void setup() {
  lcd.begin(16, 2);               // start the library
  pinMode(10,OUTPUT);
  digitalWrite(10, 1);
  lcd.setCursor(0,0);
  lcd.print("Push the buttons"); // print a simple message

  pinMode(Encoder_A, INPUT_PULLUP);
  pinMode(Encoder_B, INPUT_PULLUP);

  attachInterrupt(1, Encoder_san, FALLING); //interrupts: 0 (on digital pin 2)
```

```
                                          //          1 (on digital pin 3).
}

void loop() {
  if(state==1) {
    lcd.clear();
    lcd.setCursor(9,1);  // move cursor to second line "1" and 9 spaces over
    lcd.print(Encoder_number);
    lcd.setCursor(0,0);  // move cursor to second line "1" and 9 spaces over
    lcd.print("Push the buttons"); // print a simple message
    state=0;
  }
  lcd.setCursor(0,1);            // move to the begining of the second line
  lcd_key = read_LCD_buttons();  // read the buttons

  switch (lcd_key) {
   case btnRIGHT:
     lcd.print("RIGHT ");
     break;
   case btnLEFT:
     lcd.print("LEFT   ");
     break;
   case btnUP:
     lcd.print("UP    ");
     break;
   case btnDOWN:
     lcd.print("DOWN  ");
     break;
   case btnSELECT:
     lcd.print("SELECT");
     break;
   case btnEncodeOK:
     lcd.print("EncdOK");
     break;
   case btnNONE:
     lcd.print("NONE  ");
     break;
  }
}

void Encoder_san() {
  if(digitalRead(Encoder_B)) {
    Encoder_number++;
  }
  else {
    Encoder_number--;
  }
  state=1;
}
```

스케치 설명

• 사용핀 정의

프로그램에서 사용할 핀을 정의한다.

```
const int Encoder_A =  3;          // Incremental Encoder singal A is PD3
const int Encoder_B =  2;          // Incremental Encoder singal B is PD2

LiquidCrystal lcd(8, 9, 4, 5, 6, 7);  // lcd(rs, enable, d4, d5, d6, d7)
```

• 초기화 구문

LCD사이즈 (16, 2)를 입력하여 초기화 한다. 핀 10번에 "1"(HIGH) 값을 줘서 LCD의 Backlight를 켜준다. 그다음 (0, 0)의 위치부터 메시지를 출력해준다. 마지막으로 인터럽트를 등록한다. 인터럽트는 Encoder_A핀이 "HIGH" 에서 "LOW" 값으로 변경될 때 활성화된다.

```
lcd.begin(16, 2);                          // start the library
pinMode(10,OUTPUT);
digitalWrite(10, 1);
lcd.setCursor(0,0);
lcd.print("Push the buttons");             // print a simple message

pinMode(Encoder_A, INPUT_PULLUP);
pinMode(Encoder_B, INPUT_PULLUP);

attachInterrupt(1, Encoder_san, FALLING);  // interrupts: 0 (on digital pin 2)
                                           // 1 (on digital pin 3)
```

Rotary Encoder에 연결된 핀을 INPUT_PULLUP 모드로 설정하고 Encoder_A 핀을 인터럽트 핀으로 등록시킨다.

```
lpinMode(Encoder_A, INPUT_PULLUP);
pinMode (Encoder_B, INPUT_PULLUP);

attachInterrupt(1, Encoder_san, FALLING);  // interrupts: 0 (on digital pin 2)
                                           // 1 (on digital pin 3)
```

• 5-Key 값 확인

A0 핀의 아날로그 값을 읽어와서 그 값에 따라 눌린 Key를 확인한다.

```
int read_LCD_buttons() {
   adc_key_in = analogRead(A0);                    //Read Key data
   if (adc_key_in > 1000) return btnNONE;
   if (adc_key_in < 50)    return btnLEFT;
   if (adc_key_in < 150)   return btnUP;
   if (adc_key_in < 250)   return btnRIGHT;
   if (adc_key_in <450)   return btnSELECT;
   if (adc_key_in < 700)   return btnDOWN;
   if (adc_key_in < 850)   return btnEncodeOK;
   return btnNONE;
}
```

• 눌린 Key 출력

read_LCD_buttons() 함수로부터 확인한 눌린 Key를 LCD창에 출력해준다.

```
switch (lcd_key) {
    case btnRIGHT:
      lcd.print("RIGHT  ");
      break;
    case btnLEFT:
      lcd.print("LEFT     ");
      break;
    case btnUP:
      lcd.print("UP       ");
      break;
    case btnDOWN:
      lcd.print("DOWN   ");
      break;
    case btnSELECT:
      lcd.print("SELECT");
      break;
    case btnEncodeOK:
      lcd.print("EncdOK");
      break;
    case btnNONE:
      lcd.print("NONE   ");
      break;
 }
}
```

• Rotary Encoder 방향 확인

Rotary Encoder를 돌려 인터럽트가 발생되면 그때 Encoder_B값을 확인하여 "1"이면 Encoder_number를 증가시키고"0"이면 감소시킨다.

```
void Encoder_san() {
  if(digitalRead(Encoder_B)) {
    Encoder_number++;
  }
  else {
    Encoder_number--;
  }
  state=1;
}
```

14.2. 4×4 키패드

키패드(Key Pad)는 여러 개의 버튼으로 이루어져 있다. 버튼스위치 1개로는 스위치의 누름의 유무 외에 특별한 입력 장치로 사용하기에는 한계가 있을 수 있다. 이러한 버튼 스위치를 여러 개 조합하여 키패드를 만들게 되면 휴대폰의 키패드처럼 숫자나 특정 문자를 입력할 수 있는 아주 좋은 입력장치로 활용할 수 있다. 그림 14.5는 4×4 키패드를 보여준다.

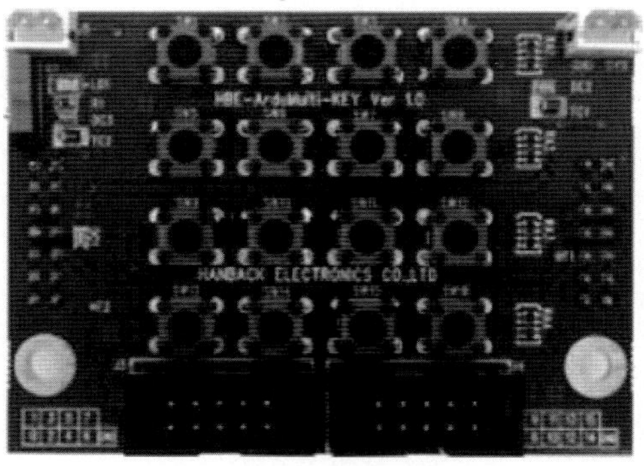

그림 14.5. 4x4 Keypad

그림 14.6과 같이 SW0부터 SW15에 특정 문자를 할당하고 키패드의 누름의 유무를 판단하여 특정 문자를 입력으로 사용할 수 있다. 또한, 기본적인 ON/OFF 스위치로도 활용 가능하다. 모듈을 장비와 연결하는 핀 정보는 표 14.2를 참조한다.

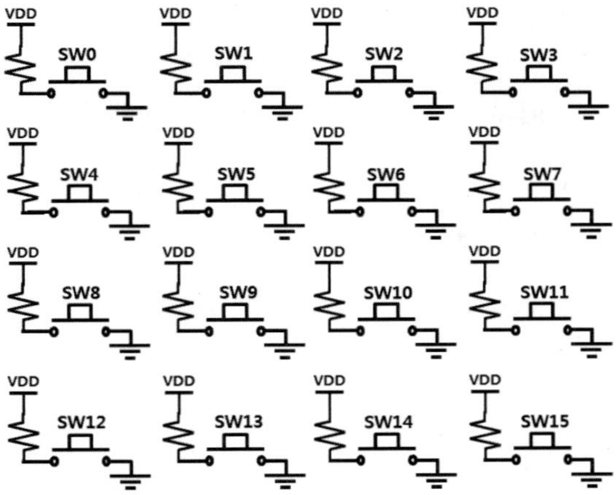

그림 14.6. 4x4 Keypad 구조

표 14.2. 4×4 Keypad 모듈 연결 핀 정보

Arduino Mega 2560	4x4 Keypad	Arduino Mega 2560	4x4 Keypad
22	0	30	8
23	1	31	9
24	2	32	10
25	3	33	11
26	4	34	12
27	5	35	13
28	6	36	14
29	7	37	15
5V	SYS	GND	GND

스케치 작성

- 스케치 : 4x4_Keypad.ino

```
// Keypad PIN 22~37
const int KeyPin[16] = {22, 23, 24, 25,
                        26, 27, 28, 29,
                        30, 31, 32, 33,
                        34, 35, 36, 37};
//read Keypad Data
unsigned int InputKey=0;

void setup() {
```

```
  Serial.begin(115200);
  for(int i=0;i<16;i++)             // Setting Keypad pinMode
    pinMode(KeyPin[i], INPUT);
}

void loop() {
  InputKey=readkey();
  if(InputKey>0) {
    Serial.print(InputKey);        // Print pushed button number
    Serial.println(" Pushed");
  }
}

int readkey() {
  int readVal=0, pushBtn=0;
  for(int i=0;i<16;i++) {
    if(digitalRead(KeyPin[i])==LOW) {
      readVal+=1;
      pushBtn=i+1;
    }
  }
  if(readVal>1)               // Error:more 2 Button Pushed
    return 0;
  else if(readVal==1) {   // 1 Button Pushed
    delay(200);
    return pushBtn;
  }
  else                        // No Pushed
    return 0;
}
```

스케치 설명

- **사용핀 정의**

프로그램에서 사용할 핀을 정의한다.

```
//Keypad PIN 22~37
const int KeyPin[16] = {22, 23, 24, 25,
                        26, 27, 28, 29,
                        30, 31, 32, 33,
                        34, 35, 36, 37};
```

- **초기화 구문**

Keypad와 연결된 핀을 INPUT 모드로 설정한다.

```
for(int i=0;i<16;i++)              //Setting Keypad pinMode
  pinMode(KeyPin[i], INPUT);
```

- Key 값 확인

16개의 Key 값을 읽은 뒤 키가 2개 이상 눌리거나 눌리지 않으면 0"을 리턴 해주고 키가 1개만 눌리면 눌린 키 값을 리턴 해준다.

```
int readkey() {
  int readVal=0, pushBtn=0;
  for(int i=0;i<16;i++) {
    if(digitalRead(KeyPin[i])==LOW) {
      readVal+=1;
      pushBtn=i+1;
    }
  }
  if(readVal>1)            //Error:more 2 Button Pushed
    return 0;
  else if(readVal==1){   //1 Button Pushed
    delay(200);
    return pushBtn;
  }
  else                     //No Pushed
    return 0;
}
```

- 메시지 출력

Keypad의 값을 확인하여 Key가 눌리면 그 값을 출력해준다.

```
if(InputKey>0) {
  Serial.print(InputKey);        //Print pushed button number
  Serial.println(" Pushed");
}
```

실험 14.1. LCD Key 제어

실험목적

Arduino Mega 2560, LCD Key를 사용하여 LCD에 원하는 내용을 출력하고 제어한다.

실험장비

Arduino Mega 2560	LCD Key

1. 회로 구성하기

• 아두이노 Mega 2560 모듈에 LCD Key 모듈을 아래 그림과 같이 연결한다.

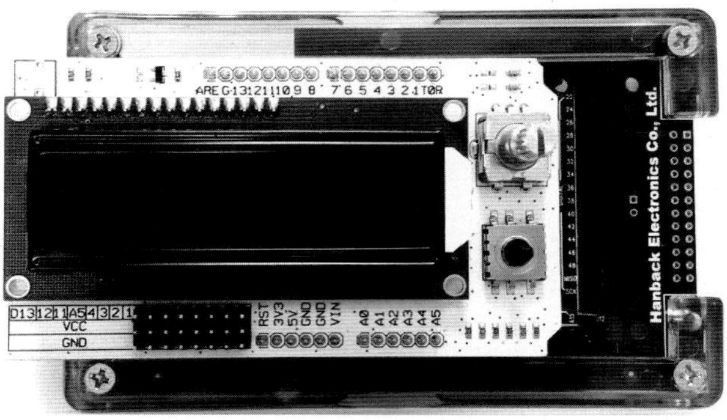

그림 14.7. LCD Key와 연결

2. 아두이노 실행하기

• 아두이노 IDE 아이콘을 더블클릭하여 아두이노 IDE를 실행한다.

- 아두이노 설정

아래 그림과 같이 도구에서 보드 및 시리얼 포트를 설정한다. 보드는 Arduino Mega 2560 or Mega ADK, 시리얼 포트는 장치관리자에서 확인한 COM포트 번호로 설정한다.

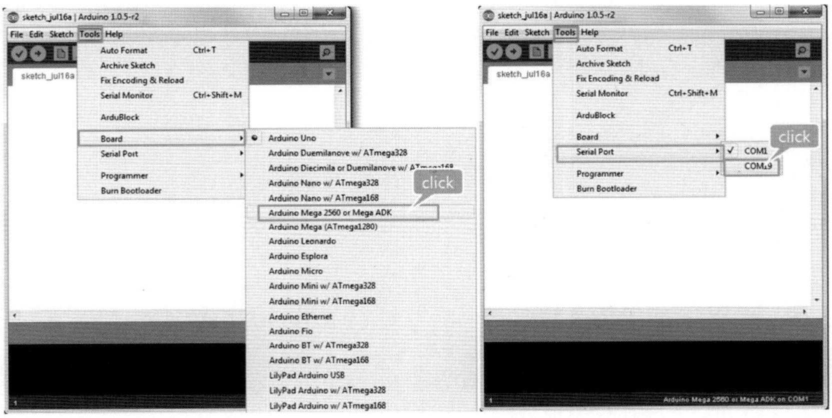

그림 14.8. 보드 및 시리얼 포트 설정

- 포트 설정을 완료한 뒤 Arduino IDE의 아랫부분에 표시되어 있는 설정값을 확인한다. 설정이 잘못되어 있다면 다시 설정해 준다.

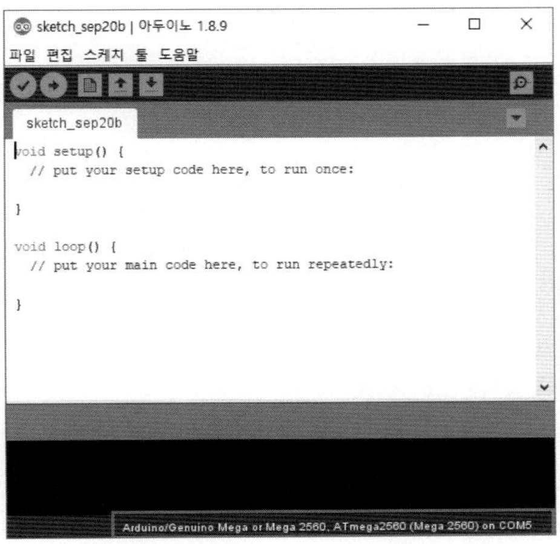

그림 14.9. 보드 및 시리얼 포트 설정값 확인

- 스케치 작성 : LCD_KEY.ino

```
#include <LiquidCrystal.h>

const int Encoder_A =  3;          // Incremental Encoder singal A is PD3
const int Encoder_B =  2;          // Incremental Encoder singal B is PD2

unsigned int Encoder_number=0;
int state=0;

LiquidCrystal lcd(8, 9, 4, 5, 6, 7);     // lcd(rs, enable, d4, d5, d6, d7)

int lcd_key      = 0;
int adc_key_in   = 0;

#define btnRIGHT  0
#define btnUP     1
#define btnDOWN   2
#define btnLEFT   3
#define btnSELECT 4
#define btnNONE   5
#define btnEncodeOK  6

int read_LCD_buttons() {
  adc_key_in = analogRead(0);                //Read Key data

  if (adc_key_in > 1000) return btnNONE;
  if (adc_key_in < 50)   return btnLEFT;
  if (adc_key_in < 150)  return btnUP;
  if (adc_key_in < 250)  return btnRIGHT;
  if (adc_key_in < 450)  return btnSELECT;
  if (adc_key_in < 700)  return btnDOWN;
  if (adc_key_in < 850)  return btnEncodeOK;
  return btnNONE;
}

void setup() {
  lcd.begin(16, 2);               // start the library
  pinMode(10,OUTPUT);
  digitalWrite(10, 1);
  lcd.setCursor(0,0);
  lcd.print("Push the buttons"); // print a simple message

  pinMode(Encoder_A, INPUT_PULLUP);
  pinMode(Encoder_B, INPUT_PULLUP);

  attachInterrupt(1, Encoder_san, FALLING); //interrupts: 0 (on digital pin 2)
                                            //            1 (on digital pin 3).
}
```

```
void loop() {
  if(state==1) {
    lcd.clear();
    lcd.setCursor(9,1);  // move cursor to second line "1" and 9 spaces over
    lcd.print(Encoder_number);
    lcd.setCursor(0,0);  // move cursor to second line "1" and 9 spaces over
    lcd.print("Push the buttons"); // print a simple message
    state=0;
  }
  lcd.setCursor(0,1);            // move to the begining of the second line
  lcd_key = read_LCD_buttons();  // read the buttons

  switch (lcd_key) {
   case btnRIGHT:
     lcd.print("RIGHT ");
     break;
   case btnLEFT:
     lcd.print("LEFT   ");
     break;
   case btnUP:
     lcd.print("UP     ");
     break;
   case btnDOWN:
     lcd.print("DOWN  ");
     break;
   case btnSELECT:
     lcd.print("SELECT");
     break;
   case btnEncodeOK:
     lcd.print("EncdOK");
     break;
   case btnNONE:
     lcd.print("NONE  ");
     break;
  }
}

void Encoder_san() {
  if(digitalRead(Encoder_B)) {
    Encoder_number++;
  }
  else {
    Encoder_number--;
  }
  state=1;
}
```

• 스케치 저장 및 컴파일

프로그램 작성이 완료되면 아래 그림과 같이 저장 버튼을 클릭하여 저장할 위치를 선택하고 저장해준다. 파일 저장이 완료되면 Verify 버튼을 눌러 컴파일을 실행한다.

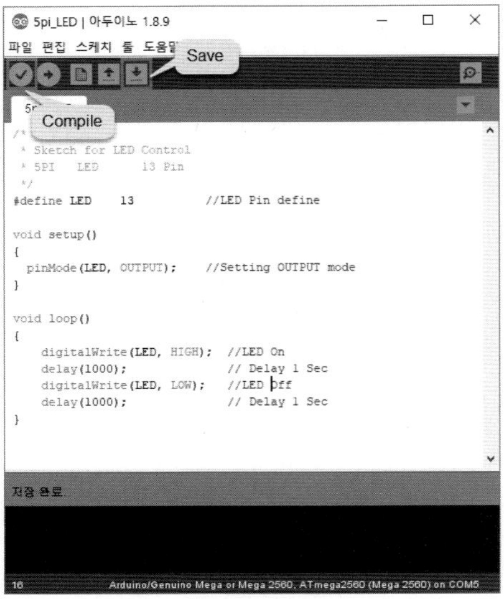

그림 14.10. 스케치 저장 및 컴파일

• 업로드 실행

컴파일이 정상적으로 완료되었다면 아래 그림과 같이 Upload 버튼을 눌러 업로드를 실행한다. Arduino IDE는 기본적으로 업로드를 실행할 때 컴파일도 같이 실행된다.

그림 14.11. 업로드 실행

3. 아두이노 동작 확인하기

- 업로드가 완료된 후 스케치가 실행되면 LCD 창에 "Push the button" 메시지가 출력되고 프로그램 실행 후 5-Way Key나 Rotary Encoder를 조작하면 그 결과가 Text LCD 창에 출력된다.

실험 14.2. 4×4 키패드 제어

실험목적

Arduino Mega 2560, 4x4 Keypad를 연결하여 입력해보고 시리얼 모니터로 확인한다.

실험장비

Arduino Mega 2560	4x4 Keypad

1. 회로 구성하기

• 아두이노 Mega 2560 모듈에 4x4 키패드를 아래 그림과 같이 연결한다.

그림 14.12. Key Pad와 Arduino 연결

2. 아두이노 실행하기

• 아두이노 IDE 아이콘을 더블클릭하여 아두이노 IDE를 실행한다.

• 아두이노 설정

아래 그림과 같이 도구에서 보드 및 시리얼 포트를 설정한다. 보드는 Arduino Mega 2560 or Mega ADK, 시리얼 포트는 장치관리자에서 확인한 COM포트 번호로 설정한다.

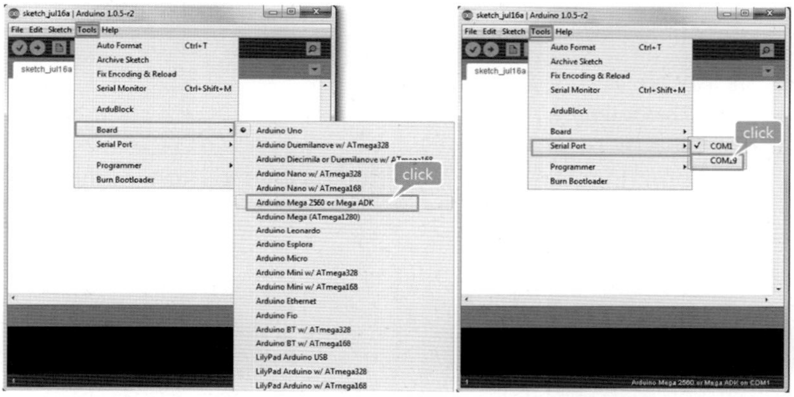

그림 14.13. 보드 및 시리얼 포트 설정

• 포트 설정을 완료한 뒤 Arduino IDE의 아랫부분에 표시되어 있는 설정값을 확인한다. 설정이 잘못되어 있다면 다시 설정해 준다.

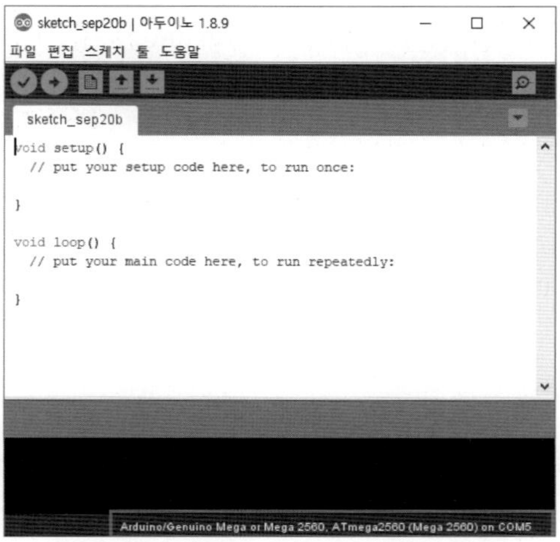

그림 14.14. 보드 및 시리얼 포트 설정값 확인

• 스케치 작성 : 4x4_Keypad.ino

```
//Keypad PIN 22~37
const int KeyPin[16] = {22, 23, 24, 25,
                        26, 27, 28, 29,
                        30, 31, 32, 33,
                        34, 35, 36, 37};
//read Keypad Data
unsigned int InputKey=0;

void setup() {
  Serial.begin(115200);
  for(int i=0;i<16;i++)          //Setting Keypad pinMode
    pinMode(KeyPin[i], INPUT);
}

void loop() {
  InputKey=readkey();
  if(InputKey>0) {
    Serial.print(InputKey);      //Print pushed button number
    Serial.println(" Pushed");
  }
}

int readkey() {
  int readVal=0, pushBtn=0;
  for(int i=0;i<16;i++) {
    if(digitalRead(KeyPin[i])==LOW) {
      readVal+=1;
      pushBtn=i+1;
    }
  }
  if(readVal>1)            //Error:more 2 Button Pushed
    return 0;
  else if(readVal==1) {   //1 Button Pushed
    delay(200);
    return pushBtn;
  }
  else                     //No Pushed
    return 0;
}
```

• 스케치 저장 및 컴파일

프로그램 작성이 완료되면 아래 그림과 같이 저장 버튼을 클릭하여 저장할 위치를 선택하고 저장해준다. 파일 저장이 완료되면 Verify 버튼을 눌러 컴파일을 실행한다.

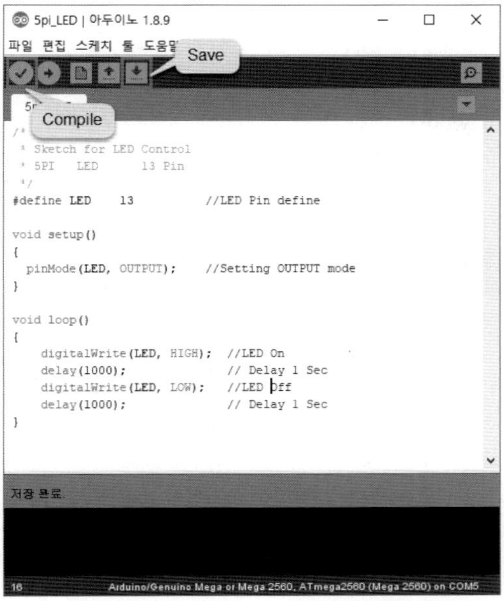

그림 14.15. 스케치 저장 및 컴파일

- 업로드 실행

컴파일이 정상적으로 완료되었다면 아래 그림과 같이 Upload 버튼을 눌러 업로드를 실행한다. Arduino IDE는 기본적으로 업로드를 실행할 때 컴파일도 같이 실행된다.

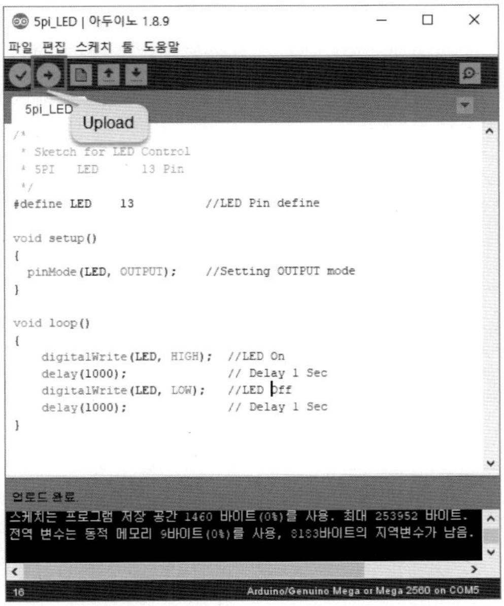

그림 14.16. 업로드 실행

3. 아두이노 동작 확인하기

- 업로드가 완료된 후 그림 14.16과 같이 시리얼 모니터를 실행한 후, 시리얼 모니터 창에서 통신 속도를 115200으로 선택한다.

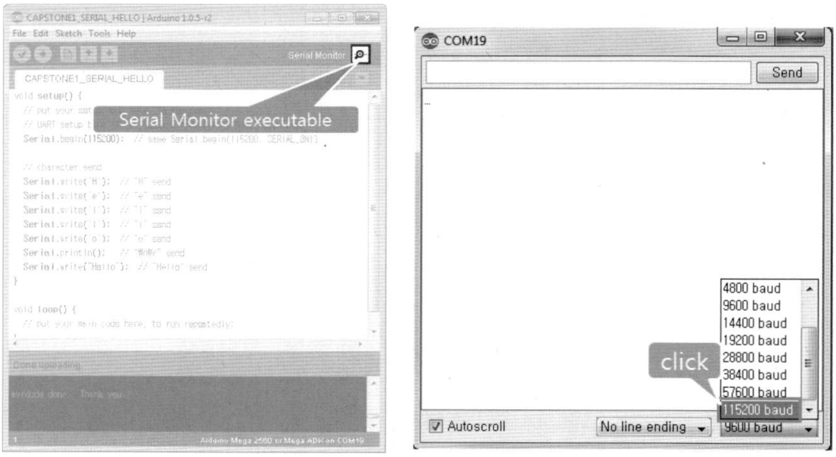

(a) 시리얼 모니터 실행 (b) 시리얼 통신 속도 설정

그림 14.16. 시리얼 모니터 실행 및 시리얼 통신속도 설정

- 프로그램이 실행되고 Key Pad의 버튼을 누르면 시리얼 모니터에 차례대로 출력된다.

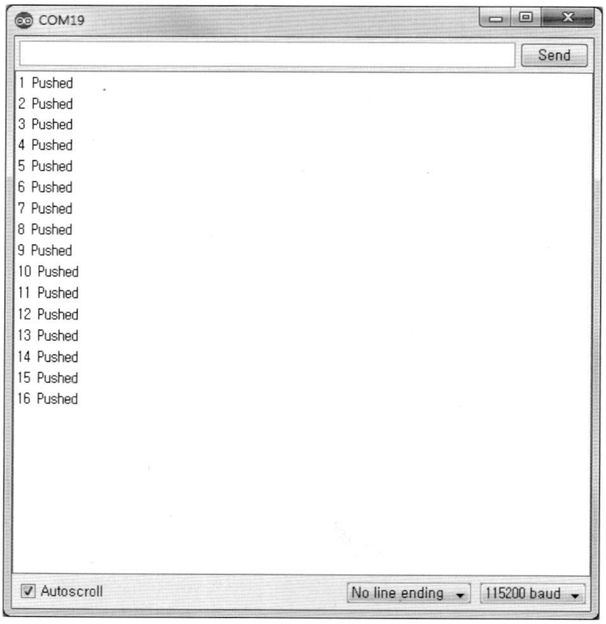

그림 14.17. 프로그램 실행

제15장 블루투스 및 WiFi 통신

목적

- Arduino와 Bluetooth 모듈을 연동해 Bluetooth 통신을 수행한다.
- Arduino와 WiFi 모듈을 연동해 WiFi 통신을 수행한다.

15.1. 블루투스 통신

블루투스는 2.4Ghz 무선 링크를 통해 데이터를 주고받을 수 있는 통신방법이다. 많은 장치들이 블루투스 모듈을 사용하고 있으며, 단거리에서 상대적으로 작은 데이터를 주고 받기에는 최고의 프로토콜로 여겨지고 있다. 여기서 프로토콜이란, 데이터를 보내기 위한 통신 규약이라고 생각하면 된다.

아두이노에 블루투스 모듈을 추가하면 시리얼통신을 이용하여 데이터 값을 받거나 보낼 수 있다. 블루투스는 10미터 정도에서 무선으로 데이터를 보내거나 받을 수 있으므로 이를 활용하면 릴레이, 모터, 전등 등을 동작시켜 무선으로 기기를 제어하는 것이 가능하게 된다. 예를 들어 블루투스 기능이 있는 스마트폰, 노트북 등으로 아두이노에 연결된 블루투스 모듈로 신호를 보내 침대에 누워서도 집안의 전등을 무선으로 끄고 켤 수 있게 할 수 있다. 단, 통신 거리 10M 정도라는 제한이 있으므로 멀리 떨어지면 블루투스 모듈과의 연결이 끊겨 작동되지 않을 수도 있다.

Bluetooth 동작 원리

블루투스 네트워크는 마스터와 슬레이브라는 모델을 사용한다. 하나의 마스터 장치가 다수의 슬레이브 장치와 연결될 수 있다. 대표적인 예로, 하나의 컴퓨터에 블루투스용 마우스와 블루투스용 키보드를 사용할 수 있는데 컴퓨터가 마스터이고 마우스와 키보드를 슬레이브라고 생각하면 된다.

그림 15.1. Bluetooth 모듈

스케치 작성

• 스케치 : Bluetooth.ino

```
void setup() {
  Serial1.begin(38400);
}

void loop() {
}

void serialEvent1() {
  Serial1.write(Serial1.read());
}
```

스케치 설명

• 초기화 구문

Serial port(UART 1)를 전송속도 38400로 설정하고 초기화 해준다.

```
Serial1.begin(38400);
```

• 메시지 리턴

serialEvent[x]() 함수를 이용하여 데이터를 수신받으면 받은 데이터를 다시 전송해준다. 즉 사용자가 Android 어플리케이션에서 메시지를 전송하면 그 메시지가 그대로 리턴된다.

```
void serialEvent1() {
  Serial1.write(Serial1.read());
}
```

15.2. WiFi 통신

와이파이(WiFi)는 홈 네트워킹, 휴대전화, 비디오 게임 등에 쓰이는 유명한 무선기술의 상표 이름인 와이파이 얼라이언스(Wi-Fi Alliance)로, IEEE 802.11 기반의 무선랜 연결과 장치간 연결(와이파이 P2P), PAN/LAN/WAN 구성 등을 지원하는 일련의 기술을 뜻한다.

와이파이 통신은 기본적으로 인터넷에 데이터를 전달해 주는 기능을 하는 AP(액세스 포인트)와 노트북이나 스마트폰과 같이 사용자가 서비스를 받는 단말간의 통신이다. 와이파이를 이용하려면 단말에 연결하기 위한 하드웨어(무선 랜카드)가 있어야 하며, 운영체제에서 해당 무선 랜카드를 인식할 수 있는 장치 드라이버가 설치되어야 한다. 스마트폰이나 노트북등 이동이 많이 이루어지는 단말에는 기본적으로 탑재되어 있어 사용자는 별다른 설정 없이 와이파이를 사용할 수 있으며, 데스크톱 사용자도 쉽게 설치하여 사용할 수 있다. 근래에 들어 선 없이 인터넷이나 상호간 통신이 가능한 장점 때문에 게임기, 프린터, TV 등 다양한 주변기기들에서도 와이파이를 지원하는 단말들이 늘어나는 추세이다.

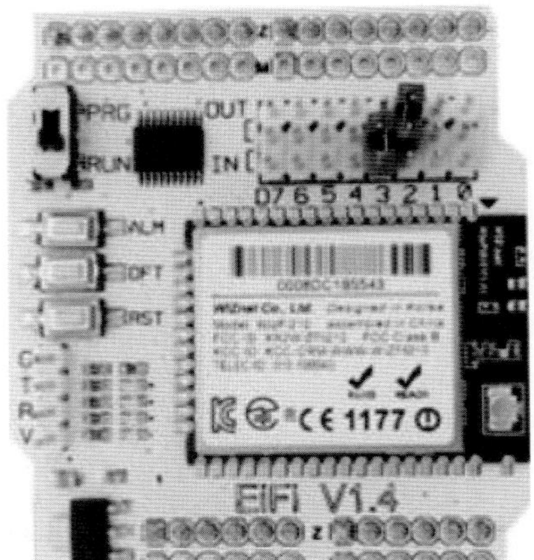

그림 15.2. WiFi 실드

스케치 작성

• 스케치 : Wifi_Shield.ino

```
int Count = 0;
int state=0;

void setup() {
  Serial1.begin(9600);
  Serial.begin(115200);
}

void loop() {
  if(state==0)    {
    Serial.println("Start Wifi Setting");

    Serial1.print("AT₩r₩n");
    delay(10);

    Serial1.print("AT+WAUTO=0,hbe_embedded₩r₩n");
    delay(10);

    Serial1.print("AT+NDHCP=0₩r₩n");
    delay(10);

    Serial1.print("AT+NSET=192.168.0.50, 255.255.255.0, 192.168.0.1₩r₩n");
    delay(10);

    Serial1.print("AT+NAUTO=1,1,,80₩r₩n");
    delay(10);

    Serial1.print("ATA₩r₩n");

    state=1;

    Serial.println("Wifi Setting Finish");
  }

  if(state==1)    {
    if(Serial.available())
      Serial1.write(Serial.read());
  }
}

void serialEvent1(void) {
  Serial.write(Serial1.read());
}
```

스케치 설명

- 초기화 구문

Serial port(UART 0, 1)를 전송속도 11500과 9600으로 설정하고 초기화 해준다.

```
Serial1.begin(9600);
Serial.begin(115200);
```

- 모듈 초기화

WiFi 모듈을 초기화 해준다.

```
Serial1.print("AT₩r₩n");
delay(10);

Serial1.print("AT+WAUTO=0,hbe_embedded₩r₩n");
delay(10);

Serial1.print("AT+NDHCP=0₩r₩n");
delay(10);

Serial1.print("AT+NSET=192.168.0.50,  255.255.255.0,  192.168.0.1₩r₩n");
delay(10);

Serial1.print("AT+NAUTO=1,1,,80₩r₩n");
delay(10);

Serial1.print("ATA₩r₩n");
```

모듈을 설정하는 AT Command는 데이터 시트를 참조하면 된다.

http://wiznet.co.kr/http://wiznet.co.kr/Admin_Root/UpLoad_Files/BoardFiles/WizFi210_PG_V131E(0).pdf

- HTML 코드 전송

HTML 코드를 클라이언트에 전송하여 인터넷 창에 출력해준다.

```
if(state==1)    {
   if(Serial.available())
      Serial1.write(Serial.read());
}
```

실험 15.1. 블루투스 통신

실험목적

Arduino Mega 2560, Bluetooth 모듈을 연결하여 Bluetooth 통신을 수행한다.

실험장비

Arduino Mega 2560	Bluetooth 모듈
	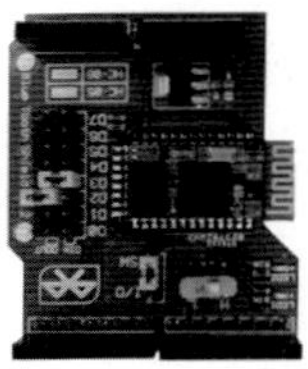

1. 회로 구성하기

- 아두이노 Mega 2560 모듈에 블루투스 모듈을 아래 그림과 같이 연결한다. Tx1 신호는 18번, Rx1은 19번 핀에 연결한다.

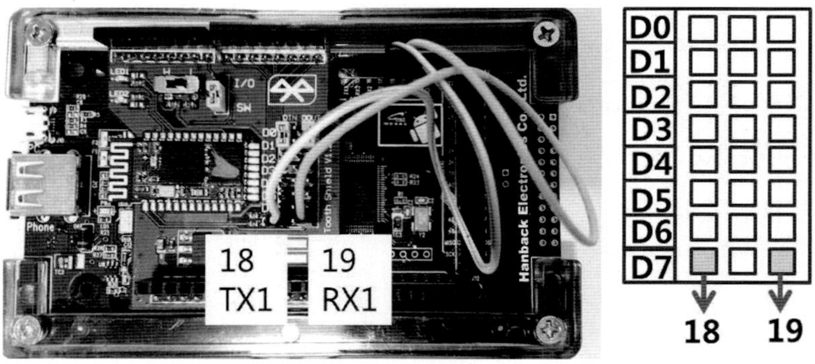

그림 15.3. Arduino와 블루투스 모듈 케이블 연결

2. 아두이노 실행하기

- 아두이노 IDE 아이콘을 더블클릭하여 아두이노 IDE를 실행한다.

• 아두이노 설정

아래 그림과 같이 도구에서 보드 및 시리얼 포트를 설정한다. 보드는 Arduino Mega 2560 or Mega ADK, 시리얼 포트는 장치관리자에서 확인한 COM포트 번호로 설정한다.

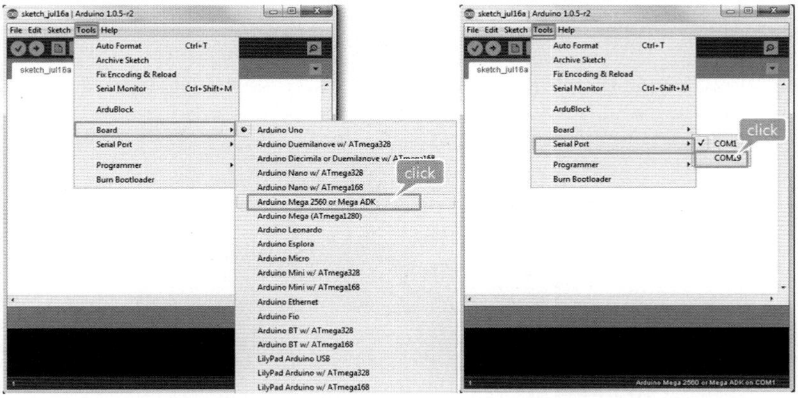

그림 15.4. 보드 및 시리얼 포트 설정

• 포트 설정을 완료한 뒤 Arduino IDE의 아랫부분에 표시되어 있는 설정값을 확인한다. 설정이 잘못되어 있다면 다시 설정해 준다.

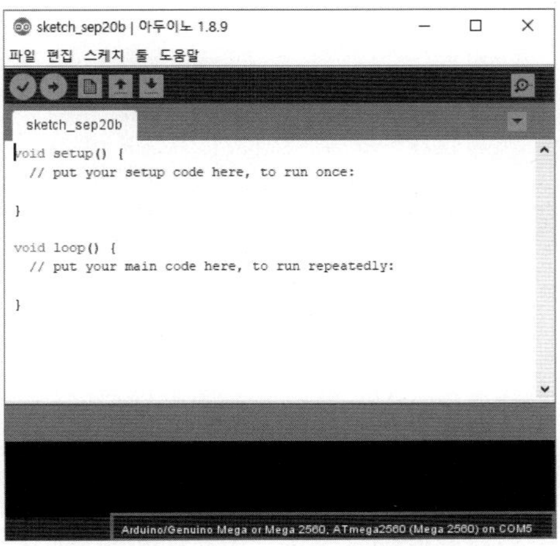

그림 15.5. 보드 및 시리얼 포트 설정값 확인

• 스케치 작성: Bluetooth.ino

```
void setup() {
  Serial1.begin(38400);
}

void loop() {
}

void serialEvent1() {
  Serial1.write(Serial1.read());
}
```

• **스케치 저장 및 컴파일**

프로그램 작성이 완료되면 아래 그림과 같이 저장 버튼을 클릭하여 저장할 위치를 선택하고 저장해준다. 파일 저장이 완료되면 Verify 버튼을 눌러 컴파일을 실행한다.

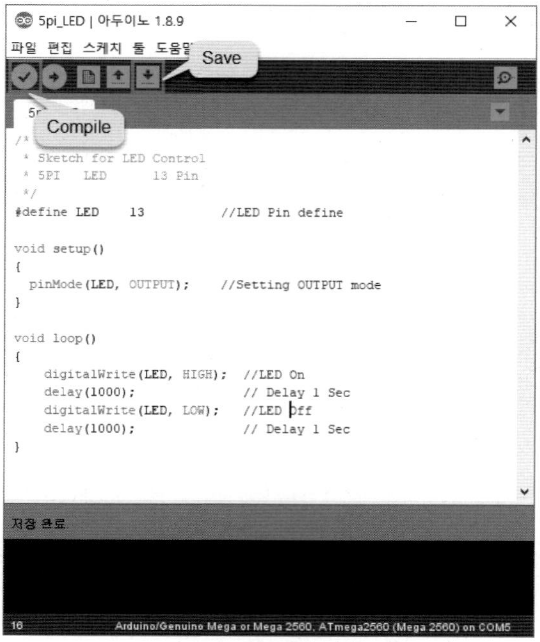

그림 15.6. 스케치 저장 및 컴파일

• **업로드 실행**

컴파일이 정상적으로 완료되었다면 아래 그림과 같이 Upload 버튼을 눌러 업로드를 실행한다. Arduino IDE는 기본적으로 업로드를 실행할 때 컴파일도 같이 실행된다.

그림 15.7. 업로드 실행

3. 아두이노 동작 확인하기

- 안드로이드 폰으로 구글플레이어에 접속하여 “Bluetooth spp tools pro” 어플을 설치한다.

그림 15.8. Bluetooth spp tools pro Application

- 어플을 실행시켜서 Bluetooth Bee를 선택한다.

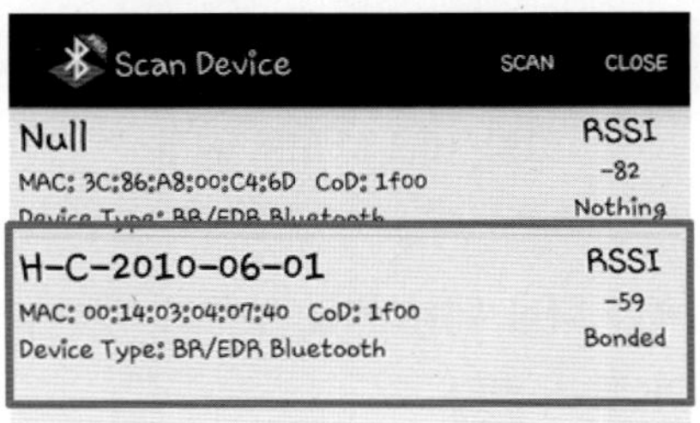

그림 15.9. Bluetooth Bee 연결

- “Connect” 버튼을 눌러서 모듈을 연결한다.

그림 15.10. 모듈 연결

- 모드 설정 창에서 “CMD line mode” 버튼을 누른다.

그림 15.11. 모드 설정

- CMD line mode에 접속한 다음 메뉴 키를 누르고 “Set end flag”를 선택한 후 아래 그림과 같이 설정하고 OK를 누른다.

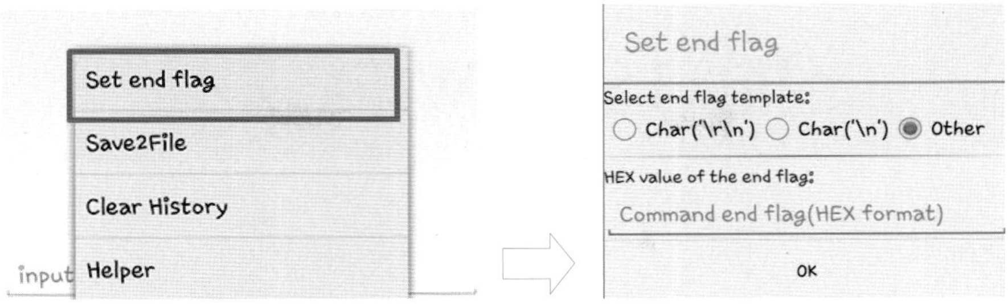

(a) end flag 설정 1 (b) end flag 설정 2

그림 15.12. end flag 설정

- 메시지를 전송한다. 전송이 완료되면 전송된 메시지는 바로 리턴된다.

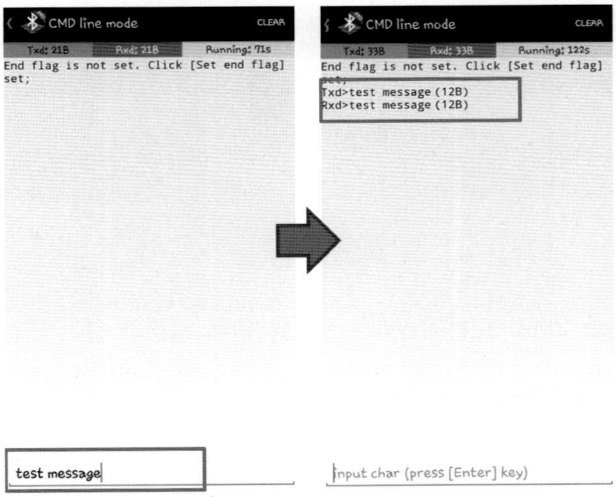

그림 15.13. Send Message

실험 15.2. WiFi 통신

실험목적

Arduino Mega 2560, WiFi 실드를 연결하여 WiFi 통신을 수행한다.

실험장비

Arduino Mega 2560	WiFi Shield	
	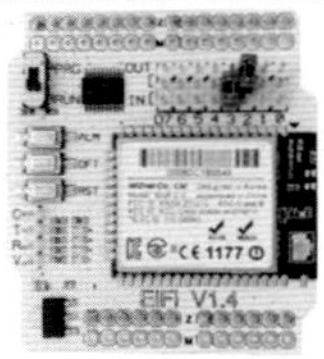	

1. 회로 구성하기

- 아두이노 Mega 2560 모듈에 WiFi 실드를 아래 그림과 같이 연결한다.

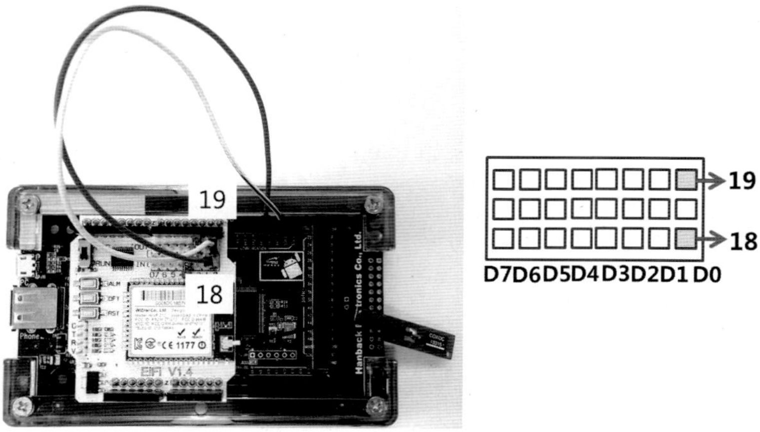

그림 15.14. WiFi Shield 연결

2. 아두이노 실행하기

- 아두이노 IDE 아이콘을 더블클릭하여 아두이노 IDE를 실행한다.

• 아두이노 설정

아래 그림과 같이 도구에서 보드 및 시리얼 포트를 설정한다. 보드는 Arduino Mega 2560 or Mega ADK, 시리얼 포트는 장치관리자에서 확인한 COM포트 번호로 설정한다.

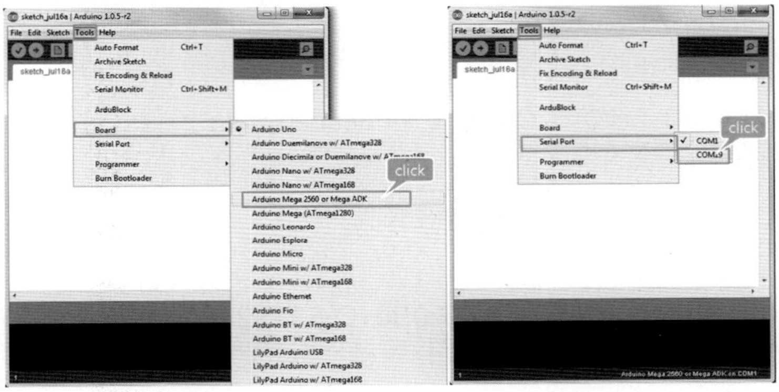

그림 15.15. 보드 및 시리얼 포트 설정

• 포트 설정을 완료한 뒤 Arduino IDE의 아랫부분에 표시되어 있는 설정값을 확인한다. 설정이 잘못되어 있다면 다시 설정해 준다.

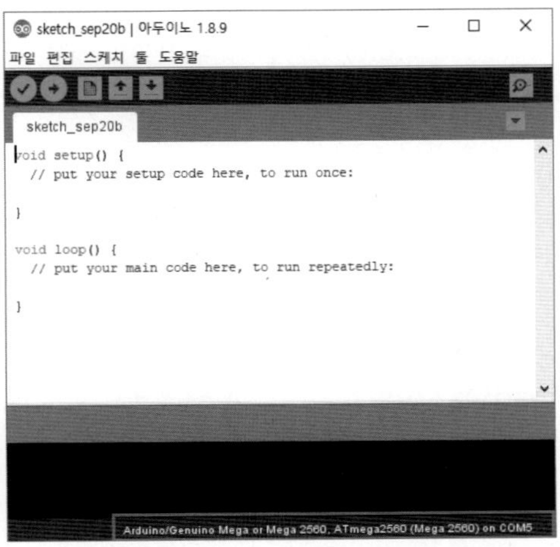

그림 15.16. 보드 및 시리얼 포트 설정값 확인

• 스케치 작성 : Wifi_Shield.ino

```
int Count = 0;
int state=0;

void setup() {
  Serial1.begin(9600);
  Serial.begin(115200);
}

void loop() {
  if(state==0)    {
    Serial.println("Start Wifi Setting");

    Serial1.print("AT₩r₩n");
    delay(10);

    Serial1.print("AT+WAUTO=0,hbe_embedded₩r₩n");
    delay(10);

    Serial1.print("AT+NDHCP=0₩r₩n");
    delay(10);

    Serial1.print("AT+NSET=192.168.0.50, 255.255.255.0, 192.168.0.1₩r₩n");
    delay(10);

    Serial1.print("AT+NAUTO=1,1,,80₩r₩n");
    delay(10);

    Serial1.print("ATA₩r₩n");

    state=1;

    Serial.println("Wifi Setting Finish");
  }

  if(state==1)    {
    if(Serial.available())
      Serial1.write(Serial.read());
  }
}

void serialEvent1(void) {
  Serial.write(Serial1.read());
}
```

• 스케치 저장 및 컴파일

프로그램 작성이 완료되면 아래 그림과 같이 저장 버튼을 클릭하여 저장할 위치를 선택하고 저장해준다. 파일 저장이 완료되면 Verify 버튼을 눌러 컴파일을 실행한다.

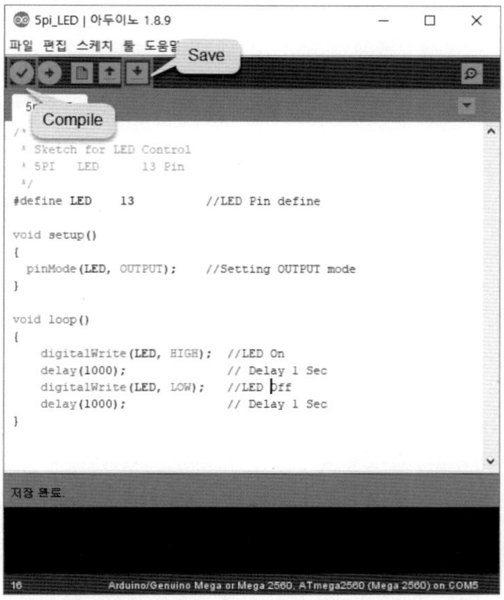

그림 15.17. 스케치 저장 및 컴파일

• 업로드 실행

컴파일이 정상적으로 완료되었다면 아래 그림과 같이 Upload 버튼을 눌러 업로드를 실행한다. Arduino IDE는 기본적으로 업로드를 실행할 때 컴파일도 같이 실행된다.

그림 15.18. 업로드 실행

3. 아두이노 동작 확인하기

업로드가 완료된 후 그림 15.19와 같이 시리얼 모니터를 실행한 후, 시리얼 모니터 창에서 통신 속도를 115200으로 선택한다.

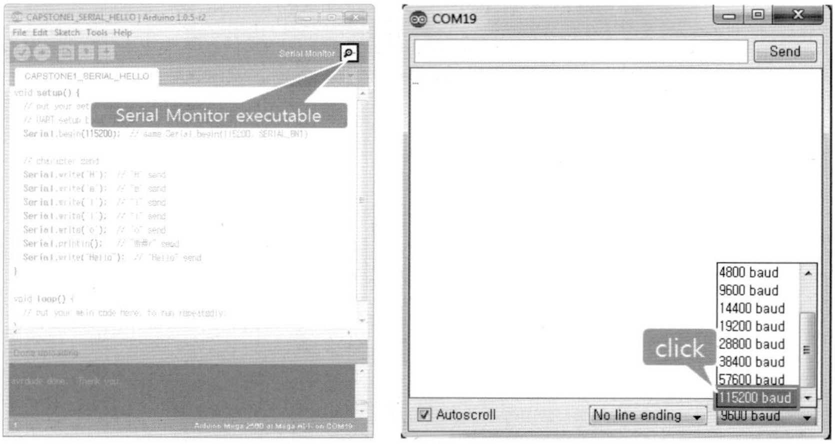

(a) 시리얼 모니터 실행　　　(b) 시리얼 통신 속도 설정

그림 15.19. 시리얼 모니터 실행 및 시리얼 통신속도 설정

- 프로그램이 실행되면 서버가 생성되고 클라이언트가 접속하면 클라이언트로부터 받은 메시지를 출력하고 클라이언트에 HTML 코드를 출력해준다.

16 17 18 19 20 21 22 23 24 25 26 27 28

그림 15.20. 프로그램 실행